POCHES ODILE JACOB

L'Univers

Université de tous les savoirs 14

sous la direction
d'Yves Michaud

L'Univers

Odile Jacob
poches

L'équipe de l'Université de tous les savoirs était composée de : Yves Michaud (conception et organisation), Gabriel Leroux (assistant à la conception et à l'organisation), Sébastien Gokalp (programmation et suivi éditorial), Audrey Techer (documentation et suivi éditorial), Juliette Roussel (rédaction et suivi éditorial), Agnès de Warenghien (communication et production audiovisuelle), Julie Navarro (gestion), Karim Badri Nasseri (logistique), Catherine Lawless (communication et études de la mission 2000 en France).

Que soient ici remerciés le Conservatoire national des arts et métiers (CNAM) qui a accueilli l'Université de tous les savoirs et les partenaires qui ont participé au rayonnement national et international de l'Utls : *Télérama*, *Le Monde* et France Culture, Radio France, la chaîne parlementaire-Assemblée nationale, La 5e, *Le Monde des débats*, Sanofi-Synthélabo.

15, rue Soufflot, 75005 Paris

www.odilejacob.fr

ISBN : 2-7381-1109-2
ISSN : 1621-0654

Introduction

Qu'est-ce que l'*Université de tous les savoirs* ? Une série de trois cent soixante-six conférences sur les sciences, les techniques, les sociétés, les productions de l'esprit et les cultures, données chaque jour de l'année 2000 par les plus grands spécialistes à l'attention d'un large public. Il s'agissait de parcourir les différents domaines de la connaissance dans un esprit qui est à la fois celui du bilan encyclopédique et celui du questionnement d'avenir.

La programmation a suivi trois étapes. D'abord il fut demandé à l'ensemble de la communauté savante quels thèmes devaient être traités. Dans un second temps, des groupes de spécialistes m'ont aidé à faire le tri des très nombreuses propositions faites (1 700). Finalement, j'ai organisé les suggestions retenues en un ordre à la fois thématique et narratif s'étendant sur toute l'année 2000.

L'ensemble du cycle des conférences a été publié une première fois en six forts volumes qui suivent exactement son déroulement. L'édition de poche reprend maintenant pour l'essentiel cet ordre en accentuant l'ordre thématique aux dépens du cycle narratif. On y retrouve donc l'essentiel des modules mais parfois complétés par des conférences données sur un autre objet. La contrainte du déroulement annuel imposait une forte linéarité et ces regroupements réintroduisent un ordre hypertextuel et des croisements souhaités dès le départ. À l'intérieur de chacun des nouveaux volumes, les conférences sont présentées dans la chronologie où elles furent données, sans redistribution des sujets.

Chaque fois que c'était possible, j'avais en effet privilégié des approches transversales portant sur des thèmes ou des objets comme la vie, les territoires, la ville, l'État, la population humaine, la matière, les thérapies, la production de la richesse, etc.

L'ensemble de ces leçons présenté maintenant sous cette nouvelle forme constitue une approche *contemporaine* des savoirs, des techniques et des pratiques tournée vers les questions qui nous importent en ce début de XXIe siècle. La réflexion est appelée par la rencontre de ces approches, leur dialectique, et même leurs contradictions.

Il faisait partie du concept de l'Université de tous les savoirs que son parcours soit régulièrement complété et redéfini en fonction du développement des recherches et des questions qui apparaissent. De nouvelles conférences de l'Université de tous les savoirs ont commencé en juillet 2001 et se poursuivent depuis octobre de la même année à un rythme hebdomadaire, tous les jeudis.

Elles feront l'objet de publications régulières et sont d'ores et déjà accessibles sur le site www.tous-les-savoirs.com qui est appelé à devenir le portail d'accès à cette connaissance en mouvement.

Yves Michaud

Le comité de choix de sujets pour les sciences était composé de : Jean Audouze (Palais de la découverte), Sébastien Balibar (École normale supérieure), Jean-Pierre Changeux (Collège de France), Alain Connes (Collège de France), Odile Eisenstein (Université Montpellier-II), Élisabeth Giacobino (École normale supérieure), Étienne Klein (CEA), Christian Minot (Université Paris-VI), Guy Ourisson (président de l'Académie des sciences). Pour les techniques et les technologies, le comité était composé de : Jean-Jacques Duby (École supérieure d'Électricité), Robert Ducluzeau (INRA), Jean-Claude Lehman (Saint-Gobain), Jacques Levy (École des mines de Paris), Joël Pijselman (EURODIF), Didier Roux (Rhône-Poulenc et CNRS). Pour les sciences humaines et sociales, le comité était composé de : Olivier Houdé (Université Paris-V), Françoise Héritier (Collège de France), Catherine Labrusse (Université Paris-I), Jean-Hervé Lorenzi (Université Paris-IX), Pascal Ory (Université Paris-I), Denise Pumain (Université Paris-I), François de Singly (Université Paris-V).

Les grandes questions de la cosmologie

par JEAN AUDOUZE

Au milieu de l'évocation des différentes disciplines du savoir dans ce cycle de conférences, il s'agit ici de nous intéresser à l'Univers dans sa globalité : est-il possible, en termes scientifiques, de le comprendre dans son ensemble, ses caractéristiques et ses rapports avec le temps (univers immuable et statique ou univers en évolution) ? C'est effectivement le pari que font les astrophysiciens, spécialistes en cosmologie : bien que nous fassions nous-mêmes, êtres humains (et tout ce qui nous entoure), partie intégrante de cet univers observable, qui est également et par essence un objet unique, nous, cosmologistes, avons la prétention de lui appliquer les mêmes méthodes que celles qui sont mises en œuvre dans les autres sciences de la nature : nous faisons partie en effet de « l'expérience ». Cette « expérience » ne peut pas être reproduite et néanmoins nous pensons être capables de comprendre le monde à la manière d'un physicien, d'un chimiste ou d'un biologiste.

La cosmologie, comme les autres domaines du savoir, a une histoire. Celle-ci relate à la fois les bouleversements dans les représentations conceptuelles de l'Univers et reflète les progrès de l'instrumentation et des techniques, ainsi que l'émergence de l'évolution des théories physiques

---

Texte de la 182e conférence de l'Université de tous les savoirs donnée le 30 juin 2000.

(gravité, électromagnétisme, mécanique quantique, relativité...). L'astronomie a un âge au moins égal à 5 000 ans puisque l'on retrouve les premières traces de l'importance revêtue par l'observation du ciel dans les vestiges laissés par les civilisations mésopotamiennes du troisième millénaire avant notre ère. Malgré la floraison de travaux remarquables comme ceux d'Ératosthène qui fut le premier à mesurer le rayon de la Terre au premier siècle avant J.-C. et des astronomes grecs et arabes qui observèrent et analysèrent entre autres le mouvement des planètes et les configurations des constellations, il faut attendre la Renaissance et la publication en 1543 de l'ouvrage de Copernic *de Revolutionibus Orblum Caelestluin* pour passer d'un univers géocentrique à une représentation héliocentrique tenant compte du mouvement de la Terre et des planètes autour du Soleil. Il est certain que Copernic a véritablement « inventé » cette représentation nouvelle qui ne sera adoptée par la communauté des scientifiques et presque à contrecœur que près d'un siècle après sa publication et non sans connaître de célèbres vicissitudes tel que le procès intenté à Galilée par l'Église. Néanmoins, cet héliocentrisme avait déjà été proposé par Aristarque de Samos dès les années 310-230 avant J.-C.

C'est au XVIIe siècle qu'apparaissent les premières lunettes astronomiques et les télescopes. Isaac Newton formule la théorie de la gravitation universelle en se fondant sur les travaux de Galilée et de Kepler. Ce dernier, en effet, énonça les lois du mouvement des planètes autour du Soleil qui restent encore valides aujourd'hui. Mais l'Univers, bien qu'héliocentrique, restera « étriqué » jusqu'au début du XXe siècle. C'est l'astronome américain Harlow Shapley qui démontra au cours des années 1914-1920 que le Soleil ne se trouve pas au centre de notre Galaxie, la Voie Lactée, mais qu'au contraire, il s'en trouve éloigné d'une distance de l'ordre de 30 000 années-lumière. Cette démonstration est fondée sur la distribution dans l'espace des amas d'étoiles dits « amas globulaires » qui sont constitués d'environ un million d'étoiles dont l'âge est particulièrement élevé *(Fig. 1)*. Cette distribution devient isotrope si le centre de la Galaxie est placé à cette distance dans la direction de la constellation du Sagittaire. H. Shapley démontre aussi que plusieurs corps nébulaires comme la nébuleuse d'Andromède ne sont rien d'autre que des galaxies analogues à notre Voie Lactée et situées à de très grandes distances de nous (deux millions d'années lumière dans le cas de cette galaxie) qui fait pourtant partie du « groupe local des galaxies » auquel appartiennent la Voie Lactée et le grand et le petit Nuage de Magellan. Le Système Solaire occupe désormais une région ordinaire et insignifiante de l'Univers observable qui est constitué d'au moins un milliard de galaxies, chacune contenant quelques centaines (200 pour la Voie Lactée) de milliards d'étoiles comme le Soleil.

Figure 1 – Amas globulaire M13 (13e objet du catalogue de Messier) observé dans la direction de la constellation Hercule (photo prise avec le télescope de 193 cm de l'observatoire de Haute-Provence du CNRS). Cet amas situé à 25 000 années-lumières de nous a un diamètre de 33 années-lumières et comprend plus de 100 000 étoiles dont l'âge d'environ 15 milliards d'années est comparable à celui de l'Univers observable.

Pour observer l'Univers dans son ensemble et aussi dans ses composants les plus grands et les plus ténus, nous disposons depuis une trentaine d'années de moyens de plus en plus performants qui mobilisent non seulement les techniques de l'astronomie du visible mais aussi celles de l'invisible. Nos yeux ne peuvent en effet que percevoir le rayonnement électromagnétique dont la longueur d'onde est comprise entre 400 (violet) et 800 (rouge) nm (nm = manomètre). Les rayonnements de ce type ayant des longueurs d'onde plus grandes sont moins énergétiques : ils correspondent à l'infrarouge, au millimétrique et aux ondes radio dont les longueurs d'ondes sont comprises entre quelques centimètres pour aller jusqu'à plus de dix mètres. Les rayonnements plus énergétiques que le visible sont l'ultraviolet et les rayonnements X et gamma. Seuls le visible et les ondes radio sont détectables depuis la Terre (on les observe en radioastronomie depuis la fin de la Seconde Guerre mondiale). Les autres rayonnements ne sont accessibles que depuis l'espace (ballons et surtout satellites artificiels qui se sont multipliés depuis le premier vol Spoutnik en 1957). Les télescopes optiques sont de plus en plus grands : ils ont des diamètres qui peuvent atteindre aujourd'hui la dizaine de mètres et permettent de voir des objets très lointains donc que nous observons dans un passé de plusieurs milliards d'années, compte tenu du caractère fini de la vitesse de la lumière. Le télescope spatial Hubble qui fut lancé en 1990 et qui est pleinement opérationnel depuis 1993, a la grande faculté d'observer le ciel dans le visible, le proche ultraviolet et le proche infrarouge à une altitude de 500 km, ce qui l'affranchit des limitations à l'observation imposées par l'atmosphère terrestre.

Les astrophysiciens ne se contentent pas d'observer ces rayonnements électromagnétiques. Ils s'intéressent aussi aux rayonnements cosmiques particulaires. Ce sont d'abord les rayons cosmiques constitués principalement de noyaux d'atomes très énergétiques donc animés de très grande vitesse qui ne cessent de bombarder la Terre (donc nous-mêmes !). Ils détectent aussi depuis une date récente des particules qui conservent encore leur mystère : les neutrinos. Ceux-ci sont émis par les régions centrales des étoiles et donc du Soleil où se déroulent des réactions nucléaires qui les produisent, ou encore au cours des explosions violentes d'étoiles de grande masse (phénomènes de l'explosion des supernovae).

La détection des ondes gravitationnelles (particulièrement difficiles à mettre en évidence en raison de la faiblesse relative de l'interaction gravitationnelle par rapport aux trois autres, l'électromagnétisme et les deux interactions nucléaires, forte et faible) susceptibles d'être émises au cours des explosions d'étoiles ou de leur disparition à l'intérieur des trous noirs est sur le point d'être possible en Europe et aux USA en attendant leur observation depuis l'espace dans les années 2010-2020. Par ailleurs, pour les raisons qui sont développées plus loin, des expériences de physique des particules comme celles qui sont ou qui seront entreprises avec les accélérateurs présents et futurs du CERN doivent également permettre de comprendre la nature de la matière constituant l'Univers dans son ensemble.

Disposant donc de ces moyens d'investigation de l'infiniment grand et de l'infiniment petit ainsi que des deux théories fondamentales de la physique que sont la mécanique quantique et la relativité et qui ont été formalisées au début du XXe siècle, nous pouvons nous risquer à énoncer les questions fondamentales de la cosmologie et à tenter d'y répondre.

Avant cela, il convient de passer en revue les quelques faits pertinents dont nous disposons et dont on constatera le faible nombre au regard de la complexité des problèmes soulevés par la cosmologie. Ces faits sont au nombre de trois.

L'Univers est « structuré » à toutes les échelles

L'Univers est structuré à toutes les échelles depuis les éléments microscopiques que sont les particules élémentaires et les noyaux des atomes jusqu'aux astres de dimension « astronomiques » que sont les étoiles, les galaxies et leurs amas : on obtient un proton ou un neutron avec trois quarks. Un proton est constitué de 2 quarks *u* (*u* pour *up*) de charge +2/3 et d'un quark *d* (*d* pour *down*) de charge – 1/3, ce qui lui donne une charge +1, un neutron est constitué de un *u* et de deux *d* ; il est donc neutre, de charge 0. Le passage de l'un à l'autre s'effectue par la transformation d'un quark *u* en un quark *d* (ou *vice versa*) avec émission d'un positon (l'anti-électron) et d'un neutrino ; le quark *d* se transforme en *u* avec émission d'un électron et d'un anti-neutrino. Ces transformations de quarks procèdent de l'interaction nucléaire faible puisqu'elles font intervenir les électrons (ou positons) et neutrinos (ou anti-neutrinos). La fusion des quarks en nucléons relève de l'interaction nucléaire forte. Avec un ou plusieurs nucléons (proton et neutron), on obtient un noyau d'atome que l'on complète par son cortège électronique.

Une espèce chimique déterminée (hydrogène, carbone, fer par exemple) est faite d'atomes dont le nombre de protons (dit numéro atomique) est toujours le même : 1 pour l'hydrogène, 6 pour le carbone, 26 pour le fer. Un atome est électriquement neutre quand son cortège électronique contient un nombre d'électrons égal au numéro atomique de l'élément chimique considéré. Si cela n'est pas le cas, on a affaire à un ion, positif s'il manque des électrons ou négatif s'il y a un surplus d'électrons. Une même espèce chimique peut rassembler des noyaux d'atome de masses atomiques différentes, c'est-à-dire avec des nombres différents de neutrons puisque cette masse atomique représente la somme des nucléons dudit noyau. On caractérise ainsi des isotopes ayant les mêmes propriétés chimiques mais dont les propriétés nucléaires sont différentes : le deutérium est l'isotope lourd de l'hydrogène, le carbone existe dans la nature sous la forme de ^{12}C et ^{13}C ; le ^{14}C est radioactif et sa désintégration est utilisée comme « chronomètre » par les archéologues par exemple.

Avec des atomes, on constitue la matière dont nous sommes nous-mêmes façonnés, ainsi que tout ce qui nous entoure. On passe ensuite aux planètes, aux étoiles, aux galaxies jusqu'aux grandes structures de l'Univers.

Les étoiles occupent une place particulière dans cette énumération puisqu'elles sont, selon la formule de Michel Cassé, des réacteurs à fusion thermonucléaire fonctionnant grâce à leur « confinement gravitationnel ». Les étoiles brillent en effet de façon très stable pendant des périodes dont la longueur peut dépasser la dizaine de milliards d'années dans le cas d'étoiles de masse inférieure ou égale à celle du Soleil. En effet, les réactions de fusion thermonucléaire qui se déroulent dans leurs régions centrales transforment lentement une partie de la matière nucléaire en rayonnement lors du passage de l'hydrogène à l'hélium, de l'hélium au carbone et à l'oxygène... Rappelons que la plupart des éléments chimiques dont nous sommes formés sont synthétisés lors des explosions des étoiles au moins cinq à huit fois plus massives que le Soleil, lors du phénomène des supernovae. Nous sommes donc des débris d'étoiles massives ayant la chance d'orbiter autour d'une étoile de faible masse comme le Soleil, qui évolue donc très lentement, ce qui a donc permis à des processus aussi complexes que l'émergence de la vie de se produire à la surface de la Terre.

On peut interpréter cette structuration de l'Univers par le fait que deux forces fondamentales, la force nucléaire forte (qui assure la cohésion de la matière nucléaire) qui assemble les quarks entre eux dans les noyaux d'atomes et la force nucléaire faible qui régit la transformation de certains quarks en d'autres, des protons en neutrons (et *vice versa*) et qui est à l'origine du phénomène de la radioactivité, agissent à très petite échelle (l'intérieur d'un noyau d'atome). Les deux autres, qui nous sont plus familières, l'interaction gravitationnelle et l'interaction électromagnétique, « modèlent » l'Univers à grande échelle.

L'Univers observable est pour ainsi dire le même, quel que soit le lieu considéré

De ce point de vue, contrairement à la vision géocentrique de nos aïeux, la Terre et ses constituants et le Système Solaire sont des éléments de l'Univers tout à fait ordinaires et qui n'ont pas de caractéristiques particulières. C'est pour cette raison que l'on pense que la vie intelligente doit être présente ailleurs que sur Terre, même si les distances qui doivent séparer les lieux où elle a pu se développer ne permettent pas de confirmer cette hypothèse. Tout porte également à croire que les lois de la physique qui s'appliquent aujourd'hui à nous-mêmes et notre environnement immédiat sont celles qui régissent le comportement de l'Univers dans son ensemble, et à toute époque. Un physicien aussi talentueux que le britannique Paul Dirac a essayé sans succès d'élaborer une théorie cosmologique fondée sur la variation avec le temps de la constante de la gravité. Ses successeurs n'ont pas réussi davantage !

Rappelons à ce point que plusieurs cosmologistes, à la suite de Brandon Carter de l'Observatoire de Meudon, ont invoqué ce qu'ils appellent le « principe anthropique » selon lequel l'Univers a été construit pour aboutir à la vie et à l'homme. À ce principe anthropique dit « fort » auquel quasiment personne, y compris B. Carter, ne croit vraiment, on lui substitue un principe anthropique « faible » qui stipule simplement que notre propre existence est une conséquence naturelle des propriétés spécifiques de l'Univers. Cette dernière proposition que j'adopte volontiers, est appuyée par la constatation que l'Univers observable ne serait absolument pas le même si l'une des constantes de la physique (constante de la gravité G, quantum élémentaire d'énergie h, apparaissant dans la mécanique quantique, masse du proton et de l'électron, durée de vie du neutron...) avait été différente.

L'Univers est en expansion à grande échelle

L'astronome américain Edwin Hubble utilisa les observations de ses prédécesseurs, en particulier celles de Miss Henrietta Leavitt, de Vesto Slipher et Francis Pease pour montrer au cours des années 1920 que les galaxies lointaines s'éloignent les unes par rapport aux autres et que leur vitesse relative d'éloignement est proportionnelle à leur distance *(Fig. 2)*. Après beaucoup de discussions, voire de disputes entre astrophysiciens, la valeur de la constante de

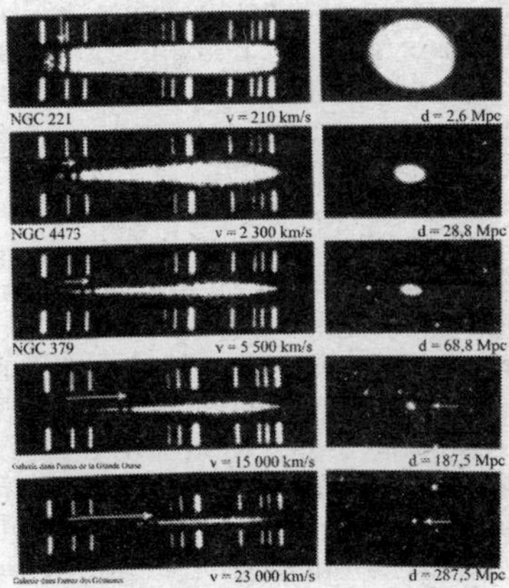

Figure 2 – Pour une série de Galaxies dont les photos se trouvent à droite et dont on a déterminé la distance, on peut voir à gauche le décalage vers le rouge subi par les raies d'absorption de l'hydrogène. Le décalage est représenté par la flèche dirigée de gauche à droite. On remarque que la vitesse de fuite par rapport à nous de la dite Galaxie est proportionnelle à sa distance (ceci constitue les fondements de l'expansion de l'Univers par Hubble au cours des années 1920).

Hubble H apparaissant dans la relation $v = H \times d$ exprimant la proportionnalité observée entre la vitesse de fuite v d'une galaxie éloignée d'une distance d par rapport à nous est $H = 60$ km par seconde et par megaparsec (1 megaparsec correspond à une distance de 3 millions d'années-lumière). Cette dernière proposition constitue ce que les cosmologistes appellent la loi de Hubble et permet de déterminer un « âge » pour l'Univers de l'ordre de 15 milliards d'années. La constatation selon laquelle la nuit est noire, comme sous le nom du paradoxe d'Olbers mais que l'écrivain américain Edgar Poe a très clairement explicité dans son essai *Eureka* (traduit en français par Ch. Baudelaire), implique que l'Univers est soit « daté » (c'est-à-dire qu'il a un début et qu'il n'existe pas de toute éternité), soit il est en expansion. On affirme généralement aujourd'hui qu'il est à la fois daté et en expansion. L'âge de l'Univers peut également être déterminé par deux méthodes indépendantes, la première due à Allan R. Sandage, un élève de E. Hubble, qui permet de déterminer l'âge des premières générations d'étoiles constituant ce que les astronomes appellent des amas globulaires et la seconde fondée sur l'analyse par des méthodes chimiques de la teneur de la matière cosmique en éléments chimiques radioactifs à très longue durée de vie tels que ^{232}Th ou ^{238}U par exemple. Cette dernière technique s'est beaucoup développée, en particulier grâce à Claude Allègre et à l'américain Gérald J. Wasserburg qui ont reçu ensemble le prix Crafoord de l'Académie des Sciences de Suède en 1986.

Ces trois façons de déterminer les âges donnent des résultats similaires, à quelques exceptions près que les théories cosmologiques sont aujourd'hui capables d'expliquer. En bref, l'Univers observable est structuré. Il est le même partout et il est actuellement en expansion.

Les questions cosmologiques que l'on peut maintenant énoncer et évoquer sont donc :

L'Univers est-il en évolution, a-t-il une histoire ou au contraire est-il immuable ?

En d'autres termes, le temps a-t-il pris sur l'Univers dans son ensemble ? La découverte de l'expansion de l'Univers par E. Hubble aurait dû en principe convaincre tous les cosmologistes de l'époque que l'Univers a une histoire et qu'il évolue au cours du temps. De fait, à l'exception de l'abbé Georges Lemaître, le cosmologiste belge qui émit à cette époque la théorie de « l'œuf cosmique » qui préfigure celle du Big bang, la majorité des cosmologistes jusqu'en 1965 préféra suivre Hermann Bondi, Thomas Gold et Fred Hoyle. Ceux-ci proposèrent dans les années 1940 l'hypothèse de la création continue de matière permettant de continuer à imaginer que l'Univers en expansion conserve néanmoins une densité de matière constante. En 1965, l'observation en radio du rayonnement fossile diffus par Arno Penzias et Robert Wilson, tous deux prix Nobel de Physique en 1978, montre que l'Univers dans son ensemble est traversé par cette radiation, correspondant à une température de 2,73 K, ruina l'hypothèse de la création continue et fut l'argument décisif en faveur de la théorie du Big bang selon laquelle l'Univers observable connut il y a une quinzaine de milliards d'années une phase très dense et très chaude depuis laquelle il s'est dilaté et donc refroidi (à l'échelle globale).

La théorie du Big bang rencontre actuellement de très grands succès puisqu'elle rend bien compte de tous les tests observationnels, y compris les plus récents comme ceux qui ont été publiés ce printemps même et qui résultent d'observations précises de l'anisotropie de ce rayonnement diffus par le vol ballon italo-américain « Boomerang » ou encore les observations par des chercheurs de l'Institut d'Astrophysique de Paris (IAP) — Yannick Mellier, Bernard Fort, Francis Bernardeau et collaborateurs — des effets gravitationnels sur la propagation des rayons lumineux émis par des galaxies très lointaines. La mission ballon Boomerang a permis d'observer les inhomogénéités du rayonnement cosmologique du fond diffus à 2,73 K avec une résolution angulaire 60 fois meilleure que celle atteinte par la sonde américaine COBE *(Fig. 3)* qui donna ses résultats en 1992 en étant seulement capable de distinguer des angles supérieurs ou égaux à 7°. Avec cette cartographie de ces inhomogénéités, mais qui ne correspondent pour l'instant qu'à

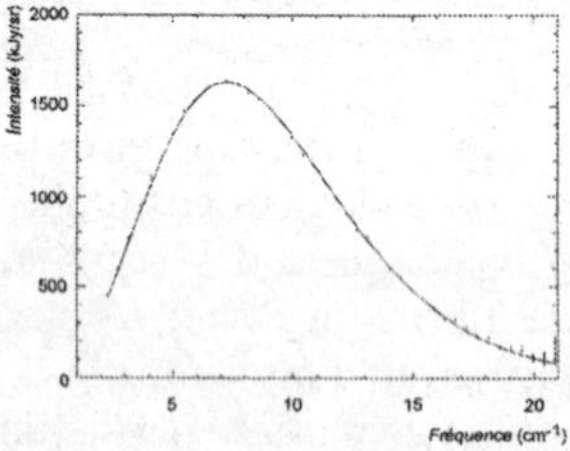

Figure 3 – Les résultats du satellite (1992)
concernant le rayonnement radio diffus.
Cette figure mónte le caractère parfaitement thermique du rayonnement radio qui correspond à une température de 2,7 K résultant du refroidissement par dilatation d'un rayonnement ultraviolet ayant été émis lors de la formation des atomes d'hydrogène (en haut) (spectre publié par l'Astrophysical Journal) le 20 décembre 1996 et obtenu par D. J. Fixsen, E. S. Cheng, J. M. Gales, J. C. Mather, R. A Shafer et E. L. Wright.
La deuxième partie de la figure montre les légères inhomogénéité dans ce rayonnement (de l'ordre de quelques cent millièmes) qui s'explique par la présence de la matière (cliché NASA).

une région déterminée du ciel, on peut déterminer non seulement la valeur de la densité globale de l'Univers mais aussi la nature des particules qui y contribuent (voir plus loin). Il est intéressant de constater que cette détermination est en accord d'une part avec les résultats obtenus par les chercheurs de l'IAP qui observent des effets d'astigmatisme cosmique ou encore les courbures subies par la lumière soumise à des champs gravitationnels induits par la présence de la matière ; d'autre part, avec d'autres déterminations indépendantes des caractéristiques du mouvement d'ensemble d'expansion à partir de l'observation des explosions des supernovae de type *Ia*, dont la luminosité intrinsèque est pratiquement la même puisqu'elle correspond dans chaque cas à la désintégration de masses égales de ^{56}Ni en ^{56}Fe qui libèrent toujours des énergies comparables dans le même temps. Malgré ces succès très actuels, la théorie du Big bang est « mortelle » et peut être invalidée dans le futur. Il restera néanmoins que l'Univers est en évolution, qu'il n'est pas immuable et qu'il subit donc la flèche du temps.

Que percevons-nous de l'Univers ?
Quelle est la nature de la matière qui le constitue ?
Peut-on prédire son évolution future ?

Pour cette deuxième catégorie de questionnements, les cosmologistes sont vraiment convaincus que la matière nucléaire visible dont nous sommes fournis ne représente qu'une part infime du contenu matériel global de l'Univers. En fait, la théorie de la Relativité générale, comme l'ont démontré Stephen Hawking et Roger Penrose, implique que l'Univers est nécessairement en mouvement d'expansion continue si l'Univers a une densité égale ou inférieure à une densité critique égale à 7×10^{-30} g/cm^3 pour une constante de Hubble égale à 60 ki-*n* par seconde et par mégaparsec. Si la densité de matière est supérieure à cette valeur, l'Univers, qui est actuellement en expansion, connaîtra ultérieurement une phase de contraction : son comportement serait alors « cyclique ». À un Big bang survenu il y a une dizaine de milliards d'années et suivi d'une expansion, succéderait un *Big crunch* d'autant plus proche que la densité globale de matière serait plus grande.

Les trois séries d'observations évoquées plus haut :

— La mesure de l'anisotropie du rayonnement fossile par le vol ballon « Boomerang » qui a succédé à la sonde spatiale COBE (dont les résultats furent rendus publics en 1992) et qui sera suivie par les sondes MAP (américaine, envoi prévu en 2001) et PLANCK SURVEYOR (européenne, envol prévu vers 2006-2008).

— Les mesures des propriétés visibles des galaxies et de leurs amas, auxquels on ajoute les déterminations de la morphologie et de la géométrie des grandes structures de l'Univers dont l'aspect hétérogène (qui contraste avec les très faibles anisotropies du rayonnement fossile) est amplement démontré.

— Les caractéristiques précises du mouvement d'expansion d'ensemble de l'Univers telles qu'elles sont révélées par l'observation des explosions des supernovae de type Ia..., donnent actuellement une description cosmologique assez concordante : « la théorie du Big bang serait le scénario plausible concernant l'histoire de l'Univers ». Celui-ci aurait une densité globale strictement égale à la densité critique (les cosmologistes disent que l'Univers est « plat »), ce qui est en accord avec les modèles « inflationnaires » (proposés au début des années 1980 par le physicien américain Alan Guth et plusieurs autres chercheurs) impliquant une accélération brutale de l'expansion de l'Univers dans ses toutes premières phases. Cette densité globale serait due pour 70 % à l'énergie du vide (décrite par la constante cosmologique introduite par Einstein dans ses équations de la dynamique de l'Univers dérivées de la théorie de la Relativité générale) et à 30 % de matière principalement sous forme de particules non nucléaires beaucoup plus massives que les nucléons (proton et neutron) et dont l'agitation thermique est donc faible. On dit alors que la matière sombre de l'Univers serait « froide » pour expliquer la morphologie des grandes structures de celui-ci. Les physiciens des particules ont la charge de la preuve de l'existence de ces particules ! Les physiciens du CERN qui auront la chance dans quelques années de mener des expériences avec le futur LHC (Large Hadron Collider, grand collisionneur à hadrons) détecteront peut-être le fameux « boson de Higgs », particule encore hypothétique qui serait à l'origine de la très grande différence de masse entre celle des nucléons et celle de l'électron. Si tel était le cas, ce « boson de Higgs » relativement massif, sera peut-être le candidat idéal pour constituer la matière sombre froide de l'Univers.

La cosmologie moderne qui utilise les méthodes de l'astronomie et celles de la physique des particules offre donc aujourd'hui un ensemble de réponses cohérentes aux questions relatives à l'Univers dans son ensemble. En admettant que les observations nouvelles continueront à conforter ces images et ces représentations de l'Univers, de nombreux mystères continueront à subsister : les relations entre l'Univers et le temps, la description complète de la phase Big bang, l'existence éventuelle d'Univers « parallèles ». En ce qui me concerne, j'aime à penser que l'horizon du temps de Planck de 10^{-43} s en deçà duquel le physicien ne peut plus rien dire, correspond plutôt à la limite imposée par notre ignorance (ou nos limitations) qu'une véritable « origine » ou « création » de l'Univers. Mais il y a fort à parier que les réponses à ces questions demeureront longtemps à l'extérieur du champ de la science.

RÉFÉRENCES

- AUDOUZE (J.), *L'Univers*, Que sais-je ?, PUF, n° 687, 1997.
- BÉLEN BARREIRO (R.), *New Astronomy Review*, vol. 44, 2000, p. 179.
- DE BERNADIS (P.) et al., *Nature*, 404 (numéro du 27 avril 2000), p. 955.
- BLAI-NONT (J.), *Le Chiffre et le songe*, Odile Jacob, 1993.
- BURROWS (A.), *Nature*, 403 (numéro du 17 février 2000), p. 727.
- SILK (J.), *Le Big bang*, Odile Jacob, 1997.

Site à consulter http://www.iap.fr/

La Relativité générale

par THIBAULT DAMOUR

Avant la Relativité générale

Rappelons d'abord la conception de la réalité physique à la fin du XIXe siècle. La description de la réalité était conçue à travers quatre catégories fondamentales, bien séparées les unes des autres : (1) l'Espace, (2) le Temps, (3) la Force, et (4) la Matière. L'Espace et le Temps définissent les « cadres d'existence », c'est-à-dire le « contenant », de la réalité physique. Le « contenu » est décrit comme de la Matière en évolution sous l'influence d'interactions conçues comme des Forces. L'Espace était conçu comme : tridimensionnel, donné *a priori*, muni d'une géométrie euclidienne, et définissant la notion de repos absolu. Le Temps était : unidimensionnel, donné *a priori*, muni d'une géométrie euclidienne (mesure des durées), et conçu comme ayant la même structure que le temps psychologique, c'est-à-dire consistant d'un « instant présent » qui coule continuellement entre un « passé » qui n'est plus et un « futur » qui n'existe pas encore. La Force était conçue comme causée par la création, par la Matière dans tout l'espace, de certains « champs » (champ gravitationnel, champ électromagnétique). La description théorique du champ électromagnétique (due à Maxwell) était un magnifique accomplissement qui avait unifié les concepts

---

Texte de la 183e conférence de l'Université de tous les savoirs donnée le 1er juillet 2000.

de champ électrique, de champ magnétique et de lumière (= onde électromagnétique). La description du champ gravitationnel (qui remontait à Newton et Laplace) était moins riche et supposait (de façon problématique) que la force gravitationnelle se propageait d'une manière instantanée (à vitesse infinie). La description de la Matière était en progrès constant à la fin du XIXe siècle : elle incorporait l'idée que la Masse (ou « Quantité de Matière ») était constante (Lavoisier), et que la matière ordinaire était faite d'environ 90 éléments chimiques simples (Mendeleïev) : malgré une forte résistance, l'idée que la matière était ultimement décomposable en « atomes » indivisibles devenait de plus en plus convaincante (grâce à la Chimie, mais surtout grâce aux travaux de Boltzmann en thermodynamique statistique). En 1897, Thomson découvrit l'« électron », qui allait devenir la première « particule élémentaire » connue.

En 1905, Einstein (après d'importants travaux de Lorentz et de Poincaré) apporta un premier bouleversement conceptuel des 4 catégories fondamentales de la physique du XIXe siècle, à travers sa théorie de la Relativité restreinte. Cette théorie unifie les deux catégories séparées d'Espace et de Temps en une nouvelle catégorie : celle d'Espace-Temps. L'Espace-Temps est quadri-dimensionnel, donné *a priori*, et muni d'une géométrie de Poincaré-Minkowski. Il définit le cadre d'« existence continuée » (c'est-à-dire de l'existence conçue dans toute sa durée) de la réalité. La « géométrie » (ou plus précisément « chrono-géométrie ») de Poincaré-Minkowski d'un espace-temps à 4 dimensions est définie par une généralisation du théorème de Pythagore : pour un triangle rectangle dont tous les côtés sont « dans l'espace » (ou « du genre espace ») le carré de l'hypoténuse est la somme des carrés des deux côtés de l'angle droit, mais pour un triangle rectangle dont un côté de l'angle droit est aligné dans une direction « dans le temps » (ou « du genre temps ») le carré de l'hypoténuse est la *différence* entre le carré du côté du genre espace et le carré du côté du genre temps [mesuré en « unité de lumière » ; par exemple un intervalle de temps d'une seconde doit être mesuré en seconde-lumière (= 299 792 458 m) avant d'être combiné avec la longueur d'un côté spatial]. Notez que l'Espace-Temps est essentiellement une généralisation des « diagrammes de trains » que l'on utilisait autrefois pour résoudre les problèmes de rencontre de trains parcourant une même voie, en sens inverse, à des vitesses différentes, après être partis de gares différentes à des heures différentes. Dans un tel diagramme l'espace (unidimensionnel) mesuré le long de la voie est représenté comme un axe horizontal (axe des « x ») et est combiné avec un axe vertical (« y ») servant à représenter l'écoulement du temps. Le plan *(x, y)* est alors un Espace-Temps bidimensionnel qui permet de représenter par une succession de lignes l'histoire du déplacement de chaque train. Un train au repos dans une gare est représenté par une ligne verticale, alors qu'à un train en déplacement correspond une ligne inclinée dont la pente dépend de la vitesse du train. L'« événement » de la rencontre des deux trains (supposés être sur des voies parallèles, proches mais distinctes !) correspond alors à l'intersection des deux « lignes d'espace-temps » (généralement appelées « lignes d'univers ») représentant l'histoire du mouvement des trains. Pour passer d'un tel « diagramme de trains » à l'Espace-Temps einsteinien il suffit : (i) de rajouter deux autres dimensions spatiales (« horizontales »), (ii) de gommer la distinction entre les directions spatiales et la direction temporelle (en effaçant les axes de références pour ne garder que les lignes d'univers), et (iii) de munir tout couple de points-événements dans l'Espace-Temps d'une notion d'« intervalle », c'est-à-dire de longueur (au carré) compatible avec la généralisation du théorème de Pythagore mentionnée ci-dessus. C'est cette notion d'« intervalle » qui définit la « chrono-géométrie » (mesure combinée des durées et des longueurs) de l'espace-temps*.

* Mathématiquement, alors que le théorème de Pythagore usuel conduit à écrire pour le carré de la distance d entre deux points de l'espace euclidien ordinaire (repérés par les coordonnées cartésiennes orthonormées) (x, y, z) et $(x + \Delta x, y + \Delta y, z + \Delta z)$) la formule $d^2 = (\Delta x)^2 + (\Delta y)^2 + (\Delta z)^2$), le théorème de Pythagore généralisé conduit à écrire que l'« intervalle » (carré) s^2 séparant deux événements de l'espace-temps d'Einstein-Poincaré-Minkowski (repérés par des coordonnées lorentziennes (x, y, z, t) et $(x + \Delta x, y + \Delta y, z + \Delta z, t + \Delta t)$) s'écrit : $s^2 = d^2 - c^2(\Delta t)^2 = \Delta x)^2 + (\Delta y^2) + (\Delta z)^2 - c^2(\Delta t)^2$.

L'Espace-Temps de la Relativité restreinte a apporté plusieurs bouleversements des anciennes catégories : (i) Espace et Temps ont été unifiés sous l'augure de la nouvelle catégorie d'Espace-Temps, (ii) l'existence de l'« instant présent » (du « maintenant ») comme portant la seule réalité de l'étant est fortement mise en doute car il devient incompatible avec la structure géométrique de l'Espace-Temps de sélectionner une famille de « tranches » horizontales correspondant à « l'écoulement du temps », et (iii) les catégories anciennement séparées de Force et de Matière subissent une unification partielle à travers la célébrissime équation d'Einstein ($E = Mc^2$) identifiant (au facteur numérique c^2 prêt, où c dénote la célérité de la lumière dans le vide) l'énergie E (naturellement associée au concept de Force d'interaction) avec la masse M (qui mesure la « quantité » de Matière). On parlera de « masse-énergie » pour désigner ce nouveau concept unifiant M et E/c^2.

Le concept de champ espace-temps

Malgré les importants bouleversements catégoriels apportés par la théorie de la Relativité restreinte, cette théorie ne touche pas au caractère « absolu », c'est-à-dire donné *a priori* et indépendant du contenu matériel, qu'avaient, avant lui, les deux concepts d'Espace et de Temps. En fait, l'Espace-Temps d'Einstein-Poincaré-Minkowski (1905-1908) reste un cadre d'« existence continuée » donné de façon *a priori*, et muni de structures géométriques rigides, qui restent « les mêmes » partout et toujours, indépendamment de la présence de matière. Par exemple, le théorème de Pythagore généralisé reste vrai partout et toujours dans l'Espace-Temps. De même, on peut formuler (après définition convenable de la notion d'« angle » dans l'Espace-Temps) un théorème de Thalès-Euclide généralisé disant que la somme des angles d'un triangle est, toujours et partout, égale à 180° (= deux angles droits = π ; radians). Einstein sentait intuitivement que ce caractère absolu de l'Espace-Temps était physiquement inacceptable. Son idée était que comme l'Espace-Temps influe la Matière et les champs de Force (par exemple en « obligeant » une particule libre à aller « tout droit », c'est-à-dire en ligne droite et à vitesse constante, dans l'espace-temps, et en « obligeant » un champ statique à décroître comme l'inverse du carré de la distance), il devait, aussi exister (par un principe généralisé d'Action et de Réaction) une influence en retour de la Matière et des Forces sur la structure de l'Espace-Temps. Il a pu formuler cette idée intuitive sous forme mathématique en généralisant au cas d'un espace-temps quadri-dimensionnel le concept d'« espace courbe » introduit au XIXe siècle par Gauss et Riemann. On définit un Espace-Temps Courbe comme étant une structure quadri-dimensionnelle qui, dans chaque petite « région » de l'espace-temps (c'est-à-dire au voisinage de chaque événement) a la même structure géométrique que l'Espace-Temps de Poincaré-Minkowski. En d'autres termes, on suppose, par exemple, que le théorème de Pythagore, et le théorème de Thalès-Euclide, sont (approximativement) vrais pour tout triangle assez petit, quelle que soit sa position dans l'espace-temps. Un tel Espace-Temps Courbe est donc *localement* semblable à un petit morceau d'Espace-Temps de Poincaré-Minkowski (maintenant appelé « Espace-Temps Plat »), de la même façon qu'une surface courbe dans l'espace euclidien habituel (par exemple, la surface d'une sphère) est localement semblable à un petit morceau de plan (en effet, au voisinage de tout point *P*, on peut quasiment identifier un petit morceau de surface courbe à un petit morceau du plan tangent en *P* à la surface). On définit alors la notion de « Courbure » comme la mesure locale de la différence résiduelle entre la géométrie « presque plate » au voisinage d'un point et la géométrie euclidienne habituelle. Par exemple, on peut utiliser la violation du théorème de Thalès-Euclide pour définir la notion de courbure. On définit la valeur de la courbure (moyenne) *C* de l'espace dans un petit triangle (d'angles α, β, γ) comme étant la valeur limite (quand le triangle devient très petit) du rapport δ/A entre l'aire A comprise dans le triangle et la différence entre la somme des angles et deux droits, $\delta = \alpha + \beta + \gamma - \pi$. Cette définition s'étend au cas d'un Espace-Temps Courbe en utilisant la généralisation de la notion d'angle à la géométrie de l'espace-temps. Il est important de noter que la notion de courbure C de l'espace-temps se trouve ainsi définie uniquement à partir de quantités qui peuvent être mesurées dans l'espace-temps. On peut (et on doit) donc concevoir la « courbure » C de l'espace-temps de façon purement interne, sans imaginer que notre espace-temps quadri-dimensionnel soit une sorte d'hypersurface courbe plongée dans un espace-temps plat à 5, ou plus, dimensions. Pour donner un exemple concret, on peut mesurer la courbure d'espace-temps dans notre système solaire en réalisant un triangle d'espace-temps fait de lignes « droites » joignant trois événements A, B, C où, par exemple, A et B sont deux événements (séparés dans le temps) sur la ligne d'espace-temps définie par le mouvement de la Terre, et où C (le troisième sommet du triangle) est un événement (sur la ligne d'espace-temps définie par le mouvement de Mars) correspondant à l'arrivée sur Mars d'un rayon lumineux émis en A depuis la Terre, suivi de la réémission immédiate (par un détecteur/réémetteur) d'un rayon lumineux dirigé vers la Terre (et intersectant la ligne d'espace-temps de cette dernière en B). On démontre que les trois côtés du triangle ABC sont physiquement réalisés comme les trois segments de lignes « droites » (« géodésiques ») suivants : le côté AB s'identifie à un morceau de la ligne d'univers de la Terre, alors que les côtés AC et CB sont tracés dans l'espace-temps par les rayons lumineux échangés entre la Terre et Mars. Rien ne permet *a priori* d'affirmer que la somme $\alpha + \beta + \gamma$ des angles de ce triangle d'espace-temps soit numériquement égal à π. En fait l'expérience (ou plus exactement l'interprétation théorique d'autres expériences faites en « traçant », au moyen de rayons lumineux, des figures plus compliquées que des triangles entre les lignes d'espace-temps de la Terre et de Mars) a montré que la différence $\delta = \alpha + \beta + \gamma - \pi$ était « non nulle » et de l'ordre du cent millionième (10^{-8}).

La théorie de la Relativité générale d'Einstein permet de comprendre ce fait (qu'elle avait prédit). Le postulat fondamental de cette théorie est que toute présence de masse-énergie dans l'espace-temps influe sur sa chrono-géométrie en la « déformant » depuis son état « au repos » (chrono-géométrie de Poincaré-Minkowski) valable dans un espace-temps vide de matière, jusqu'à un état « courbe », c'est-à-dire une chrono-géométrie dont la courbure n'est pas nulle. Plus précisément, Einstein postula un lien quantitatif précis disant essentiellement qu'en chaque point P de l'espace-temps la courbure $C = \delta/A$ de l'espace-temps au voisinage de P est égale (en moyenne et à un facteur numérique près, $k \cong G/c^2$ où G est la constante de gravitation) à la densité volumique ρ de masse-énergie en P (ρ = masse-énergie/volume). Cette équation d'Einstein, $C = k\rho$, définit complètement la théorie de la Relativité générale. [L'écriture technique habituelle de la théorie d'Einstein contient des objets mathématiques plus compliqués (tenseurs), mais est en fait équivalente à cette formulation simplifiée, si on considère des moyennes sur des « tranches spatiales » de l'espace-temps*.]

* Pour les conoscenti, j'utilise ici les deux faits suivants : (i) le tenseur d'Einstein $E_{\mu\nu} = R_{\mu\nu} - \frac{1}{2} R g_{\mu\nu}$ s'introduit naturellement en notant que la moyenne de la courbure sectionnelle (de Gauss, $K = C$) sur l'ensemble des 2-plans orthogonaux à une certaine direction (unitaire) u^μ d'espace-temps est proportionnelle à la composante $E_{\mu\nu} = E_{\mu\nu} u^\mu u^\nu$ du tenseur d'Einstein le long de u^μ, et (ii) l'équation tensorielle d'Einstein $E_{\mu\nu} = 8\pi G c^{-4} T_{\mu\nu}$ est équivalente à imposer l'équation scalaire $E_{\mu\nu} = 8\pi G c^{-2} \rho_\mu$ (où $\mu = T_{\mu\nu} u^\mu u^\nu / c$ est la densité de masse-énergie dans le 3-espace orthogonal à u^μ) pour une famille convenable de directions différentes (de genre temps, $g_{\mu\nu} u^\mu u^\nu = -1$).

Conceptuellement le point le plus important est que la Relativité générale opère ainsi une unification en profondeur des 4 catégories anciennement séparées. En effet la chrono-géométrie de l'espace-temps a perdu son caractère absolu et « rigide » pour devenir une structure « élastique » (ou « flexible ») qui est influée (en particulier, « courbée ») par la présence de masse-énergie (c'est-à-dire de matière et/ou de force). En physique, toute structure répartie dans tout l'espace et le temps et qui peut être modifiée et/ou engendrée par la présence de matière s'appelle, génériquement, un « champ ». La théorie d'Einstein affirme donc que la chrono-géométrie de l'espace-temps est un « champ » modifié par toute présence de masse-énergie*. Dans ce « champ chrono-géométrique de l'espace-temps engendré par la présence de masse-énergie » se trouvent unifiées les 4 catégories d'Espace, de Temps, de Force et de Matière. En fait ce « champ espace-temps » (pour être bref) réalise encore une autre unification. En effet, Einstein a montré que sa théorie du « champ espace-temps » contenait, en première approximation, la vieille théorie de Newton-Laplace du « champ gravitationnel ». Newton concevait la gravitation comme une force créée, par exemple, par la présence du Soleil qui dévie sans arrêt une planète de sa

* Mathématiquement, les mesures locales de durées dT et de longueur dL sont subsumées dans l'intervalle carré $ds^2 = dL^2 - c^2dT^2$ entre deux événements infiniment voisins de l'espace-temps (repérés par des coordonnées arbitraires ($x^0 = ct$, $x^1 = x$, $x^2 = y$, $x^3 = z$) et ($x^0 + dx^0$, $x^1 + dx^1$, $x^2 + dx^2$, $x^3 + dx^3$)). Cet intervalle carré est donné par une forme quadratique $ds^2 = \sum_{\mu=0}^{3} \sum_{\nu=0}^{3} g_{\mu\nu}(x^\lambda)dx^\mu dx^\nu$ où les coefficients $g_{\mu\nu}(x^\lambda)$, variables de point en point, définissent le « champ chrono-géométrique » (tenseur métrique). La présence de matière ($\rho \neq 0$) « déforme » $g_{\mu\nu}(x^\lambda)$ depuis son état de « repos » Minkowskien, où les $g^{(0)}_{\mu\nu}(x^\lambda)$ sont donnés par une matrice diagonale constante, avec – 1, + 1, + 1, + 1 sur la diagonale.

ligne d'univers « naturelle » qui serait une ligne droite dans un espace-temps plat (c'est-à-dire une ligne droite parcourue à vitesse constante). En revanche, Einstein conçoit la gravitation comme un mouvement « naturel », qui suit les lignes les plus droites possibles d'un espace-temps « déformé » (« courbé ») par la présence de masse-énergie dans le soleil.

L'espace-temps élastique

Regardons de plus près le nouveau concept einsteinien de champ espace-temps s'identifiant au champ gravitationnel. L'idée essentielle est que la structure chrono-géométrique de l'espace-temps (c'est-à-dire la structure qui sous-tend toutes les mesures que l'on peut faire de durées et de distances) n'est plus une structure rigide, donnée *a priori*, une fois pour toutes, mais est devenue un champ, c'est-à-dire une structure « élastique », ou « flexible », qui est créée et/ou déformée par la présence d'une densité volumique de masse-énergie ($C = k\rho$). Ce champ d'espace-temps décrit à la fois la variabilité de point en point de la chrono-géométrie et tous les effets gravitationnels (par exemple l'effet à distance de la Terre sur la pomme, de la Terre sur la Lune, ou du Soleil sur la Terre).

L'exemple le plus simple d'« élasticité » de la chrono-géométrie de l'espace-temps est l'effet de la proximité d'une masse sur la « vitesse d'écoulement local du temps ». En termes concrets, si vous séparez deux jumeaux à la naissance, l'un restant à la surface de la Terre et l'autre allant vivre au sommet d'une très haute montagne (c'est-à-dire plus loin du centre de la Terre), et si vous les réunissez après 100 ans, le jumeau « montagnard » sera plus vieux (aura vécu plus longtemps) que le jumeau resté sur le plancher des vaches. Tout se passe comme si le temps s'écoulait d'autant moins vite que l'on est plus près d'une distribution de masse-énergie*.

Une autre prédiction remarquable de la théorie d'Einstein, illustrant le caractère « élastique » de l'espace-temps est l'existence d'« ondes de déformation » de la chrono-géométrie. On peut démontrer à partir de l'équation fondamentale $C = k\rho$ qu'un changement localisé de la distribution ρ de masse-énergie cause non seulement un changement de la courbure d'espace-temps C au même point (d'espace-temps, c'est-à-dire au même point dans l'espace et au même moment), mais aussi un changement corrélé de la courbure d'espace-temps ailleurs dans l'espace-temps. En fait, comme pour tout champ physique, une modification de la source de ce champ crée un « ébranlement » (une « mise en branle » du champ) qui se propage au loin, à partir de la source, dans toutes les directions. Autrement dit une variation locale de la distribution de masse-énergie crée une « onde de déformation de l'espace-temps » qui se propage dans l'espace-temps. On peut donc visualiser l'espace-temps comme une structure « élastique » dont les déformations locales se propagent au loin sous forme d'ondes. On démontre que ces ondes de déformation de l'espace-temps se propagent à la même vitesse que les ondes de déformation du champ électromagnétique (c'est-à-dire à la vitesse de la lumière c = 299 792 458 m par seconde)**.

---

* En termes de représentation mathématique, le coefficient $g_{00}(x)$ mesurant la chrono-métrie (voir note précédente) est déformé par rapport à sa valeur habituelle $g_{00}^{\text{Minkowski}} = -1$ en $g^{00}(x) \approx -1 + 2GM/c^2r$ où G est la constante (de Newton) de la gravitation, M la masse de la Terre et r la distance au centre de la Terre. Dans l'exemple considéré des jumeaux l'effet est très petit (une différence de vie d'environ une seconde sur 100 ans), mais il a été vérifié maintes fois en comparant des horloges atomiques. On verra plus loin que cet effet dit « Einstein » a aujourd'hui d'importantes retombées pratiques (système GPS).

** Pour un milieu élastique ordinaire (comme un solide ; par exemple un bloc de métal) la vitesse de propagation des ondes élastiques augmente avec la rigidité du solide. Quand on compare la vitesse

À cause de l'identité entre le champ espace-temps et le champ gravitationnel ces ondes s'appellent aussi « ondes gravitationnelles ». Par exemple, si deux étoiles (c'est-à-dire deux boules contenant une distribution volumique de masse-énergie) tournent l'une autour de l'autre, leur mouvement crée une déformation de la chrono-géométrie qui se propage au loin (en s'atténuant comme l'inverse de la distance). On n'a pas encore détecté ce type d'ondes de déformation de l'espace-temps, mais d'ambitieux projets sont en construction (en particulier deux détecteurs aux USA, projet LIGO, et un détecteur franco-italien près de Pise, projet VIRGO) pour les détecter. L'idée de base pour les détecter est de mesurer, en permanence, par interférométrie, la géométrie de petits triangles d'espace-temps sur Terre (dont deux côtés sont des rayons lumineux et dont le troisième côté est sur la ligne d'espace-temps d'un miroir séparateur) et d'attendre que cette géométrie soit perturbée par le passage d'une onde de déformation de la chrono-géométrie. [En termes moins précis mais plus simples on mesure, par échange de lumière, la distance entre plusieurs miroirs et on attend qu'une déformation de la géométrie fasse fluctuer cette distance.] On a confiance que ces ondes existent car l'étude expérimentale et théorique combinée du mouvement orbital de certains systèmes binaires d'étoiles mortes (pulsars binaires) a permis de vérifier avec grande précision le fait que l'interaction gravitationnelle entre les deux étoiles se propage, de l'une à l'autre, exactement avec les caractéristiques prédites par la théorie d'Einstein, et en particulier que leur vitesse de propagation est bien égale (à mieux que le millième) à la célérité de la lumière c.

Une troisième prédiction remarquable de l'espace-temps élastique d'Einstein est la possibilité d'une création continue d'espace. C'est le concept d'« expansion de

---

c = 299 792 458 m/s des ondes élastiques de l'espace-temps avec la vitesse $v \approx$ 3 000 m/s des ondes élastiques dans un solide typique on se rend compte que l'espace est une structure très rigide !

l'espace ». Ce type d'espace-temps peut être « meublé » par une famille (infinie) d'observateurs dont le comportement relatif est inhabituel : chaque observateur (qui suit sa ligne d'univers et observe les autres observateurs en échangeant des rayons lumineux) trouve, en mesurant par effet Doppler la vitesse relative des autres observateurs, qu'à tout moment les observateurs dans son voisinage immédiat sont « en repos » par rapport à lui (vitesse relative quasi nulle). Il se trouve donc dans une situation analogue à un automobiliste pris dans un gigantesque embouteillage, où tous ses voisins sont au repos par rapport à lui. Notez bien que cette situation de repos relatif local est vraie pour tous les observateurs : pour chaque observateur, rien ne bouge autour de lui. Et cependant, dans un tel espace-temps la distance entre deux observateurs (séparés d'une distance finie, et non plus infinitésimale) est toujours en train d'augmenter au cours du temps. Donc les distances relatives globales finissent par augmenter, même si, à tout moment et partout, « rien ne bouge » localement. Cette situation est réminiscente de ce passage du Parsifal de Wagner où le jeune Parsifal s'étonne de se voir parcourir des distances sans marcher et où le vieux Gurnemanz lui dit qu'« ici, mon fils, le Temps engendre l'Espace ». De même dans un espace-temps en expansion, le simple « passage du temps » engendre des séparations spatiales de plus en plus grande, en absence de vitesses relatives localement mesurables. Une des grandes découvertes du XXe siècle a été le fait que notre univers à grande échelle est bien décrit par un tel espace-temps en expansion (introduit par Friedmann en 1922). Un tel espace-temps a nécessairement commencé par un état où tout l'espace était plein d'un gaz ultra-chaud et ultra-dense (concept de « big bang chaud » introduit par Gamow dans les années 1940). Ce modèle du big bang chaud est confirmé par un grand nombre de données observationnelles. Celles-ci montrent que tout l'espace a atteint dans le passé des températures supérieures au milliard de degré. Il reste cependant à expliquer pourquoi et comment l'univers s'est trouvé, dans son passé, dans un tel état.

Une quatrième prédiction remarquable qui pousse à ses limites le concept einsteinien d'espace-temps élastique est le concept de trou noir (introduit par Oppenheimer à la fin des années 1930). Considérons une boule de matière sans pression interne (ou dont la pression interne est insuffisante pour empêcher son effondrement). Par exemple, on peut imaginer une sphère remplie uniformément de matière froide, réduite en poussière. En théorie newtonienne, l'auto-attraction gravitationnelle de cette boule de poussière va conduire à la faire s'effondrer sur elle-même, jusqu'à ce qu'elle devienne un point, de densité infinie, dans l'espace. En théorie einsteinienne, il se passe quelque chose de complètement différent. En s'effondrant, et donc en se densifiant, la boule de poussière va déformer localement de plus en plus (à cause de l'équation d'Einstein $C = k\rho$) la structure chrono-géométrique de l'espace-temps. De plus cette déformation évolue elle-même dans l'espace-temps. On démontre alors, qu'à cause de cette déformation grandissante, il se passe deux choses différentes : (i) il se crée dans l'espace-temps, autour de la boule et dans son futur, une région d'espace-temps où la chronogéométrie est si différente de la chrono-géométrie de Poincaré-Minkowski que les rayons lumineux, tout en continuant à se déplacer localement à la « vitesse de la lumière » *c*, n'arrivent plus à s'échapper et à partir vers l'infini, mais restent éternellement « piégés sur place » par cette structure déformée de l'espace-temps (concept de « surface du trou noir » d'où la lumière ne peut sortir), et (ii) en aval de cette structure (dans la direction de l'espace-temps où la boule continue à s'effondrer) l'effondrement de la boule crée un « big crunch », c'est-à-dire l'inverse temporel d'un big bang. Un big crunch est une « fin des temps » dans laquelle tout l'espace intérieur au trou noir cesse d'exister « simultanément » après un temps d'évolution fini (qui est généralement très bref : par exemple pour une étoile de quelques masses solaires qui s'effondre, la fin des temps arrive en environ un millième de seconde). Finalement, le trou noir a un triple aspect : (a) vu de l'extérieur c'est un centre d'attraction gravitationnelle qui a gardé tout l'effet gravitationnel de la masse-énergie qui s'est effondré, (b) vu de la surface c'est une sphère où la lumière fait du surplace (ici c'est l'inverse de la phrase de Gurnemanz : la lumière va le plus vite possible, mais n'arrive pas à se déplacer), et (c) vu de l'intérieur c'est une fin des temps très rapide qui concerne un espace de volume infini, bien que contenu dans une sphère de rayon fini ! On n'a pas encore de preuve observationnelle absolue que de tels objets, qui illustrent de façon dramatique le caractère élastique (jusqu'au déchirement dans le big crunch) de l'espace-temps einsteinien, existent dans notre univers. Cependant beaucoup d'indications indirectes suggèrent qu'un très grand nombre de trous noirs existent dans l'univers, et même se forment continuellement lors de l'effondrement des étoiles les plus massives. La première preuve observationnelle indiscutable de l'existence des trous noirs devra sans doute attendre l'observation des ondes de déformation de l'espace-temps (ondes gravitationnelles) engendrées lors de la formation d'un trou noir par fusion de deux étoiles mortes.

Présent et futur de la Relativité générale

Précisons d'abord que la théorie de la Relativité générale, qui est longtemps restée une belle construction intellectuelle manquant de contact avec la réalité et de vérifications expérimentales, est aujourd'hui une théorie très vivante, en prise avec la réalité et qui a été confirmée par beaucoup d'expériences de haute précision. On a des confirmations expérimentales de la validité de la théorie d'Einstein dans plusieurs régimes : (a) maintes expériences effectuées dans le système solaire (horloges atomiques, mouvement des planètes, déflexion de la lumière, retard gravitationnel des ondes radars, échos laser sur la Lune,...) ont confirmé (à mieux que 0,1 %) que le régime « post-Newtonien » des faibles déformations de l'espace-temps était décrit par la Relativité générale, (b) le chronométrage de précision de certains pulsars binaires a pu aussi confirmer (à 0,3 % près) le fait que les déformations d'espace-temps se propageaient à la vitesse de la lumière, et que la théorie d'Einstein décrivait correctement les fortes déformations de l'espace-temps qui règnent à la surface d'une étoile à neutrons, enfin (c) tout un ensemble de données cosmologiques ne peuvent se comprendre et s'expliquer que dans le cadre de cette théorie.

Il est important de réaliser que la plupart des vérifications expérimentales évoquées ci-dessus ne sont pas de simples confirmations qualitatives du fait que la théorie d'Einstein réussit mieux que la théorie de Newton à expliquer la gravitation. Ce sont des mesures de haute précision qui concernent des prédictions très fines, et en même temps qualitativement profondes, obtenues après d'énormes efforts expérimentaux et théoriques. En fait la théorie d'Einstein est une des théories les mieux vérifiées de la physique et les physiciens ont acquis la conviction qu'elle a définitivement remplacé tous les autres essais (considérés jusqu'à présent) de description théorique de la gravitation et qu'elle nous a fait accéder à un nouveau niveau de description et de compréhension de l'espace-temps et de la gravitation. En outre, cette théorie est aujourd'hui partie intégrante de tout un ensemble de technologies de pointe qui ont beaucoup d'applications scientifiques ou pratiques. Citons seulement un exemple : le système GPS (Global Positioning System). Il s'agit d'une constellation de satellites circumterrestres qui transportent des horloges atomiques de haute stabilité, et émettent des signaux électromagnétiques. En combinant l'information reçue de plusieurs satellites (qui véhicule en particulier le « temps propre » indiqué par l'horloge de bord du satellite), un observateur peut déterminer avec précision sa position dans l'espace-temps, n'importe où (sur Terre ou dans l'espace) et n'importe quand. Ce système de localisation (mis en place par l'armée américaine) a de plus en plus d'applications pratiques importantes : par exemple pour la navigation aérienne ou maritime, ou, même, pour la

« navigation » des automobiles privées. Il est remarquable de penser que la description einsteinienne de la déformation de l'espace-temps par la masse de la Terre joue un rôle crucial dans les logiciels du GPS : en effet, la théorie d'Einstein nous dit que la « vitesse d'écoulement du temps » (par rapport à un référentiel stationnaire global) est différente à la hauteur du satellite et sur Terre. Cet effet est seulement d'un milliardième (comme conséquence directe de l'équation $C = k\rho$) mais, si on ne le prenait pas en compte, il introduirait un dysfonctionnement inacceptablement grand (et augmentant continuellement avec le temps) dans le système GPS. [En effet, les performances de ce système reposent sur la haute stabilité des horloges embarquées, meilleure que 10^{-13}, c'est-à-dire une stabilité 10 000 fois meilleure que le changement apparent de fréquence ($\sim 10^{-9}$) dû à la déformation de la chrono-géométrie.]

Bien que la théorie d'Einstein soit une des mieux vérifiées de la physique, les scientifiques continuent à concevoir et à planifier des tests nouveaux, ou encore plus fins, de cette théorie. Par exemple, la NASA est en train de préparer une mission spatiale (« Gravity Probe B », ou « Relativity Mission ») dont le but est d'observer, le plus directement possible, une prédiction de la Relativité générale qui dit (intuitivement) que l'espace est non seulement « élastique », mais aussi « fluide ». Au XIXe siècle, Foucault avait inventé à la fois le gyroscope et son célèbre pendule pour montrer, par des expériences retentissantes, que l'espace était « rigide » (espace absolu de Newton), au sens où, localement sur Terre, un gyroscope ou un pendule continue, malgré la rotation de la Terre, à (essayer de) s'aligner avec une direction « fixe » (ou un plan « fixe ») dans l'« espace rigide absolu ». Cependant, la théorie d'Einstein montre que l'espace n'est pas parfaitement rigide. On démontre par des calculs (à partir de l'équation $C = k\rho$) que le fait que la Terre soit une boule de matière en rotation crée une déformation particulière de la chrono-géométrie de l'espace-temps autour de la Terre qui est analogue à l'effet d'« entraînement en rotation » qu'a une boule de matière tournant au milieu d'un fluide (ou, plus simplement, une cuiller tournant dans la soupe !) : la rotation de la Terre « entraîne », d'une façon minime, tout l'espace autour d'elle à « tourner » comme le ferait un fluide. Cette « rotation de l'espace » se traduit, de façon observable, par une violation des effets discutés par Foucault : en particulier, un gyroscope ne s'aligne plus avec une direction « fixe dans l'espace absolu », mais s'aligne à tout moment selon une direction qui est « entraînée », localement, par le mouvement de rotation de l'espace (lequel est lui-même « entraîné », à distance cette fois, par la rotation de la Terre). Cet effet est très petit, mais devrait être observé en 2001. Intellectuellement, cette observation sera importante (comme le pendule de Foucault l'avait été) pour faire pénétrer dans la conscience d'un grand nombre de personnes l'un des aspects remarquables de la nouvelle conception einsteinienne d'un espace-temps déformable.

Si l'on jette un coup d'œil plus loin dans le futur, l'avenir de la Relativité générale semble être riche. D'abord, il reste la tâche cruciale de vérifier directement deux des prédictions (discutées plus haut) les plus nouvelles de la théorie : (1) l'existence d'ondes gravitationnelles, c'est-à-dire d'ondes de déformation de l'espace, arrivant sur Terre après avoir été émises, il y a très longtemps, dans des sources astrophysiques lointaines, et (2) l'existence de trous noirs. On espère que les détecteurs interférométriques géants (ayant des bras de plusieurs kilomètres) actuellement en construction dans le monde (en particulier le projet franco-italien VIRGO) apporteront dans quelques années des preuves convaincantes de (1) et de (2). Une autre classe de grands problèmes, où la Relativité générale joue un rôle crucial, concerne la cosmologie, et en particulier la cosmologie primordiale. Ici aussi, grâce en particulier à des missions spatiales, on espère avoir, dans les années qui viennent, une riche moisson de données observationnelles. Citons juste quelques mots clefs : (i) le problème de la « matière noire » [il semble que presque 90 % de la matière pondérale répartie dans l'univers ne soit pas faite de matière ordinaire (comme les protons, les neutrons et les électrons) mais d'un autre type de particule], (ii) le problème de la « masse-énergie du vide » [il semble qu'environ 70 % de la densité moyenne de masse-énergie ρ dans l'univers ne soit pas faite de matière pondérale (c'est-à-dire, d'après (i), surtout de particules non encore détectées de matière noire*) mais doive être attribué aux propriétés quantiques du « vide » (c'est-à-dire de l'espace pur, en l'absence de particules réelles), et (iii) le problème de l'« origine du big bang », pourquoi et comment le passé de l'univers est-il descriptible, avec très haute précision, comme un état de gaz en expansion ultra-chaud et ultra-dense remplissant tout l'espace** ?].

Au-delà d'Einstein

Pour finir, indiquons que l'un des plus grands défis de la physique fondamentale actuelle est celui de la compatibilité entre les deux grandes révolutions conceptuelles du XXe siècle : la Relativité générale d'un côté (due à Einstein, 1915) et la théorie quantique (due à Heisenberg, Born, Jordan, Schrödinger, Dirac et d'autres en 1925-1926). La théorie quantique s'est développée durant tout le XXe siècle et s'est révélée être le cadre nécessaire pour la description fine de la Matière et des Forces qui agissent sur elles. En fait, la théorie quantique, indépendamment de la Relativité générale, a elle aussi apporté des bouleversements profonds dans les vieilles catégories de la physique du XIXe siècle. Ce

* Pour éviter toute confusion entre (i) et (ii), précisons qu'il semble aujourd'hui probable que la densité totale (moyenne) de masse-énergie distribuée dans l'espace cosmologique se décompose en : $\rho_{\text{totale}} = \rho_{\text{vide}} + \rho_{\text{noire}} + \rho_{\text{ordinaire}}$ où, approximativement, et pour donner une idée des ordres de grandeur, $\rho_{\text{vide}} \approx 67\ \%\ \rho_{\text{totale}}$, $\rho_{\text{noire}} \approx 30\ \%\ \rho_{\text{totale}}$ et $\rho_{\text{ordinaire}} \approx 3\ \%\ \rho_{\text{totale}} \approx 10\ \%\ \rho_{\text{noire}}$.

** Notez que, contrairement à une idée très répandue, le big bang ne doit pas être décrit comme étant l'explosion d'une boule de matière dans un espace préexistant. Le big bang occupe tout l'espace, et crée (selon le concept einsteinien d'espace-temps en expansion expliqué plus haut) lui-même, à tout moment, le surplus d'espace « dans lequel » il s'épand (comme une source d'eau qui sourdrait d'elle-même en créant un volume grandissant d'eau).

n'est pas le lieu d'en parler en détail, mais disons simplement que la nouvelle catégorie de Champ Quantique (qui a émergé entre 1930 et 1950) est une unification profonde des anciennes catégories séparées de Force et de Matière, qui utilise, pour sa définition, la notion d'Espace-Temps d'Einstein-Poincaré-Minkowski. À l'heure actuelle, toutes les particules élémentaires (quarks et leptons), et leurs interactions (électromagnétique, faible et forte) sont décrites comme exemples de cette nouvelle catégorie de Champ Quantique. Seule l'interaction gravitationnelle a exhibé une incompatibilité profonde avec la théorie quantique et ne peut pas, à l'heure actuelle, être décrite comme un « champ d'espace-temps quantique ». Il semble aujourd'hui probable que l'unification entre la Relativité générale et la théorie quantique ne pourra se réaliser que dans le cadre d'une théorie quantique plus profonde que la théorie des champs quantiques. Cette théorie plus profonde est actuellement en gestation, et porte (pour le moment) le nom de Théorie des Cordes Quantiques. La nouvelle catégorie de Corde Quantique semble assez riche pour définir un cadre où seraient unifiées les 4 anciennes catégories d'Espace, de Temps, de Force et de Matière. À un certain niveau d'approximation, la théorie des Cordes Quantiques décrit tout élément de la réalité physique comme étant la version quantique d'un mode de vibration d'une « corde » [c'est-à-dire d'un objet unidimensionnel muni d'une tension élastique, comme un petit « élastique » (en caoutchouc) dont la longueur au repos (en l'absence de tension) serait nulle]. On trouve de façon remarquable que si l'on « quantifie » une corde évoluant dans l'espace-temps « plat » de Poincaré-Minkowski, l'un des modes de vibration-propagation de la corde peut s'identifier à (la version quantique d') une onde élémentaire de déformation de l'espace-temps, c'est-à-dire à une onde gravitationnelle de la relativité générale. Par certains aspects, la théorie des cordes quantiques semble être une généralisation profonde de l'idée centrale de la relativité générale : à savoir, l'idée qu'il ne peut pas y avoir de structure « rigide », donnée *a priori*, mais que toute structure physique est « élastique » et « déformable », c'est-à-dire est un champ dynamique. En particulier, tout ce que la Relativité générale avait encore supposé être « rigide » (notamment la valeur numérique de toutes les « constantes d'interaction » de la physique) semble, en théorie des cordes, devenir des champs dynamiques, qui peuvent être influés par le contenu matériel de l'univers. Cette idée est d'ailleurs testable expérimentalement en réalisant des tests de très haute précision de la propriété fondamentale de la gravitation (selon, à la fois, Galilée, Newton et Einstein), à savoir qu'elle agit universellement sur la masse-énergie, de sorte que tous les corps « tombent », avec exactement la même accélération, dans un champ gravitationnel. Des missions spatiales sont actuellement en préparation pour tester l'« universalité de la chute libre » à un niveau de précision mille fois, ou même un million de fois, supérieur à ce qu'on a vérifié aujourd'hui. Si une de ces missions trouve une violation, même infinitésimale, de cette universalité de la chute libre (c'est-à-dire si elle trouve que deux corps différents tombent avec des accélérations légèrement différentes) on aura une indication très précise pour aller au-delà de la Relativité générale et obtenir une description encore plus profonde* de la structure dynamique sous-tendant l'Espace-Temps et la Masse-Énergie-Force-Matière.

Le XXIe siècle nous apportera donc peut-être (espérons-le) de nouveaux bouleversements de l'appareil conceptuel que l'homme utilise pour comprendre (et dominer) l'univers. Il est cependant attristant de constater que malgré l'ancienneté des grandes révolutions conceptuelles du XXe siècle (relativité restreinte 1905, relativité générale 1915, théorie quantique 1925-1930) la plupart de nos contemporains pensent et vivent le monde selon les cadres de pensée

* Précisons que, si cela arrive, cela ne voudra pas dire que la théorie de la relativité générale est « fausse ». On sait que cette théorie restera éternellement « vraie » dans le très large domaine expérimental où elle a été « vérifiée », et où elle a supplanté la théorie de Newton. Mais, comme toujours en physique, il est possible que le domaine de validité de la relativité générale soit fini, et, qu'au-delà, il faille compléter ou modifier la théorie et utiliser une théorie plus profonde, qui contienne la théorie d'Einstein comme cas limite.

du XIXe siècle (qui eux-mêmes remontaient pour la plupart au XVIIe siècle). Par exemple, le fait que le passage du temps (le « maintenant ») ne corresponde à rien dans la réalité physique, c'est-à-dire, pour reprendre une phrase d'Einstein au fils et à la sœur de Besso, que la « séparation entre passé, présent et avenir, ne garde que la valeur d'une illusion, si tenace soit elle » est un des messages importants des théories de la relativité qui est complètement ignoré de nos contemporains (ainsi que des vulgarisateurs de la science).

État de la recherche

L'essentiel des travaux en cours (en anglais) en relativité générale peut être consulté (de façon gratuite) sur internet en se connectant aux diverses archives de http ://xxx.lanl.gov/, et particulièrement l'archive gr-qc (General Relativity and Quantum Cosmology). Accessibilité sur le site miroir français : http ://xxx.lpthe.jussieu.fr/

RÉFÉRENCES

Historique
– BALIBAR (F.), *Einstein, la joie de la pensée*, Découvertes Gallimard, Science.
– EINSTEIN (A.), *La Relativité*, Payot, Paris, 1990.

Exposés élémentaires
– DAMOUR (T.) et DESER (S.), article « Relativité », Encyclopaedia Universalis, 1995.
– HAKIM (R.), *Gravitation relativiste*, InterÉditions/CNRS Éditions, Paris, 1994.
– SCHWINGER (J.), *L'Héritage d'Einstein*, Pour la Science, Berlin, Paris, 1988.

Exposés avancés
– LANDAU (L.) et LIFCHITZ (E.), *Théorie des Champs*, Mir, Moscou, 1989.
– MISNER (C. W.), THORNE (K.S.) et WHEELER (J. A.), *Gravitation*, Freeman, San Francisco, 1973.
– OHANIAN (H. C.) et RUFFINI (R.), *Gravitation and Spacetime*, Second Edition, Norton, New York, 1994.
– WEINBERG (S.), *Gravitation and Cosmology*, Wiley, New York, 1972.

La cosmologie moderne : les nouveaux outils d'observations de l'Univers

par LAURENT VIGROUX

La nuit semble être noire. Il n'en est rien. Avec les instruments d'observation modernes, la nuit est brillante. Mais le paradoxe est qu'elle ne soit ni noire, ni infiniment claire. Brillante certes, mais pourquoi si peu ? Dès le XVIIe siècle, le physicien danois Olberg avait montré tout le parti que l'on peut tirer de la brillance du ciel. Si l'Univers était uniforme et infini, la brillance du ciel due à la superposition de l'émission de toutes les sources qui le composent devrait être infinie. Heureusement pour la vie sur Terre, il n'en est rien. Il a fallu attendre le milieu du vingtième siècle pour comprendre les implications profondes de ce paradoxe. Le cadre de cette compréhension a été fourni par Einstein avec sa théorie de la gravitation. Les observations de Hubble dans les années 1920-1930 ont montré que l'Univers était en expansion. On sait maintenant que les constituants de l'Univers ne sont pas immuables, ils évoluent dans le temps. On sait qu'ils ne sont pas répartis de manière uniforme dans l'espace, et on sait que l'Univers observable est fini. C'est pourquoi la nuit n'est que « grise ». Notre compréhension de la cosmologie a fait des progrès spectaculaires ces vingt dernières années. Cela tient aux progrès des observations, grâce

---

Texte de la 184e conférence de l'Université de tous les savoirs donnée le 2 juillet 2000.

surtout aux observatoires spatiaux, mais aussi aux progrès spectaculaires de la théorie et des simulations numériques. Quels sont ces progrès, c'est ce que nous allons passer en revue dans la suite de cette conférence.

Le rayonnement

La principale source d'information sur l'Univers et ses constituants provient de la lumière. Par lumière, on entend l'ensemble du spectre des ondes électromagnétiques, qui s'étend des rayons gamma et X, à haute énergie, jusqu'aux ondes micro-ondes et radios à basse énergie, en passant par la lumière visible, à laquelle nous sommes plus habitués. Le vecteur de l'information qu'est la lumière, est une particule appelée photon, et, dans les théories de physique moderne, on peut décrire la propagation de la lumière aussi bien en termes d'ondes, que de photons (c'est-à-dire en termes de particules plutôt que d'ondes). En général, à basse énergie, le nombre de photons reçus par un télescope moderne est très élevé, de l'ordre de plusieurs centaines de milliers par seconde, et on préfère décrire les phénomènes en termes d'ondes. À haute énergie, les photons sont plus rares, de l'ordre de quelques photons par seconde en rayons X, et de quelques photons par jour dans les gammas de très grande énergie, et on préfère décrire les phénomènes en terme de photons. Mais la physique sous-jacente reste la même. L'avantage principal de la lumière est qu'elle se propage en ligne droite sans être trop absorbée. Elle permet donc d'observer des sources très lointaines et de les localiser. Depuis des temps immémoriaux, la lumière a été le principal, sinon le seul, moyen d'observation du ciel. Les deux principales sources de lumière sont un rayonnement fossile lié aux premières étapes de l'évolution de l'Univers, et la somme des rayonnements émis par les constituants de l'Univers, étoiles, galaxies et amas de galaxies.

Le rayonnement fossile

Contrairement aux rêves des technocrates, les plus grandes découvertes sont le fruit d'actions non préméditées. Il en est ainsi de la découverte du rayonnement fossile. La guerre de 39-45 a eu de nombreux effets négatifs. Elle a néanmoins entraîné un progrès notable des techniques. Hiroshima a montré que ce n'était pas toujours pour le meilleur. Mais les progrès des techniques des radars ont été à l'origine des progrès spectaculaires de la radioastronomie après guerre. Le relais fut pris ensuite par le développement des télécommunications. C'est ainsi que deux ingénieurs de la Bell Laboratories, Penzias et Wilson, en essayant de régler une antenne très sensible, ont buté sur un bruit de fond isotrope et continu. L'étude de ce bruit de fond a permis de l'identifier à un rayonnement prédit dans le cadre des théories d'expansion de l'Univers. Contrairement à ce que l'on affirme souvent, ce rayonnement n'est pas lié au big bang. Il a été produit bien après l'explosion initiale. Il existe dans n'importe quelle théorie d'expansion qui prédit que l'Univers est passé par des phases suffisamment chaudes et denses pour que les atomes soient entièrement ionisés. Dans ces conditions, l'Univers est rempli de protons, de noyaux, d'électrons et de photons. Les photons interagissent avec les électrons. Ils sont en équilibre avec eux, et ne peuvent pas se propager sur de grandes distances. À cause de l'expansion de l'Univers, la matière se refroidit, jusqu'au moment où les atomes se forment. Les électrons se combinent avec les noyaux pour former des atomes. L'Univers devient alors transparent pour les photons, qui n'ont plus rien pour interagir. Le spectre d'énergie des photons est alors celui d'un corps noir à la température de l'Univers à l'époque de la recombinaison. Par la suite, la température de ce corps noir se refroidit du fait de l'expansion de l'Univers. Il est à l'heure actuelle voisin de 2,7 K, c'est-à-dire – 270,3 °C. C'est pour cela que l'on ne l'observe que dans le domaine des micro-ondes et des ondes radio. Le pic de l'émission se trouve vers 1,4 mm. Depuis la découverte initiale, il aura fallu trente ans pour que l'on puisse mesurer ce spectre d'émission de corps noir cosmologique avec une grande précision. Cela fut effectué au moyen du satellite américain COBE lancé en 1989. On peut maintenant affirmer avec certitude que cette émission est bien d'origine cosmologique.

Ce rayonnement est isotrope et uniforme avec une très grande précision. On peut néanmoins déceler des petites déviations, qui, traduites en termes de température, correspondraient à des fluctuations de quelques micro-kelvin. C'est-à-dire des fluctuations de quelques parties par million. Ces fluctuations dans le spectre des photons correspondent à des fluctuations de densité des électrons à l'époque de la recombinaison. L'Univers était alors presque homogène, mais pas tout à fait. Ces fluctuations de densité ont par la suite donné naissance aux galaxies et aux amas de galaxies. Mesurer les fluctuations de température du corps noir cosmologique revient à déterminer les fluctuations de densité pratiquement à l'origine du monde. COBE fut le premier observatoire qui permit de prouver l'existence de ces fluctuations. Malheureusement, ce résultat est peu contraignant pour les modèles cosmologiques, car les échelles angulaires auxquelles COBE avait accès sont sans commune mesure avec la taille des galaxies et des amas que l'on observe aujourd'hui. COBE a prouvé que l'Univers n'était pas complètement homogène ; il n'a pas permis de déterminer dans quel type d'univers nous vivons. Pour progresser, il faut réaliser des instruments qui ont une résolution angulaire voisine de quelques minutes d'arc, bien mieux que les 7 degrés de COBE. BOOMERANG, un télescope américano-italien, lancé en 1999 par un ballon dans un vol circum-antarctique de quinze jours, a réussi pour la première fois à fournir une carte des fluctuations à des échelles angulaires de l'ordre de la vingtaine de minutes d'arc. L'analyse de ces fluctuations a montré qu'elles impliquaient un univers de type plat. Rappelons qu'il y a trois types de géométries possibles dans les modèles d'univers compatibles avec la relativité générale d'Einstein. Ces univers sont définis par leur courbure, positive, négative ou nulle. Les résultats de BOOMERANG *(Fig. 1)* semblent montrer que nous sommes dans ce dernier cas, c'est-à-dire le modèle le plus simple, le plus banal. Tant pis. Pour être tout à fait certain de ces résultats, il faudra attendre le satellite européen PLANCK Surveyor, qui sera lancé en 2007 par l'Agence spatiale européenne. Ce satellite aura une meilleure résolution angulaire que BOOMERANG et les instruments similaires qui sont en cours de réalisation dans divers pays, dont la France, et surtout, il effectuera une cartographie complète du ciel, ce que ne feront pas les autres projets. Vous voulez savoir dans quel univers vous vivez ? Attendez 2007 et vous aurez la réponse.

L'Univers et ses constituants

L'étude du corps noir cosmologique permet de voir quelle était la structure de l'Univers à ses débuts. Cela n'indique en rien comment se sont formés les objets, galaxies, ou amas de galaxies, que nous observons dans notre environnement proche. Heureusement, nous pouvons utiliser une loi physique bien connue pour remonter le temps : la vitesse finie de la lumière. Observer une galaxie située à un milliard d'années-lumière, c'est l'observer telle qu'elle était il y a un milliard d'années. La pêche aux galaxies jeunes consiste à aller rechercher les plus lointaines. Malheureusement, une autre loi de la physique vient contrarier ce plan : la luminosité apparente d'un objet diminue comme le carré de la distance de cet objet ; c'est-à-dire très rapidement. Projetons une galaxie dix fois plus loin, elle nous apparaîtra cent fois plus faible. Pour donner un ordre de grandeur, une galaxie comme la nôtre située à 5 milliards d'années-lumière, soit à la moitié de son âge actuel, nous apparaît cent fois moins brillante que le ciel d'une nuit noire. Autant dire que la recherche des galaxies jeunes nécessite de très grands télescopes, qui sont les seuls

Figure 1 – Si l'homme avait des yeux qui voient dans le domaine des micro-ondes, plutôt que dans le visible, le ciel aurait l'apparence de cette photo. La brillance du ciel serait dominée par le rayonnement fossile résultant de l'expansion de l'Univers, et on pourrait y distinguer les petites fluctuations qui sont à l'origine des galaxies. Ce photomontage représente une vue du lancement du ballon BOOMERANG sur le plateau antarctique, devant le volcan Erebus. Les fluctuations du fond cosmologique, telles qu'elles ont été mesurées par BOOMERANG.

à avoir un pouvoir collecteur suffisant pour détecter les galaxies les plus lointaines. C'est pourquoi, cette recherche ne s'est avérée fructueuse qu'après la mise en service des grands télescopes de la classe 8-10 m de diamètre. Les premiers furent les télescopes Keck situé au sommet du Mauna Kea dans l'île d'Hawaii. L'Europe n'est pas en reste avec les quatre télescopes de 8 m situés dans le désert d'Atacama, et qui constituent le Very Large Telescope. En fait, la recherche a commencé avec le Hubble Space Telescope, satellite de la NASA avec une forte participation de l'ESA. Le fait d'être dans un satellite, au-dessus de l'atmosphère terrestre, permet d'avoir des images beaucoup plus piquées qu'au sol. C'est un atout indispensable pour détecter les objets les plus faibles. La stratégie qui a été suivie ces dix dernières années a consisté à détecter des galaxies lointaines avec le Hubble Space Telescope, puis à les caractériser avec les télescopes géants au sol. Cette méthode s'est révélée payante, puisque entre 1996 et 1998, plusieurs groupes ont réussi à démontrer que les galaxies lointaines étaient différentes des galaxies locales. Si on retrouve bien le pendant des galaxies proches, on trouve aussi pléthore de galaxies plus petites, et qui ont des couleurs plus bleues que les galaxies locales. Cette couleur est due à la présence d'étoiles jeunes. Ces petites galaxies sont donc dans des phases intenses de formation d'étoiles, environ trois fois le taux observé dans les galaxies proches.

Chercher des galaxies jeunes en utilisant la lumière visible, est-ce la bonne approche ? Pour répondre à cette question, il faut savoir quels sont les mécanismes d'émission de lumière par les galaxies. La source principale d'énergie est la gravitation. C'est elle qui permet à la galaxie d'exister en tant qu'objet individuel. C'est elle aussi, qui permet aux étoiles de se former et d'atteindre en leur centre des densités et des températures suffisantes pour que les réactions nucléaires se déclenchent. La source principale de rayonnement d'une galaxie est due aux étoiles qui la peuplent. Une galaxie normale contient quelques centaines de milliards d'étoiles. L'énergie nucléaire dégagée en leur sein se transforme en rayonnement. Le Soleil nous éclaire à l'énergie nucléaire. Paradoxe amusant sur les énergies propres. Une galaxie n'est pas composée seulement d'étoiles. Elle est aussi remplie de gaz et de poussières. Ces poussières interstellaires sont des grains allant de quelques centaines d'atomes, jusqu'à des grains microscopiques de quelques microns de longueur. Ils se décomposent en deux grandes familles, des grains carbonés, et des silicates. Ces grains absorbent une grande partie du rayonnement des étoiles. Du coup, ils sont chauffés et émettent eux-mêmes de la lumière. Certes, c'est un chauffage modeste, puisque la température moyenne des grains interstellaires est voisine de 20 K, soit

– 250 °C. Cela est néanmoins suffisant pour que cette émission soit mesurable dans l'infrarouge. Ce processus de transformation de l'énergie, absorption du rayonnement des étoiles, chauffage des poussières et réémission dans l'infrarouge, peut être si efficace que dans des cas extrêmes, des galaxies rayonnent presque 100 % de leur énergie dans l'infrarouge. Cela fut une des grandes découvertes du satellite IRAS lancé en 1983 et réalisé en partenariat américain, anglais et hollandais. Ce satellite a été à l'origine d'une lignée de satellites dédiés à l'étude du ciel en infrarouge : ISO, satellite européen lancé en 1995, SIRTF, satellite américain qui sera lancé en 2002 et FIRST, satellite européen, qui sera lancé en 2007. Chacun d'eux représente un gain en termes de sensibilité, couverture en longueur d'onde et résolution spatiale. En combinant les observations d'ISO, et celles de COBE, on a pu montrer que les galaxies émettent globalement 3 fois plus d'énergie dans l'infrarouge que dans le visible et l'ultraviolet. ISO a montré que, lorsqu'elles avaient la moitié de leur âge actuel, les galaxies étaient beaucoup plus souvent de forts émetteurs infrarouges. Si seulement 3 % des galaxies actuelles émettent plus d'énergie dans l'infrarouge que dans le visible, elles étaient 30 % dans ce cas il y a 5 milliards d'années. Quelle est l'origine de ce phénomène ? Selon toute vraisemblance, il s'agit d'épisodes de formation d'étoiles intenses qui se sont déroulés dans le passé. Par l'étude des galaxies ultra lumineuses en infrarouge, découvertes par IRAS, on sait que ces galaxies sont en interaction avec d'autres galaxies et qu'elles subissent des flambées de formation d'étoiles très intenses, à la suite de ces interactions. Les observations dans le visible ont montré qu'il y avait, il y a quelque 5 milliards d'années, une population de petites galaxies qui n'ont pas leur équivalent de nos jours ; les observations en infrarouge montrent que les grandes galaxies de l'époque subissaient des flambées de formation d'étoiles liées à des interactions entre galaxies. La tentation est forte de réconcilier ces deux observations dans un scénario où les petites galaxies sont progressivement avalées par les grosses, entraînant ces épisodes de forte émission infrarouge. La vie des galaxies n'est pas plus tranquille que celle des êtres vivants. Les gros mangent les petits. Ce processus de fusion hiérarchique est prédit par les modèles cosmologiques. La vitesse à laquelle il se déroule dépend fortement des paramètres du modèle. On peut donc par l'étude des galaxies lointaines contraindre les modèles et la valeur de leurs paramètres. SIRTF, et surtout FIRST, permettront d'affiner cette vision, et de pouvoir retracer dans le temps cette évolution. ISO n'a pu que décrire ce qui s'est passé lors des cinq derniers milliards d'années, FIRST permettra de remonter presque jusqu'au début de l'histoire des galaxies.

ISO, SIRTF et FIRST permettent de détecter ces galaxies lointaines ; ils permettent d'en mesurer le flux en fonction de leur longueur d'onde ; leur faible résolution angulaire ne leur permet pas d'en réaliser de véritables images. Pour ces observatoires, les galaxies sont des points. Pour en réaliser des images, il faut utiliser un autre principe. Même dans l'espace, la résolution angulaire d'un télescope est limitée par un phénomène appelé diffraction. Il est impossible de résoudre deux sources qui sont séparées par des angles plus petits qu'un angle limite égal au diamètre du télescope divisé par la longueur d'onde de l'observation. Pour un télescope de 2 m en orbite, le pouvoir séparateur est limité dans le visible à 0,1 seconde d'arc, soit 1/36 000 de degré. Cela peut paraître peu, mais c'est déjà trop pour réaliser des véritables images d'objets qui ne font que quelques secondes d'arc de diamètre, comme les galaxies qui nous intéressent. Le diamètre des télescopes en orbite est limité par les capacités de lancement. Même si les USA et l'Europe envisagent de lancer vers 2010 un télescope de 8 m de diamètre en orbite, le New Generation Space Telescope, cela restera encore très loin de ce qu'il faut pour pouvoir faire des images de ces galaxies. Sur terre, à ce phénomène de diffraction se rajoute une déformation des images due à la turbulence atmosphérique ; les images ont des résolutions de l'ordre de la seconde d'arc, les bonnes nuits. La seule solution pour s'affranchir, soit de la diffraction, soit de la turbulence atmosphérique, c'est d'utiliser un autre principe d'imagerie : les interférences. Comme on l'apprend dans les classes de physique, si l'on combine la lumière captée par deux télescopes, on obtient un système de franges noires et brillantes, qui dépend de la phase respective des ondes lumineuses qui arrivent sur les deux télescopes. En analysant le système de franges, on peut calculer le déphasage des deux ondes, et donc en déduire leur direction d'origine. L'avantage de cette méthode est que l'interfrange entre les franges brillantes et sombres dépend du rapport entre la distance qui sépare les deux télescopes et la longueur d'onde de l'observation. En combinant deux télescopes distants de 100 m, on peut obtenir le même pouvoir séparateur qu'avec un télescope monolithique de 100 m de diamètre, et ce, quel que soit le diamètre des télescopes de l'interféromètre. Ce principe est utilisé depuis de nombreuses années en radioastronomie. Il commence à être utilisé dans le visible. Le Very Large Telescope européen aura un mode interféromètrique combinant la lumière reçue par les quatre télescopes qui le composent. Mais l'instrument privilégié pour l'étude des galaxies lointaines sera ALMA. L'Atacama Large Millimeter Array sera un réseau de 64 antennes de 12 m de diamètre chacune, qui sera installé de manière conjointe par les Américains et les Européens dans le désert d'Atacama à 5 000 m d'altitude, au Chili. Il fonctionnera dans l'infrarouge lointain et le submillimétrique. Sa mise en service est prévue vers 2010. Il permettra d'obtenir des images avec une résolution angulaire meilleure qu'un centième de seconde d'arc. Enfin, nous pourrons réellement voir à quoi ressemble une galaxie jeune *(Fig. 2)*.

La matière

L'Univers n'est pas constitué que de rayonnement, il est aussi matériel. Les étoiles, les galaxies, ont été découvertes il y a longtemps. Mais cela ne fait pas le compte. Dès

Figure 2 – Une image du sommet du Paranal dans le désert d'Atacama au nord du Chili.
Ce sommet porte les quatre télescopes géants constituants le Very Large Telescope qui a été construit par l'European Southern Observatory. La mise en service de cet observatoire va donner aux astrophysiciens européens un outil privilégié pour l'étude de l'Univers lointain.

1935, l'astronome Zwicky, en utilisant le télescope du mont Palomar, avait montré qu'il devait y avoir une quantité de matière importante qui n'avait pas encore été découverte. Il était arrivé à cette conclusion en mesurant les vitesses des galaxies dans les amas de galaxies. Depuis Newton, on sait qu'il existe une relation entre l'accélération des corps et la masse gravitationnelle. Si on augmentait la masse du Soleil, la Terre tournerait plus vite autour de lui. Inversement, si on connaît la distance de la Terre au Soleil et la vitesse de rotation de la Terre, on peut en déduire la masse du Soleil. Il en est de même avec les galaxies dans un amas. La mesure de la vitesse des galaxies dans un amas permet de calculer la masse de l'amas. Comme on connaît la masse des galaxies, de par leur luminosité, il est facile de comparer les deux estimations. Problème : la masse estimée par la dynamique est dix fois plus grande que celle identifiée dans les galaxies. On a trouvé par la suite que les galaxies tournaient également trop vite pour leur masse identifiée dans les étoiles. Il existe donc une composante de matière cachée, qui représente presque 90 % de la masse de l'Univers. Bien que les étoiles et les galaxies soient des objets brillants et remarquables, elles ne représentent qu'une infime partie de l'Univers. Qu'est ce que cette masse cachée ?

Depuis une cinquantaine d'années, les astrophysiciens l'ont cherché sous toutes les formes possibles. D'abord de la matière entre les étoiles ; on a trouvé un milieu interstellaire composé de gaz et de poussières, mais il ne représente qu'un dixième de la masse des galaxies. On a postulé un milieu gazeux dans les amas de galaxies, entre les galaxies. On l'a trouvé. Il s'agit d'un gaz très peu dense, un noyau par litre, et très chaud, quelques dizaines de millions de degrés. Ce milieu a été découvert dans les années 1970 grâce à son émission dans les rayons X. Mais là encore, cela ne suffit pas, bien que ce gaz représente une masse supérieure d'un facteur 2 à la masse présente dans les galaxies. On l'a cherché sous la forme d'étoiles isolées de très faible masse, des gros Jupiter en somme. Ces étoiles sont trop petites pour que des réactions nucléaires s'y déclenchent. Elles restent donc sombres, d'où leur nom de naines brunes. On en a trouvé, mais pas assez. Les recherches se poursuivent. Les physiciens des particules se sont mis de la partie, en cherchant des particules inconnues. Bien que les théories dites supersymétriques, qui tentent de concilier la gravitation et la mécanique quantique, prédisent l'existence de nouvelles particules, il n'est pas évident de chercher des particules dont on ignore tout. Pour l'instant, les recherches sont vaines. La nature de cette matière noire reste la grande énigme de la cosmologie.

Mais la matière noire devient de moins en moins noire. On arrive par des moyens détournés à en réaliser des images. Le gaz des amas est un outil privilégié d'analyse. Ce gaz est maintenu dans l'amas par l'attraction gravitationnelle exercée par la matière noire. Si l'on connaît la répartition de ce gaz, on peut en déduire la répartition de la matière en résolvant les équations de la dynamique. Cette méthode avait été mise au point depuis quelques années, mais on manquait d'une information essentielle : le profil de température du gaz en fonction de la distance à l'amas. Le gaz est en effet en équilibre entre sa pression interne, liée à sa température, et l'attraction gravitationnelle. Sans profil de température, on ne peut pas résoudre les équations de l'équilibre. C'est maintenant chose faite grâce à l'observatoire en rayon X européen XMM-Newton. Ce satellite, lancé à la fin de 1999, vient de permettre pour la première fois de déterminer de manière précise le profil de température du gaz dans un amas. Cela a permis d'en déduire le profil de densité de la matière noire. De là, on peut calculer quelques grandeurs typiques de cette matière noire comme sa température, sa pression interne, ou sa compressibilité. Heureusement pour les théoriciens, ces résultats ne sont en accord avec aucune des théories qui avaient été développées jusque-là. Il leur reste du travail pour encore quelques années. Plus directement, la matière noire fournit elle-même les outils pour l'observer. Dans la gravitation générale d'Einstein, la lumière ne se propage pas en vraie ligne droite. Elle se propage le long de lignes qui sont déformées au passage d'une masse gravitationnelle. Cette prédiction a été vérifiée de manière éclatante au début du siècle en observant comment la position d'une étoile sur le ciel semblait changer, au fur et à mesure que les rayons lumineux entre elle et nous passaient près du Soleil. De la même manière, si nous observons une galaxie située derrière un amas de galaxies, l'image de cette galaxie nous apparaîtra déformée à cause de son passage dans le champ gravitationnel de l'amas. La matière noire déforme les images de l'Univers lointain. Cet effet de lentille gravitationnelle est connu depuis longtemps. Mais ce n'est que depuis quelques années que nous disposons d'instrument d'imagerie suffisamment sensibles et fiables pour pouvoir les utiliser de manière systématique afin d'étudier la distribution de la matière noire dans les amas *(Fig. 3)*. L'image des galaxies déformées par un effet de lentille gravitationnelle se présente sous la forme d'un arc. Le premier arc gravitationnel a été trouvé grâce à des observations menées sur le télescope Canada-France-Hawaii en 1985. Depuis, en particulier grâce au télescope spatial Hubble, on en a trouvé dans presque tous les amas observés. De la forme de l'arc, on peut en déduire la perturbation des rayons lumineux, et donc la distribution de la matière noire. La problématique de l'observation est renversée. D'habitude, on a une source, un télescope et on étudie l'image. Dans ce cas-là, on dispose d'une source, d'une image, et on calcule le télescope qui a produit cette image. Le télescope à matière noire est le plus gros instrument dont nous disposions ; chaque amas de galaxie représente un télescope de plusieurs centaines de millions d'années-lumière de diamètre et de plusieurs dizaines de milliers de milliards de masses solaires de masse ! Heureusement que la nature nous l'offre. Le télescope à matière noire a déjà permis de faire des cartes de la matière noire dans les amas. Très récemment, encore, grâce à des observations effectuées avec le télescope Canada-France-Hawaii, il a été possible d'étendre cette méthode à des échelles dépassant la taille des amas classiques. Ce sera le domaine privilégié de recherches de MEGACAM, la prochaine grande caméra d'imagerie qui sera installée sur le télescope CFH à la fin 2001.

Figure 3 – Une image de l'amas de galaxies Abell 2218 prise par le télescope spatial Hubble. En plus des galaxies de l'amas, qui ont l'apparence d'objets elliptiques ou circulaires, on distingue très nettement une série d'objets qui ont la forme d'arcs. Ce sont en fait des galaxies situées derrière l'amas, et dont l'image est déformée par des effets de lentille gravitationnelle au passage dans l'amas. L'étude de ces arcs permet de remonter à la distribution de la matière noire présente dans l'amas.

Un univers plat, des galaxies qui se forment par fusion hiérarchique, de la matière noire qui sert de télescope, les progrès accomplis ces dernières années ont profondément bouleversé notre connaissance de l'Univers et de ses constituants. En combinant les observations à toutes les longueurs d'onde, grâce aux observatoires spatiaux, nous avons pratiquement identifié toutes les sources qui sont à l'origine de la brillance du ciel. Le recensement de l'Univers est maintenant pratiquement achevé. C'est en soi un résultat spectaculaire. L'aboutissement de recherches commencées il y a plus de deux mille ans. Mais l'aventure continue. Il nous faut maintenant comprendre la physique de ces objets, leurs interactions et leur évolution. Il faut préciser le type d'univers dans lequel nous vivons. La génération actuelle des grands télescopes au sol, et la prochaine génération d'observatoires spatiaux permettra d'atteindre tout ou partie de ces objectifs. La grande inconnue reste la nature de la matière noire. Toutes les recherches ont été vaines. Dans quelles directions chercher maintenant ? Des pistes existent. Seront-elles fructueuses ? Bien malin qui peut le prédire. On ne peut qu'espérer que la solution sera trouvée un jour. Ce sera probablement par une découverte fortuite comme l'a été la découverte du rayonnement fossile.

Astrophysique, physique des particules et astroparticules

par François Vannucci

Introduction

L'astrophysique est la science qui étudie la nature à l'échelle de l'infiniment grand, jusqu'aux dimensions de l'univers entier, c'est-à-dire quelques 10^{26} m. À l'opposé, la physique des particules explore la matière à l'échelle de l'infiniment petit et permet actuellement de sonder des distances jusqu'à 10^{-18} m. Astrophysique et physique des particules représentent donc les deux frontières de la connaissance humaine.

La physique des astroparticules est une interface entre ces deux extrêmes. Alors que les objets de l'astrophysique sont de tailles macroscopiques, planètes, étoiles, galaxies..., la physique astroparticulaire étudie des objets microscopiques, les particules élémentaires elles-mêmes, mais au lieu de se limiter aux particules produites auprès des accélérateurs, les sources en sont maintenant astrophysiques. En pratique, cette discipline s'est récemment développée grâce aux physiciens des particules qui, pour certains, se sentaient à l'étroit près des accélérateurs, et qui ont transposé leurs techniques de détection à l'observation des phénomènes violents qui apparaissent dans le ciel.

Texte de la 185e conférence de l'Université de tous les savoirs donnée le 3 juillet 2000.

L'astrophysique utilise comme intermédiaire de l'information, la lumière, c'est-à-dire des photons appartenant à la gamme visible ou proche du visible, détectés grâce à des instruments optiques, plaques photographiques, CCD. La physique astroparticulaire bénéficie d'une panoplie plus large de messagers : photons d'énergies élevées, mais aussi protons ou noyaux atomiques, électrons et neutrinos. Le but de cette physique est double, elle permet à la fois de mieux comprendre les sources de ces rayonnements, c'est-à-dire les phénomènes à l'origine d'accélérations gigantesques, mais aussi d'affiner la connaissance des propriétés des particules elles-mêmes produites dans des conditions impossibles à obtenir sur terre.

Deux exemples

LES GAMMAS DE HAUTES ÉNERGIES

Seuls les photons visibles peuvent traverser l'atmosphère sans être absorbés. Pour d'autres longueurs d'onde, l'étude se fait en satellite où les conditions d'observation sont idéales. Mais les satellites ont des dimensions limitées, et les flux de photons de très hautes énergies sont si faibles qu'il faut pouvoir disposer de surfaces de détection importantes pour compter un nombre suffisant d'événements. Dans l'atmosphère, les photons énergiques se multiplient en donnant une gerbe dite électromagnétique qui, à son maximum, peut atteindre des millions de particules, essentiellement des électrons et des positrons. Ceux-ci disposent encore d'une énergie suffisante pour donner le long de leur trajectoire de la lumière qu'on peut détecter grâce à des capteurs couvrant de grandes surfaces. Un dispositif de ce type, appelé Cat, est en opération au pied des Pyrénées. Alors qu'en lumière visible on répertorie des milliards de sources, et qu'en rayonnement X, il en reste quelques milliers, on n'a détecté à ce jour que quatre sources certaines aux énergies allant jusqu'à 10^{14} eV, en particulier un pulsar, le Crabe, et deux noyaux actifs de galaxies Mk 421 et

501 qui ont surpris par la très grande variabilité de leur émission. Le spectre des photons arrivant sur terre renseigne d'autre part sur le milieu traversé.

LES RAYONS COSMIQUES CHARGÉS

Les rayons cosmiques chargés ont été étudiés depuis le début du XXe siècle, et si beaucoup de physiciens se sont tournés vers les accélérateurs au milieu du siècle, certains observent à nouveau le ciel qui permet des énergies qu'aucun accélérateur ne peut atteindre. On détecte aujourd'hui des particules, probablement des protons, atteignant des énergies de 50 J, l'énergie d'une balle de tennis lors d'un service ! La *figure 1* montre le spectre de ce rayonnement mesuré jusqu'à ces énergies macroscopiques. Quelques rayons cosmiques de plus de 10^{20} eV ont été observés, et ils posent un problème, car ils ne peuvent provenir de sources très lointaines du fait de l'absorption inhérente à la présence du fond cosmologique, mais d'autre part on ne connaît pas de phénomènes d'accélération suffisamment puissants dans les régions proches de nous. Certaines théories les expliquent comme témoins de phénomènes liés au Big Bang.

Pour espérer résoudre l'énigme présente, il faut accumuler des statistiques suffisantes. Or ces rayons sont très rares, puisqu'ils bombardent la terre à raison de 1 par km^2 et par siècle. Il faut donc disposer de très grandes surfaces de collection. L'observatoire Auger se donne pour but d'équiper en instruments 3 000 km^2 d'un plateau en Argentine. Un rayon cosmique ayant l'énergie considérée ici, produit au total des milliards de particules secondaires, et arrose au sol une surface de quelques 10 km^2. Le détecteur consiste en un réseau de capteurs distants les uns des autres de 1,5 km.

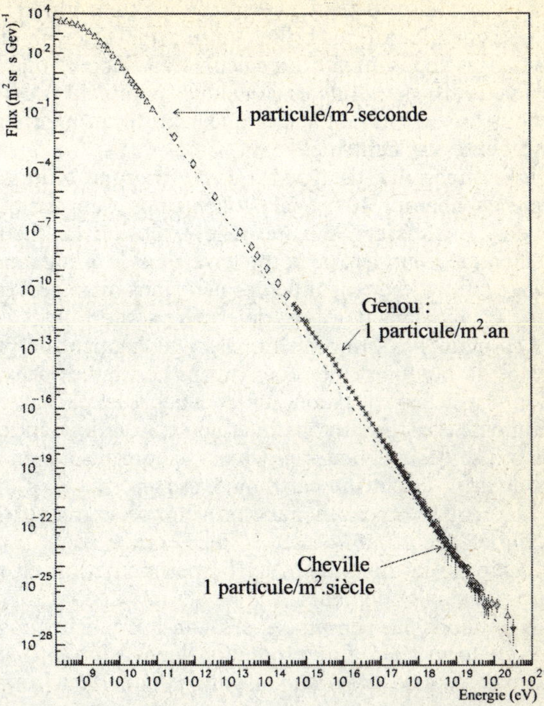

Figure 1 – Spectre des rayons cosmiques mesuré jusqu'aux énergies ultimes.

Le mystère des neutrinos

Les neutrinos peuvent être considérés comme les astroparticules « par excellence », car ils sont présents à toutes les échelles de l'univers, ce qui fait du neutrino la particule, hors le photon, la plus abondante. Des sources très puissantes contribuent à cette présence incontournable.

En premier lieu, le Soleil. Il nous envoie chaque seconde 60 milliards d'« hélioneutrinos » sur chaque cm^2

de notre terre. Ils proviennent de réactions de fusion à l'origine de l'énergie qui fait briller notre astre, et les prédictions de flux reposent sur des calculs très élaborés que les théoriciens affirment fiables à quelques pour cent près. Ce flux nous traverse autant le jour que la nuit, car la terre est transparente aux neutrinos.

Une supernova de type IIa éjecte presque toute son énergie en libérant 10^{58} « galactoneutrinos » en quelques secondes. En février 1987 une telle explosion eut lieu à 150 000 années-lumière de notre Terre, dans le grand nuage de Magellan, et une vingtaine des neutrinos ainsi produits fut interceptée dans de vastes détecteurs souterrains.

Les neutrinos atmosphériques, « géoneutrinos » proviennent du bombardement des rayons cosmiques primaires dont il a été déjà question, sur les couches les plus hautes de l'atmosphère. Les protons interagissent en donnant des pions qui se désintègrent rapidement, ce qui résulte en un flux d'environ 1 neutrino par minute et par cm^2.

Les neutrinos peuvent aussi provenir de sources extragalactiques encore mystérieuses, telles que noyaux actifs de galaxie, trous noirs..., et ici l'expérimentation en est encore à ses balbutiements.

N'oublions pas l'homme et ses « anthroponeutrinos ». Un réacteur nucléaire EdF produit quelques 10^{20} (anti)-neutrinos par seconde, sans aucun danger pour l'environnement, et les accélérateurs permettent de construire des faisceaux bien maîtrisés qui s'avèrent les mieux adaptés pour les recherches les plus fines concernant les propriétés de ces particules.

Au-delà de toutes ces sources variées, le producteur le plus prolifique fut le Big Bang, il y a environ 14 milliards d'années. Les astrophysiciens nous enseignent que la grande explosion originelle a laissé 300 « cosmoneutrinos » dans chaque cm^3 de l'Univers. Cette densité semble faible, rapportée aux densités de particules dans la matière ordinaire, mais intégrée sur tout le volume de l'univers, elle donne une population de neutrinos plusieurs milliards de fois plus abondante que celle des protons, neutrons et électrons qui forment les atomes.

Comment s'y retrouver dans toutes ces catégories de neutrinos ? Par chance, les différentes populations s'échelonnent en classes d'énergies bien distinctes. Ainsi, les neutrinos cosmologiques possèdent les énergies les plus faibles, le milli-eV, tandis qu'on attend des énergies atteignant l'exa-eV pour les neutrinos extragalactiques. Entre ces extrêmes, les neutrinos solaires se concentrent autour de 1 MeV et les atmosphériques autour de 1 GeV. La *figure 2* montre cette hiérarchie d'énergies.

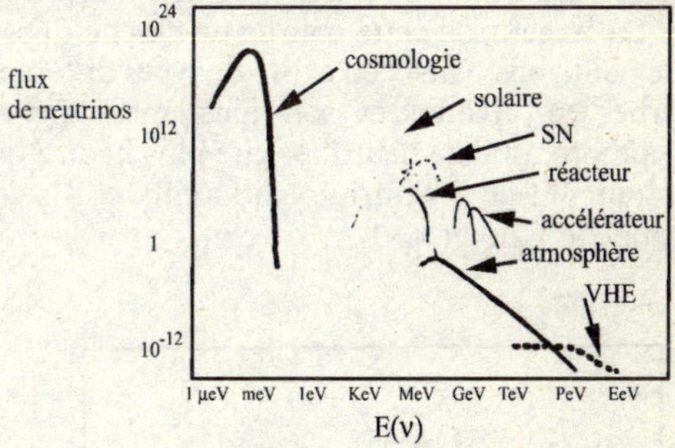

Figure 2 – Distribution en énergies des sources variées de neutrinos.

C'est le paradoxe des neutrinos : ils nous entourent en bataillons innombrables, et pourtant ils ne nous affectent aucunement. Car ils ne subissent que l'interaction dite faible et un seul neutrino de 1 GeV sur 100 000 est arrêté dans la traversée de la terre, d'où le qualificatif de fantôme souvent attribué à cette évanescente particule. La probabilité d'interaction est faible mais pas nulle, sinon, on ne saurait rien d'eux. Or, grâce à des flux très intenses obtenus auprès d'accélérateurs puissants, et grâce à des détecteurs très massifs, on dispose aujourd'hui de millions d'interactions de neutrinos enregistrées au cours de plusieurs générations d'expériences qui ont analysé en détail les propriétés de leur couplage avec la matière.

Parfois, un neutrino produit, lors de son interaction, un électron identifié : c'est un neutrino électronique ν_e. Parfois l'interaction donne un muon, c'est le neutrino muonique ν_μ qui est ici responsable.

ν_e, ν_μ, l'histoire s'arrête-t-elle là ? Le nombre de types de neutrinos existant dans la nature a été mesuré précisément grâce à un accélérateur du CERN : le LEP. Le résultat est sans appel : 2,990 ± 0,016. Cette mesure provient de l'étude du Z^0, le boson neutre, intermédiaire des interactions faibles, produit lors de collisions e^+ e^- et qui se désintègre quasi instantanément. La *figure 3* montre la courbe dite d'excitation du boson Z^0. La largeur de cette courbe en cloche dépend du nombre de neutrinos. Plus il en existe de types différents, plus la courbe est aplatie, et son ajustement permet d'extraire le nombre total de neutrinos cité plus haut. Ainsi, la nature se contente de 3 neutrinos différents et 3 seulement qu'on appelle ν_e ν_μ et ν_τ.

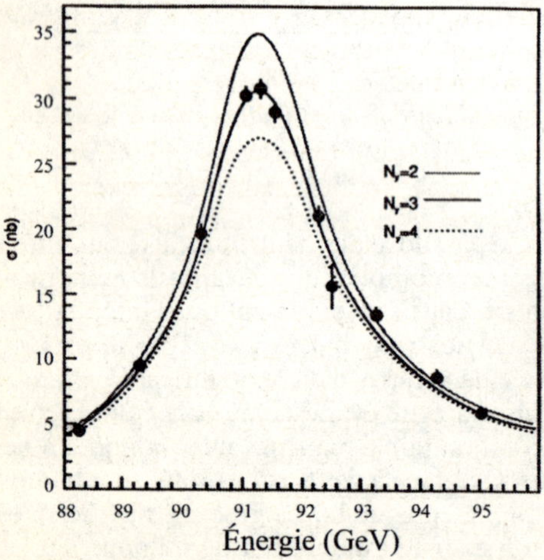

Figure 3 – La courbe « d'excitation » de la résonance Z^0 mesurée au LEP, qui prouve l'existence de seulement trois neutrinos légers différents.

L'expérience Super-Kamiokande et les oscillations

Puisqu'il est nécessaire de disposer de détecteurs énormes pour obtenir un nombre suffisant d'interactions, décrivons l'ambitieuse expérience qui a donné les résultats les plus probants dans le domaine des neutrinos solaires et atmosphériques : Super-Kamiokande. Construite dans une mine de zinc sous une montagne japonaise près de la petite ville de Kamioka, elle a commencé à prendre des données en avril 1997. Le dispositif consiste en un volume gigantesque, d'environ 35 m*35 m*40 m rempli d'eau purifiée, constamment observé par plus de 11 000 tubes photomultiplicateurs, capteurs pouvant détecter la présence de quelques photons visibles. C'est une véritable cathédrale souterraine que montre la *figure 4* (voir hors-texte) pendant la phase de remplissage. On y voit des techniciens sur un canoë effectuant les derniers ajustements des photomultiplicateurs avant que l'eau ne les recouvre.

Un neutrino interagissant dans l'eau produit des particules chargées de différents types qui, si elles ont suffisamment d'énergie, donnent dans la traversée de l'eau des photons visibles produits par l'effet appelé Cerenkov. Cet effet s'apparente à l'émission d'une onde de choc électromagnétique, et naît chaque fois qu'une particule se propage dans un milieu à une vitesse supérieure à celle de la lumière dans ce milieu. Or, dans l'eau, la lumière se propage à 220 000 km/s, et un électron d'énergie 1 MeV dépasse cette vitesse. Un cône lumineux est produit le long de la trajectoire, ce qui résulte en un anneau de photons au niveau des photomultiplicateurs.

Ainsi on mesure le flux des neutrinos solaires au-dessus d'une énergie de 5 MeV, or on ne compte que la moitié du flux prédit par les théoriciens.

Dans la gamme d'énergie entre 100 MeV et quelques GeV, on détecte un signal venant des neutrinos atmosphériques. Dans ce dernier cas, les interactions des neutrinos ν_μ produisent des muons, les interactions des neutrinos ν_e produisent des électrons. Or muons et électrons donnent des anneaux suffisamment distincts pour qu'on puisse compter séparément les ν_μ et les ν_e incidents. La direction de la particule détectée informe d'autre part sur la direction du neutrino qui a donné lieu à l'interaction, du moins aux énergies suffisamment élevées. À nouveau, le résultat n'est pas conforme aux prédictions. Super-Kamiokande détecte bien les neutrinos électroniques au niveau attendu, mais semble mettre en évidence un manque de neutrinos du type muonique. Et l'expérience avance un argument supplémentaire décisif. Les neutrinos atmosphériques proviennent de toutes les directions, puisqu'ils sont produits tout autour de la terre. Ceux reconstruits comme venant « d'en haut » naissent dans l'atmosphère directement située au-dessus du site expérimental. Ils ont parcouru environ 10 km avant d'être détectés. Ceux provenant « d'en bas » sont produits aux antipodes et ont donc parcouru de l'ordre de 10 000 km avant d'atteindre le dispositif expérimental. Or le déficit se manifeste pour les ν_μ « d'en bas », qui ont traversé toute la terre, c'est-à-dire les neutrinos ayant parcouru de longues distances avant leur détection. Les neutrinos interagissant très peu avec la matière, on ne devait pas observer de déficit. La *figure 5* explicite quantitativement le résultat en montrant la distribution en angle zénithal. Le déficit est apparent à $\cos \theta = -1$.

Neutrinos solaires et atmosphériques ont donc bien été mis en évidence, mais dans les deux cas, le flux mesuré présente une anomalie en regard du flux attendu. Le fait de trouver un accord à un facteur 2 près entre des mesures délicates et des prédictions difficiles est déjà une grande réussite. Pourtant les physiciens ne s'en contentent pas et cherchent à comprendre ce désaccord.

On mesure moins de neutrinos que prévu, une partie semble avoir disparu entre la source de production et le point de détection. À moins que certains, au cours de leur voyage, n'aient changé de type. En effet les détecteurs actuels de neutrinos solaires ne sont sensibles qu'aux ν_e et

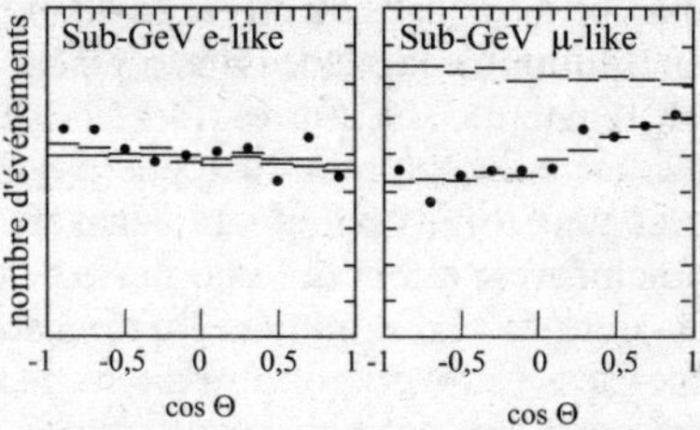

Figure 5 – Distribution en angle zénithal des interactions de neutrinos atmosphériques montrant le déficit des ν_μ montant.

il se pourrait que les ν_e produits à l'intérieur du soleil se soient convertis en ν_μ avant d'atteindre la terre. De même, les indications de Super-Kamiokande peuvent s'interpréter comme une conversion de ν_μ en ν_τ qui échappe à la détection, sur des distances de l'ordre du diamètre terrestre.

Ce phénomène dans lequel un type de neutrino se transforme spontanément en un type différent est appelé oscillation. C'est un processus permis en mécanique quantique dès lors que les neutrinos ont une masse. La probabilité du phénomène dépend de la différence des masses au carré entre les neutrinos oscillants. Ce mécanisme revêt beaucoup d'importance, car il permet de sonder des différences de masses très petites, inaccessibles par tout autre moyen. Or la question qui se pose actuellement sur les neutrinos concerne précisément leur masse, et on sait seulement que si masse il y a, elle doit être minuscule.

L'interprétation communément admise du déficit des ν_e solaires par le phénomène d'oscillations amène à une relation entre les masses m_1 et m_2 des états propres correspondant aux ν_e et ν_μ : $m_2^2 - m_1^2 = 5 \cdot 10^{-5}$ eV^2. Pour les neutrinos atmosphériques, le déficit des ν_μ observé suggère une seconde relation entre les masses des neutrinos oscillants : $m'^2_2 - m'^2_1 = 3 \cdot 10^{-3}$ eV^2. Elle s'applique *a priori* aux états propres correspondant au couple ν_μ et ν_τ.

La recherche d'oscillations est un domaine très actif, et plusieurs générations d'expériences en ont cherché les effets, soit auprès de réacteurs, soit auprès d'accélérateurs, sans les mettre en évidence. La situation actuelle n'est pas entièrement claire et une confirmation du signal revendiqué par Super-Kamiokande est attendue. Elle devrait venir de programmes en cours de réalisation, au Japon d'abord, puis au CERN et aux États-Unis, et qui nécessitent de grandes distances de vol pour être sensibles à de très petites masses. Ainsi, en 2005, on enverra un faisceau produit à Genève vers le tunnel du Gran Sasso près de Rome, laissant aux neutrinos 730 km pour osciller. Les détecteurs imaginés sont à la mesure du problème.

La fin de la physique ?

Au cours des cent dernières années, les progrès de la connaissance scientifique ont été spectaculaires. Tant aux confins de l'infiniment grand qu'à ceux de l'infiniment petit, environ huit ordres de grandeur ont été gagnés. On discerne aujourd'hui des détails cent millions de fois plus fins qu'il y a cent ans, et on se rapproche de l'instant même du Big bang. Les frontières du connu semblent d'ores et déjà avoir atteint leurs limites. En effet, on ne peut penser aller au-delà du Big Bang, et la quête de l'infiniment petit bute de plus en plus contre le mur du gigantisme.

Indéniablement, le XXe siècle aura été le siècle de la physique. Le XXIe siècle débute avec le déchiffrage du génome humain, et certains annoncent le siècle de la biologie. D'autant que la biologie est riche de promesses, certains esprits téméraires allant jusqu'à envisager l'immortalité, alors que les retombées de la physique des astroparticules semblent illusoires, et que le domaine apparaît comme un simple passe-temps de physiciens.

Pourtant la physique n'a pas révélé tous ses secrets. Nous sommes peut-être à l'aube d'une nouvelle révolution copernicienne. En effet, l'univers est, semble-t-il, rempli à

95 % d'une matière sombre, détectée par les vitesses anormales de rotation d'objets célestes dans les galaxies *(Fig. 6)*, et d'une énergie sombre résultant d'études de supernovae lointaines et qui indiquent que l'expansion de l'univers est en accélération. Or matière et énergie sombres n'ont, semble-t-il, rien à voir avec notre matière ordinaire. L'essence même de notre monde étudié au cours des derniers siècles semble ne représenter qu'une toute petite partie de l'univers.

Pendant un temps on espérait que les neutrinos puissent expliquer la matière sombre. En effet, le scénario du Big Bang prédisant une population de neutrinos plusieurs milliards de fois plus abondante que celle des autres particules, une masse avoisinant quelques 10 eV, suffisait pour que la masse totale des neutrinos dépasse celle de la matière visible et donc influence le devenir de l'univers. Un tel scénario était privilégié avant le résultat de Super-Kamiokande. Aujourd'hui, l'expérience japonaise semble indiquer une contribution marginale des neutrinos à la masse de l'Univers, quoique avoisinant la masse visible, celle constituée par l'ensemble des étoiles.

La masse sombre est donc recherchée dans d'autres directions : particules hypothétiques telles que axions ou particules supersymétriques. Quant à l'énergie sombre c'est aujourd'hui un mystère complet.

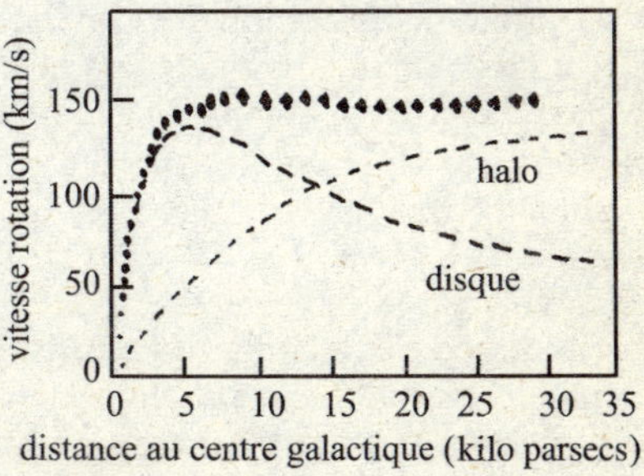

Figure 6 – Évidence de matière sombre révélée par les vitesses de rotation d'objets célestes en fonction de leur distance au centre galactique.

Il reste donc de grandes énigmes que la physique peut et doit résoudre, mais pour certains cette recherche apparaît comme trop ésotérique et coupée des préoccupations jugées importantes. Pourtant, dévoiler les secrets de l'univers est pour l'homme aussi exaltant que composer un poème ou une sonate. La justification d'une telle recherche est à trouver dans l'enrichissement de l'aventure humaine. Il ne faut pas brider la curiosité intellectuelle. La connaissance est un bien précieux, et on peut espérer qu'un jour, quand la science aura répondu à tous les « comment » de la nature, le « pourquoi » en deviendra un peu plus clair, or c'est bien là la question essentielle posée à l'homme.

RÉFÉRENCES

– WINTER (K.) éditeur, *Neutrino Physics*, Cambridge University Press, 1991.
– CROZON (M.) et VANNUCCI (F.), *Les Particules élémentaires*, « Que sais-je ? », PUF, 1994.
– VANNUCCI (F.), *Les Neutrinos sur la balance*, Images de la Physique/ CNRS 1999.

Le Big bang

par MARC LACHIÈZE-REY

Si les modèles de Big bang sont l'expression de notre cosmologie contemporaine, la discipline est loin d'être nouvelle : aussi loin que l'on remonte dans l'Antiquité, les regards et les pensées sont tournés vers le Ciel, le Monde, le Cosmos, l'Univers... Concernée par l'Univers dans son ensemble, la cosmologie nous indique sans doute quelque chose sur la place que nous y occupons. Aujourd'hui, la cosmologie est devenue une science.

On fait le plus souvent remonter l'origine de la science moderne à l'époque de Galilée et Newton. La cosmologie scientifique prend naissance au même moment. Le vingtième siècle bouleversera cette cosmologie scientifique en lui conférant un caractère relativiste, et en la concrétisant sous forme de modèles, en particulier la famille des modèles de Big bang. Il ne s'agit pas d'un modèle unique, d'une vision totalement figée de l'Univers et de son évolution, mais plutôt d'un ensemble de descriptions possibles, partageant des caractéristiques communes, mais aussi des différences. Une grande part du travail actuel des astrophysiciens et des cosmologues consiste, précisément, à examiner, au sein de la classe des modèles de Big bang, lesquels semblent décrire le mieux notre Univers. Ils vérifient également sans cesse, avec

Texte de la 186e conférence de l'Université de tous les savoirs donnée le 4 juillet 2000.

jusqu'à présent des succès toujours grandissants, la validité de cette classe de modèles.

L'Univers

Le concept d'univers, tel que nous le concevons aujourd'hui, constitue l'objet même de la cosmologie. Mais il ne remonte pas plus tôt que le XVIIe siècle, le moment où l'unité du Monde fut reconnue et admise. Deux millénaires plus tôt, Platon qualifiait le Monde de Cosmos, insistant ainsi sur son harmonie (à la source étymologique du terme grec). L'Antiquité décrivait un monde très différent du nôtre : hiérarchisé plutôt qu'unifié, d'extension très petite et bien moindre que ce que nous concevons aujourd'hui puisque limitée au Système Solaire. Ce monde se constituait d'un emboîtement hiérarchique de sphères, centrées sur la Terre située au centre du monde : sphères de la Lune, du Soleil, des planètes, jusqu'à la Sphère des Fixes, portant les étoiles (fixes). Celle-ci constituait la frontière du Monde, fini, borné.

Ces idées, développées essentiellement par Platon et Aristote et mises en œuvre par de nombreux mathématiciens, géomètres et astronomes, ont régné pendant près de deux millénaires. D'origine pythagoricienne, l'idée de la prééminence du cercle et de la sphère fut reprise et promue par Platon. Ces figures hautement symétriques ont joué un rôle déterminant, conforme à la nécessité de décrire le monde harmonieux de manière harmonieuse. Le dogme a tenu deux mille ans, tous les mouvements célestes devant être décrits par des combinaisons de sphères et de cercles en rotation, jusqu'à ce que Johannes Kepler découvre la nature elliptique des orbites planétaires. L'événement, à la charnière des XVIe et XVIIe, constitue l'un des ingrédients essentiels d'une première révolution cosmologique. Cet ample mouvement débute après la Renaissance (avec de nombreux précurseurs comme Nicole Oresme, Nicolas de Cuse...) et se poursuit jusqu'à la fin du XVIIe siècle. Newton y porte la touche finale avec ses *Principia* qui synthétisent les travaux de nombreux précurseurs (Giordano Bruno, Nicolas Copernic, Tycho Brahe, Johannes Kepler, Galilée...). Il établit ainsi les bases de la mécanique, de l'astronomie, de la cosmologie, et fonde la physique moderne.

L'Univers du XVIIe est devenu beaucoup plus vaste que celui de l'Antiquité. Il ne s'arrête pas à la Sphère des Fixes, ne se réduit pas au Système Solaire : les étoiles ne sont pas toutes à la même distance de nous mais se répartissent dans tout l'espace. Copernic déplace le centre du Monde de la Terre vers le Soleil, mais Newton niera l'idée même d'un centre du Monde. Telle est notre conviction actuelle : dans le Monde dépourvu de tout centre, tous les points sont équivalents, aucun n'est particulier. Le Monde — l'Univers en tant que Monde unifié — est homogène. Cela signifie que tous les points sont équivalents dans un univers, et que les lois physiques sont donc partout et toujours identiques. Cette idée d'universalité (des lois physiques, des mouvements, de la composition de la matière) rend tout simplement possible la physique, et l'astrophysique. L'universalité, le concept d'univers, garantit que le résultat d'une expérience menée là-bas est identique à celui d'une expérience menée ici ; que les résultats seront encore les mêmes si je mène l'expérience demain. Une telle reproductibilité fonde la possibilité de faire de la physique.

L'idée d'univers, comme tant d'autres idées nouvelles émises à cette époque, va à l'encontre des conceptions aristotéliciennes : plus de centre du Monde, plus de position privilégiée de la Terre, plus d'espace borné, clos, plus de mouvements circulaires. L'Univers n'est plus constitué de quatre éléments (la terre, l'eau, l'air et le feu) mais de petites particules (retour à l'atomisme). Sa composition est universelle comme le vérifieront les astrophysiciens au XIXe : l'Univers est bien... un univers. La matière est la même sur Terre, dans les étoiles, dans les galaxies, dans le vide interstellaire, etc. Les lois de la gravitation, l'électromagnétisme, la physique quantique, la relativité, s'y appliquent pareillement.

Espace, temps, espace-temps

Newton énonce, et c'est essentiel, les propriétés de l'espace et du temps. Ce cadre immuable de la physique est identifié à l'Univers vu d'un point de vue géométrique. La physique newtonienne ira de succès en succès pendant trois siècles, et reste encore aujourd'hui très efficace pour de très nombreux problèmes. Ce sont des difficultés purement conceptuelles, et non pas observationnelles ou expérimentales — rien ne remet en cause la pertinence de cette théorie pour prédire ou interpréter tous les résultats observés —, qui conduisent à sa remise en cause au début du XXe siècle, et à l'introduction des théories relativistes. En 1917, la Relativité générale renouvelle fondamentalement la cosmologie. Quelques décennies plus tard, se mettra en place la physique quantique, volet complémentaire de la physique du XXe siècle.

Ce début de XXe siècle voit donc un renouveau total de la physique, qui provoquera une seconde révolution cosmologique fondée à la fois sur la nouvelle théorie de la Relativité Générale et sur de nouveaux résultats observationnels. La cosmologie moderne, relativiste, et en particulier les modèles de Big bang, n'auraient pas vu le jour sans cette conjonction remarquable entre nouvelles théories (introduites, j'insiste, pour des raisons purement conceptuelles) et nouveaux résultats d'observations dus à l'introduction de grands télescopes, l'utilisation de la photographie et de la spectroscopie (cela permettant d'étudier des objets très peu lumineux, et donc très éloignés tels que galaxies, quasars,...). Cette convergence entre théorie et observations permit le développement d'une nouvelle cosmologie, aboutissant à la construction des modèles de Big bang.

Le grand Univers

Depuis la fin du XIXe siècle, un grand débat occupait la communauté astrophysique, à propos de l'extension de notre Univers. Après la Renaissance, les philosophes de la nature avaient compris qu'il s'étendait beaucoup plus loin que le Système Solaire, les étoiles se répartissant à des éloignements divers et très importants. Il devenait possible d'envisager un univers très grand, voire même infini comme l'avaient imaginé quelques précurseurs dont Giordano Bruno. À la fin du XIXe siècle, de nombreux dénombrements d'étoiles font comprendre aux astronomes que notre Système Solaire (l'étoile Soleil entourée de ses planètes) n'est qu'une zone minuscule au sein d'un rassemblement d'étoiles beaucoup plus vaste : notre galaxie, la Voie Lactée, comprend des dizaines ou des centaines de milliards d'étoiles. Les astronomes en dessinent les contours, y situent notre Système Solaire. La plupart estiment, à l'époque, que notre galaxie constitue la totalité de l'Univers. Au-delà de notre galaxie, il n'y aurait rien : du vide mais pas de matière, pas d'étoiles. Pourtant, certains avaient déjà soupçonné qu'il y avait peut-être autre chose, bien au-delà. Parmi eux, le philosophe Emmanuel Kant avait par exemple suggéré, dès la fin du XVIIIe siècle, l'existence d'autres univers-îles. En visionnaire, il anticipait notre vision d'un univers constitué d'un rassemblement de galaxies, semblables en effet aux îles d'un archipel au milieu de l'océan.

Ces questions suscitèrent des débats de plus en plus virulents à la charnière des deux siècles. Les arguments présentés par les opposants aux univers-îles semblaient très convaincants, mais il apparut par la suite qu'ils reposaient sur des résultats d'observations erronés. Le débat fut définitivement tranché en 1924 grâce aux observations menées par l'astronome américain Edwin Hubble. Utilisant les grands télescopes à sa disposition, il réussit à montrer qu'un objet céleste, appelé à cette époque la Grande Nébuleuse d'Andromède, se situait en dehors de notre propre galaxie, et même très loin d'elle : il devenait évident que l'Univers s'étendait bien au-delà de notre galaxie, qu'il était immense, beaucoup plus grand que la Voie Lactée. Et il se révélait peuplé d'innombrables galaxies : la nébuleuse d'Andromède (appelée aujourd'hui galaxie d'Andromède) est l'une d'elles, à peu près analogue à la nôtre mais située à des millions d'années-lumière. Par la suite, les astronomes en ont découvert des milliers, des millions, peut-être bientôt des milliards. Ainsi, en 1924, l'Univers est brusquement devenu extrêmement grand, nous ne savons toujours pas aujourd'hui jusqu'à quel point. Nous ne savons même pas si l'espace est fini ou infini. La Relativité Générale, fondée sur une géométrie nouvelle particulière, dite non euclidienne, permet un univers de volume et de circonférence finis, mais dépourvu de toute limite.

Expansion relativiste

L'Univers est donc immense, constitué d'innombrables galaxies. Mais ce n'est qu'un premier aspect de la révolution cosmologique en cours. Toute une série d'observations remontant à la fin du XIXe siècle, effectuées essentiellement par l'astronome américain Vesto Slipher, suggèrent un mouvement apparent et global de toutes les galaxies. Bien plus, des régularités surprenantes se manifestent : toutes s'éloignent, aucune ne se rapproche (les très rares exceptions n'ont guère d'importance dans ce schéma). Enfin, moins les galaxies sont lumineuses (et donc, plus elles sont lointaines), plus elles semblent s'éloigner rapidement. Cela dévoile une sorte de mouvement d'expansion, dont l'extension, la régularité et les propriétés, dépassent de loin l'échelle des galaxies. Les astronomes comprennent rapidement qu'il s'agit d'un phénomène d'échelle cosmologique (impliquant l'Univers dans son ensemble et non pas telle ou telle de ses parties) mais ils ne savent pas l'interpréter.

Découverte de manière empirique, cette expansion restait encore en 1929 un mystère complet pour les astronomes, lorsque Hubble énonça sa fameuse loi qui déclare que la vitesse d'expansion d'une galaxie est proportionnelle à son éloignement. La solution avait en fait déjà été trouvée en 1927 par le physicien belge Georges Lemaître (qui avait énoncé la loi de Hubble) mais elle ne fut portée à la connaissance de la communauté astronomique qu'en 1930. Lemaître avait trouvé la solution du problème cosmologique, en montrant que les équations de la Relativité Générale impliquent que l'Univers doit être en expansion ou en contraction. Ayant eu connaissance des premiers résultats observationnels de Slipher, il les avait interprétés comme une manifestation de cette expansion de l'Univers comprise dans un cadre relativiste.

Les résultats initiaux de Lemaître, publiés en 1927 dans une revue belge, n'ayant eu quasiment aucun écho, les cosmologues se demandaient encore, en 1930, comment interpréter les résultats de Slipher et de Hubble. En 1931, Georges Lemaître envoya une copie de son article à son ancien professeur Arthur Eddington. Ce dernier, le publiant de nouveau, lui donna la publicité qu'il méritait. L'expansion de l'Univers fut alors comprise et admise par la majorité de la communauté astronomique (il est à signaler que le physicien soviétique Alexandre Friedmann avait trouvé dès 1922 les mêmes solutions de la Relativité Générale, néanmoins sans les relier aux résultats observationnels) : le mouvement observé des galaxies, si régulier, d'extension si grande, est bien de nature cosmique, et relativiste. Il est impossible de l'imputer à une cause locale : ce sont ne sont pas les galaxies qui s'attirent ou se repoussent par leurs interactions. Il s'agit d'une propriété de l'Univers lui-même, parfaitement comprise et interprétée dans le cadre de la Relativité Générale.

Cette théorie énonce essentiellement deux points extrêmement nouveaux. Le premier (déjà présent en Relativité Restreinte) implique de mêler l'espace et le temps dans une entité plus globale que l'on appelle l'espace-temps. Deuxième point, la géométrie de cet espace-temps peut être déformée, posséder une courbure, une topologie, et elle peut varier dans le temps. En fait, la nouvelle géométrie spatio-temporelle fait apparaître toute modification des propriétés de l'espace dans le temps comme une courbure de l'espace-temps. C'est un avantage de cette approche : ce que l'on considérait comme une variation dans le temps, est maintenant considéré comme un pur effet géométrique, dans la géométrie étendue incluant la dimension temporelle. Parler de la géométrie de l'espace-temps, c'est donc parler à la fois de la géométrie de l'espace et de son évolution dans le temps. Dans ce cadre, l'expansion cosmique (de l'espace) apparaît comme un aspect géométrique de la géométrie de l'espace-temps.

Les galaxies ne sont pas en mouvement dans l'espace. Mais l'espace lui-même est en expansion, entraînant les galaxies comme le courant d'une rivière peut entraîner des bateaux dont les moteurs sont à l'arrêt. Ces derniers sont immobiles par rapport à l'eau ; de même, les galaxies sont immobiles, ou plutôt comobiles, par rapport à l'espace qui les entraîne. Si l'on ne peut voir directement un tel courant d'espace, la Relativité prévoit un tel phénomène et lui donne un sens : l'espace est en expansion, la découverte observationnelle a coïncidé avec l'invention de la Relativité qui offre un cadre théorique pour l'interpréter.

Une fois l'expansion reconnue, il reste à en tirer les conséquences physiques. Là encore, Georges Lemaître fut un précurseur, avec son modèle de l'atome primitif (1931) qui en tire les conséquences physiques sur l'histoire de l'Univers. On ne connaissait encore, à l'époque, ni la physique nucléaire ni la physique des particules, et à peine la physique quantique, aussi ces idées restaient encore vagues. Mais ces modèles, retravaillés, réajustés, sont finalement devenus les modèles de Big bang. À l'époque, les idées de Lemaître, impossibles à tester, ne suscitèrent que très peu d'intérêt. Dès le début, elles suscitèrent même une certaine hostilité. Le recul historique montre aujourd'hui l'aspect dogmatique (encore parfois présent) d'une bonne part des critiques contre le Big bang, résultant de la difficulté de remettre en cause une idée établie depuis des siècles, quasiment mythique : celle d'un monde éternellement identique à lui-même, sans évolution. Des opposants aux Big bang ont tenté de soutenir, sans doute au-delà du raisonnable, un modèle cosmologique selon lequel l'Univers resterait toujours identique à lui-même (état stationnaire), alors que les observations nous montrent de plus en plus clairement l'expansion et l'évolution des galaxies. Ces modèles, originellement intéressants et astucieux, ne purent résister à la confrontation des observations. D'autres esprits critiques, parfois les mêmes, soulignaient une ressemblance entre les idées de Lemaître et le *Fiat Lux* des Écritures. De ce fait, ils accusaient Georges Lemaître, simultanément physicien et prêtre catholique, de concordisme : n'aurait-il pas introduit ses convictions religieuses dans la physique ? Il faut pourtant rendre justice à Lemaître qui s'est constamment défendu de cette accusation. Les bases scientifiques des modèles de Big bang ont été affermies d'autant plus soigneusement qu'elles ont été fortement critiquées.

L'intérêt pour les modèles de Big bang renaît dans les années 1940, avec le début du développement de la physique nucléaire. Les physiciens nucléaires comprennent que, selon ces modèles, l'Univers a dû passer par un état très dense, très chaud et très concentré, idéal pour le déroulement de réactions nucléaires. Puisque ces dernières fabriquent des éléments chimiques, ne serait-il pas possible que tous les éléments chimiques que l'on rencontre dans l'Univers — fer, azote, oxygène, carbone, etc. — aient été fabriqués durant les instants très reculés de l'Univers, selon le modèle du Big bang chaud ? La réponse est en fait négative, nous le savons maintenant, car ces éléments n'ont pas eu le temps de se former. Cependant, les plus légers d'entre eux (le deutérium, l'hélium et le lithium en partie), ont sans doute bien été fabriqués de cette manière, lors d'un épisode de nucléosynthèse primordiale caractéristique des modèles de Big bang. Nous en avons aujourd'hui la conviction car les distributions universelles de ces éléments sont en accord avec les prédictions de ces modèles.

L'intérêt pour ces modèles a repris de nouveau dans les années 1960. Effectuant de nouveaux calculs de réactions nucléaires, quelques physiciens de Princeton ont pu prédire que, si l'histoire de l'Univers s'est effectivement déroulée conformément aux modèles de Big bang, il doit subsister aujourd'hui des vestiges d'un passé très reculé — l'époque où l'Univers était très chaud et très condensé — sous la forme d'un rayonnement « fossile » observable. Ce rayonnement électromagnétique devrait baigner tout l'Univers d'ondes radio. En 1964, alors que ces physiciens de Princeton commençaient à construire un appareillage pour tenter de le détecter, deux collègues radioastronomes de la compagnie Bell Telephone (Penzias et Wilson, qui reçurent pour cela le prix Nobel) le découvrent fortuitement en testant une antenne destinée à la radioastronomie. L'ayant tout d'abord interprété comme un parasite gênant à éliminer, ils conclurent finalement à l'existence d'un rayonnement omniprésent. Ses propriétés, rapidement mesurées, se révélèrent en accord avec les prédictions des modèles de Big bang. Ces derniers furent alors acceptés par une large fraction (mais pas la totalité) de la communauté scientifique.

Les fondements du Big bang

Les modèles de Big bang sont quasiment inévitables. Les observations astronomiques et les lois physiques que nous connaissons nous y mènent de manière pratiquement inéluctable. Il s'agit en premier lieu de la constatation de l'immensité de l'Univers fait de galaxies, confirmée depuis 1924 par d'innombrables observations de galaxies lointaines, avec des télescopes toujours plus puissants.

Les cosmologues énoncent un principe fondamental, le principe cosmologique. Exprimant l'abandon définitif des conceptions pré-coperniciennes, il énonce l'équivalence de tous les points : pas de centre, pas de bords. L'Univers est homogène, d'une homogénéité qui prend son sens à l'échelle cosmologique : il peut y avoir une galaxie ici, et pas à côté. Mais aux très grandes échelles, dépassant celles des amas ou des super-amas de galaxies (soit plusieurs dizaines de millions d'années-lumière, mais ceci est bien inférieur aux échelles cosmologiques) il n'y a pas de zone où les galaxies soient plus ou moins nombreuses, ou différentes. Ce principe s'oppose à toute conception « anthropique » ou géocentrique. Il énonce également que l'Univers est isotrope : non seulement il n'y a aucun point particulier, mais aucune direction particulière non plus : pas de haut et de bas, pas de centre de l'Univers, donc pas de direction vers un centre, pas d'axe de rotation. En l'absence d'indices suggérant le contraire, ce principe est adopté pour construire les modèles cosmologiques.

Cependant, le fondement essentiel des modèles de Big bang reste l'expansion de l'Univers. Elle se fonde sur ce que l'on appelle l'effet Doppler : lorsqu'un objet (une source) émet un rayonnement, nous voyons ce rayonnement « resserré » (c'est-à-dire avec une fréquence plus grande) si l'objet se rapproche, ou « desserré » (avec une fréquence inférieure) si la source s'éloigne. Lorsqu'une étoile ou une galaxie émet de la lumière (un type particulier de rayonnement, dans le domaine électromagnétique) qui parvient jusqu'à nous, cette lumière est décalée à une longueur d'onde plus petite ou plus grande (vers le bleu ou vers le rouge) si la source se rapproche ou s'éloigne de nous. C'est exactement ce que l'on observe : un décalage vers le rouge d'autant plus prononcé que la galaxie est éloignée. Dans le spectre d'une galaxie, c'est-à-dire dans la décomposition de la lumière qu'elle a émise, les astronomes savent parfaitement reconnaître un éventuel décalage, vers le rouge ou vers le bleu (on le mesure à partir de certaines « raies » présentes à des longueurs d'onde bien définies). C'est ainsi que, depuis Vesto Slipher, les astronomes mesurent les vitesses des galaxies et établissent l'expansion de l'Univers. Quelques physiciens et astrophysiciens ont contesté cette interprétation, mais ils n'ont pas réussi à proposer d'autre explication satisfaisante. L'expansion de l'Univers est donc très fermement établie.

D'autres ont suggéré que l'évolution de l'Univers pourrait être gouvernée par autre chose que la gravitation. Pourtant, toutes les autres interactions connues, par exemple électromagnétiques, sont de portée très limitée. L'Univers semble donc bien gouverné par la gravitation, elle-même décrite par la théorie de la Relativité Générale (cette dernière hypothèse est aujourd'hui discutée : même si les analyses du Système Solaire et de certains systèmes astrophysiques la confirment*, il n'est pas définitivement prouvé qu'elle s'applique à l'échelle de l'Univers entier. Mais aucune autre théorie n'existe actuellement et il reste raisonnable d'admettre sa validité. Au demeurant, l'adoption d'une théorie concurrente ne modifierait sans doute pas les caractéristiques essentielles des modèles de Big bang).

La Relativité Générale décrit l'Univers comme un espace-temps, muni de propriétés géométriques (courbure en particulier) qui incluent l'évolution temporelle. Selon la Relativité Générale, ces propriétés géométriques dépendent, par les équations d'Einstein, du contenu en énergie de l'Univers. Par exemple, la matière massive contribue à ralentir l'expansion. Selon que l'Univers en contient plus ou moins (en moyenne), c'est-à-dire qu'il est plus ou moins dense, l'expansion se ralentira plus ou moins (il est même possible d'envisager qu'elle s'accélère).

Admettant la Relativité Générale et la physique bien établie (électromagnétisme, physique atomique, thermodynamique, physique nucléaire, astronomie etc.) on est inévitablement conduit aux modèles de Big bang. Pour les contester, et décrire l'Univers par un autre modèle (qui resterait à trouver), il faudrait remettre en cause des pans entiers de notre physique d'aujourd'hui. Par exemple, les partisans des « modèles stationnaires » avaient dû supposer des phénomènes physiques nouveaux : présence de particules de masse négative, création spontanée de matière (à partir de rien). Aujourd'hui, seuls les modèles de Big bang réussissent à décrire ce que nous observons, toutes les propositions de modèles concurrents ayant été démenties par l'expérience. Mais peut-être un jour...

---

* Voir la 183e conférence de l'Université de tous les savoirs donnée par T. Damour.

Les modèles de Big bang

Ces modèles disent en premier lieu que l'Univers est homogène et isotrope, en expansion. Calculs et observations concordent pour établir que cette expansion se déroule sans changement notable depuis une certaine durée t_U, que l'on appelle âge de l'Univers, actuellement estimé à 15 milliards d'années environ (compte tenu des incertitudes, il vaut mieux dire entre 10 et 25 milliards d'années). Cela implique, conséquence immédiate, que rien dans l'Univers ne peut être plus âgé que t_U. Or, les estimations d'âges de planètes, étoiles, galaxies, donnent à peu près toutes les valeurs possibles entre 0 et 15 milliards d'années. Un succès pour le Big bang ! En effet, si l'Univers n'est pas lui-même âgé de quinze milliards d'années, comment comprendre que nous n'observons aucune étoile ou galaxie d'un âge supérieur ?

À cause de l'expansion, la matière cosmique se trouve dans des volumes de plus en plus grands. Autrement dit, elle se dilue et donc, en conformité avec les lois de la physique, se refroidit. En même temps, dilution et refroidissement sont accompagnés d'une lente structuration. Ainsi, les modèles de Big bang énoncent l'histoire d'un Univers en expansion depuis quinze milliards d'années, en dilution, en refroidissement et qui se structure.

Plus on remonte dans le passé, plus l'Univers était concentré et chaud, moins il était structuré. Il est aujourd'hui peuplé d'objets structurés, aussi bien au niveau microscopique — atomes, molécules, cristaux — qu'au niveau astronomique : des étoiles, des galaxies, des planètes. Rien de tout cela n'existait dans l'Univers primordial. Les modèles de Big bang permettent de reconstituer l'évolution passée de l'Univers par l'application des lois de la physique. Cela conduit à distinguer deux époques : l'Univers primordial correspond au premier million d'années ; l'ère de la matière qui suit est beaucoup plus longue et dure à peu près quinze milliards d'années. Bien que beaucoup plus court, l'Univers primordial fut le siège de nombreux phénomènes d'importance cosmique.

La limite entre ces deux périodes est marquée par une transition, événement très important appelé recombinaison. L'Univers primordial (premier million d'années) était opaque au rayonnement électromagnétique : on ne pourra jamais rien observer directement de cette période. On ne peut que le reconstituer en appliquant les lois de la physique, ce que font les modèles de Big bang. C'est durant l'Univers primordial que furent fabriqués d'abord les particules élémentaires, puis les noyaux atomiques les plus légers. À la fin, précisément au moment de la recombinaison, furent fabriqués les premiers atomes proprement dits. L'Univers primordial était baigné de rayonnement électromagnétique, dont l'énergie dépassait alors de beaucoup celle de la matière (alors qu'aujourd'hui l'énergie du rayonnement est mille fois inférieure à celle de la matière). Les atomes n'étant pas encore formés, il n'existait dans l'Univers primordial aucune structure, hormis quelques noyaux d'atomes.

La recombinaison marque le moment où l'Univers devient transparent. Tout ce que les astronomes sont capables d'observer se situe donc plus tardivement. La recombinaison est elle-même un événement très intéressant car c'est à ce moment-là que fut émis le fameux rayonnement diffus cosmologique, que nous observons tout autour de nous, dans toutes les directions : nous avons l'impression d'être au centre d'une gigantesque sphère brillante de luminosité (en ondes radio) uniforme. Au-delà de cette surface, réside l'Univers opaque inobservable (à cause de la vitesse finie de la lumière, cet « au-delà » possède une signification à la fois spatiale et temporelle). Les plus récentes observations ont montré que l'intensité de ce rayonnement est parfaitement identique dans toutes les directions du ciel, à quelques millionièmes près. C'est l'un des arguments forts qui montre qu'il ne peut avoir été engendré que dans le cadre des modèles de Big bang. En plus de cette remarquable uniformité, il se caractérise par une répartition en énergie extrêmement particulière : un spectre de corps noir, bien connu des physiciens, qui manifeste une situation d'équilibre thermique. L'observation du fond diffus cosmologique indique donc que l'Univers dans son ensemble devait être en équilibre thermique dans un passé très reculé, exactement ce que prédisent les modèles de Big bang. Les très nombreux résultats d'observation du fond diffus cosmologique (dont les plus fameux par le satellite COBE) confirment de mieux en mieux l'accord exceptionnel entre la réalité et les prédictions théoriques des modèles de Big bang.

Après la recombinaison, l'Univers entre dans l'ère de la matière, où il commence à ressembler à ce qu'il est aujourd'hui. Le rayonnement électromagnétique perd son influence au profit de la matière. Celle-ci, continuant à se diluer et à se refroidir, commence à s'organiser. Aux petites échelles spatiales, se forment des atomes (à la recombinaison), des molécules, des cristaux, des poussières... Une partie de ces objets, avec le gaz omniprésent (essentiellement de l'hydrogène) s'agglomèrent et donnent naissance aux galaxies, aux étoiles, aux planètes, aux amas de galaxies... à tous les objets que les astronomes observent dans l'Univers.

Géométrie cosmique

Telle est l'histoire de l'Univers du point de vue de la physique. Cependant, il n'y a pas un seul modèle de Big bang, mais toute une famille dont les membres se distinguent par certaines caractéristiques de leur géométrie. D'une part l'aspect spatial de cette géométrie conduit à distinguer trois familles selon la courbure spatiale négative, nulle ou positive. Un espace à courbure positive généralise, à trois dimensions, la surface d'une sphère. Un espace à courbure nulle généralise à trois dimensions la surface d'un plan. Il existe en outre des espaces à courbure négative, moins familiers. Les trois versions sont possibles, seules les observations permettent de trancher. Les affirmations récentes selon lesquelles « l'Univers serait plat » correspondent à la version intermédiaire où l'espace est plat (les modèles de Big bang se distinguent également, en principe, par leur topologie spatiale). Par ailleurs, la loi d'expansion cosmique constitue la partie temporelle de la géométrie de l'espace-temps. L'expansion indique que l'espace-temps ne peut être plat, même si l'espace peut l'être.

La Relativité Générale permet aussi, en principe, de prévoir le destin de l'Univers. Deux possibilités se présentent, dont nous ne savons pas encore laquelle est la bonne. Ou bien la phase d'expansion continuera indéfiniment. Ou bien elle se terminera et l'Univers débutera une phase de recontraction sur lui-même, processus inverse de l'expansion, qui mènera à une fin grosso modo symétrique au Big bang, appelée le *big crunch*. Nul ne sait ce qui se passera alors, pas plus que l'on ne sait ce qui s'est passé aux tous premiers instants de l'Univers primordial. Peut-être que l'Univers rebondira pour amorcer une nouvelle phase d'expansion. Peut-être sera-ce la fin de tout, ou...

Aujourd'hui, certains indices suggèrent que l'expansion pourrait continuer éternellement, voire s'accélérer. Mais tout cela est à prendre avec de grandes précautions car nous ne savons pas encore précisément lesquels, dans la famille des modèles de Big bang, conviennent le mieux pour décrire notre Univers. Astrophysiciens et cosmologues s'interrogent sur la courbure et la topologie de la géométrie spatiale, sur la valeur de la constante de Hubble qui mesure le taux actuel de l'expansion, sur la forme précise de la loi d'expansion, accélérée ou décélérée, sur son futur, éternel ou débouchant sur un *big crunch*.

Le plus surprenant est la simplicité, notamment géométrique, de ces modèles cosmologiques fondés sur la Relativité Générale. Comment se fait-il que des modèles aussi simples décrivent si bien quelque chose d'aussi compliqué que l'Univers dans sa globalité ? Bien entendu, ce n'est pas aux modèles eux-mêmes qu'il faut demander la réponse à cette question. Certains l'oublient un peu facilement et critiquent les modèles à ce propos, mais il faudrait critiquer de même l'ensemble de la physique, sinon de la science. À vrai dire, tenter de comprendre pourquoi un modèle fonctionne exige de se placer dans un cadre plus général, une sorte de super-modèle, de super-théorie. Nous avons d'ailleurs d'autres motivations à cela car aujourd'hui, les deux théories physiques de base, Relativité Générale et (physique) quantique, sont incompatibles. Outre le malaise que cela suscite d'un point de vue conceptuel, cela interdit de décrire les trous noirs, ou l'Univers primordial. La recherche est extrêmement active, en vue d'une théorie plus fondamentale que la Relativité Générale ou la physique quantique, qui les engloberait chacune comme une approximation (tout comme la Relativité Générale englobe la physique newtonienne). Cela pourrait mener à une cosmologie (quantique ?) plus globale qui permettrait peut-être de comprendre l'origine du bien-fondé des modèles de Big bang. Cette nouvelle théorie reste encore inconnue même si des pistes intéressantes (cosmologie quantique, supercordes, supersymétrie,...) sont explorées.

L'origine du monde ?

Je ne puis terminer sans évoquer la question de l'origine de l'Univers, que beaucoup associent au Big bang. Le lien n'est cependant pas si clair. L'Univers étant en expansion, toutes les dimensions cosmiques augmentent avec le temps (on repère l'augmentation par l'évolution temporelle d'un facteur d'échelle : toute longueur cosmique augmente avec le temps proportionnellement à ce facteur). Vers le passé primordial, ce facteur d'échelle devient de plus en plus petit, tellement qu'il semble naturel de penser qu'il y eut un moment où il était nul. Ce moment est parfois assimilé à « l'origine de tout », quelquefois appelé Big bang. À vrai dire, la physique et la cosmologie ne prédisent nullement un tel instant. Elles impliquent certes que le facteur d'échelle et toutes les longueurs cosmiques ont été très petites (en comparaison d'aujourd'hui), mais non pas nulles.

On ne peut décrire aucun événement qui correspondrait à une explosion cosmique. La reconstitution vers le passé ne peut être menée jusqu'à un hypothétique instant zéro car les densités, énergie, température, très élevées de l'Univers primordial sortent du cadre de notre physique : elles impliquent qu'effets quantiques et relativistes devraient opérer simultanément, une situation que la physique actuelle est impuissante à traiter (à cause de l'incompatibilité mentionnée). Il est impossible de prolonger la reconstitution vers le passé au-delà d'une « barrière de non-connaissance » (aucun événement cosmique spécial identifié, mais la limite de notre ignorance). Elle est baptisée barrière de Planck, en référence à la constante de Planck qui caractérise les phénomènes quantiques.

La physique quantique implique que toute grandeur dynamique doit fluctuer. La Relativité Générale implique que l'espace et le temps sont des grandeurs dynamiques. Espace et temps devraient donc tous deux fluctuer, y compris à l'échelle de l'Univers entier (très ramassé à cette époque). Cela interdit par exemple de savoir si deux événements se déroulent en un même point ou non, à un même instant ou non, si l'un précède l'autre ou si c'est l'opposé. Ces questions perdent même leur sens, ce qui empêche toute approche physique. Sans espace et temps bien définis, on ne peut faire de physique. Peut-être un cadre complètement différent, encore à trouver, permettra-t-il d'opérer sans temps ni espace.

Toujours est-il que la reconstitution du passé de l'Univers ne mène à aucune origine, à aucune création. La simple logique devrait d'ailleurs nous mettre en garde contre une assimilation entre la création de l'Univers et son début temporel. Selon nos conceptions, le temps est partie constituante de l'Univers, si bien que la création de ce dernier (pour autant que cela ait un sens) intègre la création du temps. Or le temps ne peut être créé au sein d'un temps déjà existant !

Une création de l'Univers, si l'on tient absolument à l'envisager, ce serait la création de l'espace-temps, donc de l'espace et aussi du temps. Elle ne peut pas procéder dans le temps, et ne peut donc qu'être atemporelle. Rien dans la physique ou dans la cosmologie ne permet de parler d'un instant de création !

Malgré les immenses succès des modèles de Big bang, il nous faut rester modestes : la cosmologie, et la science en général, ne nous fournira jamais l'explication du monde, et de la place que nous y occupons.

RÉFÉRENCES

– LUMINET (J.-P.) et LACHIÈZE-REY (M.), *Figures du ciel*, Seuil, BnF, 1998.
– LACHIÈZE-REY (M.), *Initiation à la cosmologie*, Dunod, 1999.
– KOYRÉ (A.), *Du monde clos à l'univers infini*, Gallimard, 1973.
– LACHIÈZE-REY (M.) et GUNZIG (E.), *Le Rayonnement cosmologique*, Masson, 1995.
– Friedmann (A.) et Lemaître (G.), *Essais de cosmologie, l'invention du Big bang*, Seuil, Sources, 1997.
– LACHIÈZE-REY (M.), *Connaissance du Cosmos*, Albin Michel, 1987.
– WEINBERG (S.), *Gravitation and cosmology*, John Wiley and Sons, New York, 1980.
– DEMARET (J.), *Univers*, Le Mail, 1991.
– GRIBBIN (J.), *À la poursuite du Big bang*, Éditions du Rocher, 1991.
– MAZURE (A.), Mathez (G.) et Mellier (Y.), *Chronique de l'espace-temps*, Masson, 1994.
– MERLEAU-PONTY (J.), *Cosmologies du XXe siècle. Étude épistémologique et historique des théories de la Cosmologie contemporaine*, Gallimard, Paris, 1965.
– « Le Big bang en questions », *Science et Vie*, Hors série n° 189, décembre 1994.

Les trous noirs et la forme de l'espace

par JEAN-PIERRE LUMINET

Introduction

La question de la forme de l'espace me fascine depuis que, adolescent, j'ai ouvert une encyclopédie d'astronomie à la page traitant de la théorie de la relativité générale d'Einstein. Il y était écrit que, dans la conception relativiste, l'espace-temps a la forme d'un mollusque. Cette image m'avait beaucoup intrigué, et depuis lors, je n'ai eu de cesse d'élucider les mystères implicitement attachés à ce « mollusque universel ». Lorsqu'ils contemplent un beau ciel nocturne, la plupart des gens n'ont d'yeux que pour le spectacle des étoiles, c'est-à-dire le « contenu » de l'univers. Or, on peut aussi s'émerveiller devant l'invisible « contenant » : l'espace n'est-il qu'un réceptacle vide et passif qui accueille les corps, ou bien peut-on lui attribuer une forme, une structure, une architecture ? Est-il plat, courbe, rugueux, lisse, cabossé, plissé, etc. ?

L'ESPACE A-T-IL UNE FORME ?

Il est sans doute difficile à la plupart d'entre vous d'attribuer une forme à quelque chose d'aussi impalpable et

---

Texte de la 187e conférence de l'Université de tous les savoirs donnée le 5 juillet 2000.

d'abstrait que l'espace. Au cours des siècles, maintes conceptions philosophiques ont tenté de « donner chair » à l'espace en le considérant, par exemple, comme une substance éthérée qui, non seulement contient les corps matériels, mais aussi les imprègne et partage avec eux certaines de ses propriétés structurelles. Toutefois, pour le physicien, les questions sur la forme de l'espace ne sont pertinentes qu'en utilisant le langage des mathématiques, plus spécifiquement celui de la géométrie.

QUEL EST L'ESPACE GÉOMÉTRIQUE QUI EST SUSCEPTIBLE DE REPRÉSENTER L'ESPACE PHYSIQUE ?

Le problème est plus compliqué qu'il ne semble à première vue. Certes, l'espace « immédiat » qui nous environne est correctement décrit par la géométrie euclidienne ordinaire. Mais l'espace microscopique (à très petite échelle) et l'espace cosmologique (à très grande échelle) en diffèrent profondément. À la question de la forme de l'espace, la physique actuelle donne donc des réponses différentes, selon quatre « niveaux » dépendant de l'échelle à laquelle on examine la structure de l'espace. Les niveaux « intermédiaires » 1 et 2 sont assez bien compris, les niveaux « extrêmes » 0 et 3 font l'objet de spéculations théoriques originales.

Niveau 1 : Géométrie (pseudo-)euclidienne. Champ d'application : mécanique classique, relativité restreinte, électrodynamique quantique

À l'échelle « locale », disons entre 10^{-18} centimètre (longueur actuellement accessible à l'expérimentation) et 10^{11} mètres (de l'ordre de la distance Terre-Soleil), la géométrie de l'espace physique se décrit très bien par celle de l'espace euclidien ordinaire. « Très bien » signifie que cette structure mathématique sert de cadre naturel aux théories physiques qui, comme la mécanique classique, la relativité restreinte et l'électrodynamique quantique, permettent d'expliquer correctement la quasi-totalité des phénomènes naturels. L'espace y est à trois dimensions, sans courbure. Dans la théorie relativiste, il est couplé au temps au sein d'une géométrie pseudo-euclidienne quadridimensionnelle plate, dite « espace-temps de Minkowski ».

Niveau 2 : Géométrie différentielle en espace (pseudo-)riemannien. Champ d'application : relativité générale, cosmologie

À l'échelle astronomique (Système Solaire, étoiles, galaxies, Univers dans son ensemble), l'interaction dominante qui « sculpte » l'espace physique est la gravité. Celle-ci est décrite par la relativité générale, qui fait apparaître une structure non euclidienne de l'espace-temps. La géométrie différentielle des variétés riemanniennes permet précisément de décrire de tels espaces courbes. Il y a de nombreuses modélisations possibles. Par exemple, à grande échelle, la courbure est relativement « douce » et uniforme. Les cosmologistes travaillent donc dans le cadre d'espaces à courbure constante. Au voisinage d'objets très compacts, la courbure peut au contraire varier fortement d'un point à l'autre. La géométrie de Schwarzschild est un exemple de modélisation de l'espace-temps physique autour d'un trou noir sphérique.

Niveau 0 : Géométrie multidimensionnelle, géométrie non commutative, etc. Champ d'application : théories d'unification, supercordes, gravité quantique

La description de l'espace à l'échelle microscopique (entre 10^{-33} centimètres et 10^{-18} centimètres) est liée au plus grand enjeu de la physique actuelle : l'unification des interactions fondamentales. Celle-ci tente de marier deux points de vue extrêmement différents : celui de la mécanique quantique, décrivant les interactions en termes de champs, et celui de la relativité, décrivant la gravité en termes de courbures.

Aucune théorie de « gravité quantique » satisfaisante n'a vu le jour, mais plusieurs scénarios sont étudiés. Dans tous les cas, les conceptions géométriques usuelles sur l'espace et le temps sont bouleversées. Par exemple, la théorie des supercordes introduit des dimensions spatiales supplémentaires ; la géométrie non commutative décrit un espace-temps granulaire et « flou » ; la géométrodynamique quantique conçoit l'espace-temps comme un océan bouillonnant d'énergie, agité de « vagues » (les fluctuations quantiques du vide) et ponctué « d'écume » (les univers-bulles).

Niveau 3 : Topologie, espaces « chiffonnés ».
Champ d'application : structure globale de l'Univers, topologie cosmique

La question de la forme globale de l'espace (à une échelle supérieure à 10^{25} mètres) pose des problèmes géométriques spécifiques ne relevant plus seulement de la courbure, mais, également de la topologie de l'espace-temps. Celle-ci n'est incorporée ni dans la relativité générale, ni dans les approches unificatrices de la physique des hautes énergies. Pour reprendre l'image pittoresque du « mollusque universel », il ne s'agit plus de savoir s'il possède des bosses ou des creux, mais de savoir s'il s'agit d'un escargot, d'une limace ou d'un calmar.

Une nouvelle discipline est née il y a quelques années : la topologie cosmique, qui applique aux modèles cosmologiques relativistes les découvertes mathématiques effectuées dans le domaine de la classification topologique des espaces.

La suite de la conférence s'attachera exclusivement à la description du niveau 2 dans le contexte des trous noirs, et du niveau 3 dans le contexte des modèles d'univers chiffonnés.

Les trous noirs

Un vieux conte persan dit :

« Un jour, les papillons tiennent une vaste assemblée parce qu'ils sont tourmentés par le mystère de la flamme.

Chacun propose son idée sur la question. Le vieux sage qui préside l'assemblée dit qu'il n'a rien entendu de satisfaisant, et que le mieux à faire est d'aller voir de près ce qu'est la flamme.

Un premier papillon volontaire s'envole au château voisin et aperçoit la flamme d'une bougie derrière une fenêtre. Il revient très excité et raconte ce qu'il a vu. Le sage dit qu'il ne leur apprend pas grand-chose.

Un deuxième papillon franchit la fenêtre et touche la flamme, se brûlant l'extrémité des ailes. Il revient et raconte son aventure. Le sage dit qu'il ne leur apprend rien de plus.

Un troisième papillon va au château et se consume dans la flamme. Le sage, qui a vu la scène de loin, dit que seul le papillon mort connaît le secret de la flamme, et qu'il n'y a rien d'autre à dire. »

Cette parabole préfigure le mystère des trous noirs. Ces objets célestes capturent la matière et la lumière sans espoir de retour : si un astronaute hardi s'aventurait dans un trou noir, il ne pourrait jamais en ressortir pour relater ses découvertes.

LES TROUS NOIRS SONT DES ASTRES INVISIBLES

Le concept d'astre invisible a été imaginé par deux astronomes de la fin du XVIIIe siècle, John Michell (1783) et Pierre de Laplace (1796). Dans le cadre de la théorie de l'attraction universelle élaborée par Newton, ils s'étaient interrogés sur la possibilité qu'il puisse exister dans l'Univers des astres si massifs que la vitesse de libération à leur surface puisse dépasser la vitesse de la lumière. La vitesse de libération est la vitesse minimale à laquelle il faut lancer un objet pour qu'il puisse échapper définitivement à l'attraction gravitationnelle d'un astre. Si elle dépasse la vitesse de la lumière, l'astre est nécessairement invisible, puisque même les rayons lumineux resteraient prisonniers de son champ de gravité.

Michell et Laplace avaient donc décrit le prototype de ce qu'on appellera beaucoup plus tard (en 1968) un « trou noir », dans le cadre d'une autre théorie de la gravitation (la relativité générale). Ils avaient cependant calculé les bons « ordres de grandeur » caractérisant l'état de trou noir. Un astre ayant la densité moyenne de l'eau (1 g/cm^3) et une masse de dix millions de fois celle du Soleil serait invisible. Un tel corps est aujourd'hui nommé « trou noir supermassif ». Les astronomes soupçonnent leur existence au centre de pratiquement toutes les galaxies (bien qu'ils ne soient pas constitués d'eau !). Plus communs encore seraient les « trous noirs stellaires », dont la masse est de l'ordre de quelques masses solaires et le rayon critique (dit rayon de Schwarzschild) d'une dizaine de kilomètres seulement. Pour transformer le Soleil en trou noir, il faudrait le réduire à une boule de 3 kilomètres de rayon ; quant à la Terre, il faudrait la compacter en une bille de 1 cm !

LES TROUS NOIRS SONT DES OBJETS RELATIVISTES

La théorie des trous noirs ne s'est véritablement développée qu'au XXe siècle dans le cadre de la relativité générale. Selon la conception einsteinienne, l'espace, le temps et la matière sont couplés en une structure géométrique non euclidienne compliquée. En termes simples, la matière-énergie confère, localement du moins, une forme à l'espace-temps. Ce dernier peut être vu comme une nouvelle entité qui est à la fois « élastique », en ce sens que les corps massifs engendrent localement de la courbure, et « dynamique », c'est-à-dire que cette structure évolue au cours du temps, au gré des mouvements des corps massifs. Par exemple, tout corps massif engendre autour de lui, dans le tissu élastique de l'espace-temps, une courbure ; si le corps se déplace, la courbure se déplace avec lui et fait vibrer l'espace-temps sous forme d'ondulations appelées ondes gravitationnelles.

La courbure de l'espace-temps peut se visualiser par les trajectoires des rayons lumineux et des particules « libres ». Celles-ci épousent naturellement la forme incurvée de l'espace. Par exemple, si les planètes tournent autour du Soleil, ce n'est pas parce qu'elles sont soumises à une force d'attraction universelle, comme le voulait la physique newtonienne, mais parce qu'elles suivent la « pente naturelle » de l'espace-temps qui est courbé au voisinage du Soleil. En relativité, la gravité n'est pas une force, c'est une manifestation de la courbure de l'espace-temps. C'est donc elle qui sculpte la « forme locale » de l'Univers.

Les équations d'Einstein indiquent comment le degré de courbure de l'espace-temps dépend de la concentration de matière (au sens large du terme, c'est-à-dire incluant toutes les formes d'énergie). Les trous noirs sont la conséquence logique de ce couplage entre matière et géométrie. Le trou noir rassemble tellement d'énergie dans une région confinée de l'Univers qu'il creuse un véritable « puits » dans le tissu élastique de l'espace-temps. Toute particule, tout rayon lumineux pénétrant dans une zone critique définie par le bord (immatériel) du puits, sont irrémédiablement capturés.

COMMENT LES TROUS NOIRS PEUVENT-ILS SE FORMER ?

Les modèles d'évolution stellaire, développés tout au long du XXe siècle, conduisent à un schéma général de l'évolution des étoiles en fonction de leur masse. Le destin final d'une étoile est toujours l'effondrement gravitationnel de son cœur (conduisant à un « cadavre stellaire »), accompagné de l'expulsion de ses couches externes. Il y a trois types de cadavres stellaires possibles :

— La plupart des étoiles (90 %) finissent en « naines blanches », des corps de la taille de la Terre mais un million de fois plus denses, constituées essentiellement de carbone dégénéré. Ce sera le cas du Soleil.

— Les étoiles dix fois plus massives que le Soleil (9,9 %) explosent en supernova. Leur cœur se contracte en une boule de 15 km de rayon, une « étoile à neutrons » à la densité fabuleuse. Elles sont détectables sous la forme de pulsars, objets fortement magnétisés et en rotation rapide dont la luminosité radio varie périodiquement.

— Enfin, si l'étoile est initialement 30 fois plus massive que le Soleil, son noyau est condamné à s'effondrer sans limite pour former un trou noir. On sait en effet qu'une étoile à neutrons ne peut pas dépasser une masse critique d'environ 3 masses solaires. Les étoiles très massives sont extrêmement rares : une sur mille en moyenne. Comme notre galaxie abrite environ cent milliards d'étoiles, on peut s'attendre à ce qu'elle forme une dizaine de millions de trous noirs stellaires.

Quant aux trous noirs supermassifs, ils peuvent résulter, soit de l'effondrement gravitationnel d'un amas d'étoiles tout entier, soit de la croissance d'un trou noir « germe » de masse initialement modeste.

COMMENT DÉTECTER LES TROUS NOIRS ?

Certains trous noirs peuvent être détectés indirectement s'ils ne sont pas isolés, et s'ils absorbent de la matière en quantité suffisante. Par exemple, un trou noir faisant partie d'un couple stellaire aspire l'enveloppe gazeuse de son étoile compagne. Avant de disparaître, le gaz est chauffé violemment, et il émet une luminosité caractéristique dans la gamme des rayonnements à haute énergie. Des télescopes à rayons X embarqués sur satellite recherchent de tels trous noirs stellaires dans les systèmes d'étoiles doubles à luminosité X fortement variable. Il existe dans notre seule galaxie une douzaine de tels « candidats » trous noirs.

L'observation astronomique nous indique aussi que les trous noirs supermassifs existent vraisemblablement au centre de nombreuses galaxies — dont la nôtre. Le modèle du « trou noir galactique » explique en particulier la luminosité extraordinaire qui est libérée par les galaxies dites « à noyau actif », dont les plus spectaculaires sont les quasars, objets intrinsèquement si lumineux qu'ils permettent de sonder les confins de l'espace.

En 1979, mon premier travail de recherche a consisté à reconstituer numériquement l'apparence d'un trou noir entouré d'un disque de gaz chaud. Les distorsions de l'espace-temps au voisinage du trou noir sont si grandes que les rayons lumineux épousent des trajectoires fortement incurvées permettant, par exemple, d'observer simultanément le dessus et le dessous du disque. J'ai ensuite étudié la façon dont une étoile qui frôle un trou noir géant est brisée par les forces de marée. L'étirement de l'espace est tel que, en quelques secondes, l'étoile est violemment aplatie sous la forme d'une « crêpe flambée ». Les débris de l'étoile peuvent ensuite alimenter une structure gazeuse autour du trou noir et libérer de l'énergie sur le long terme. Ce phénomène de crêpe stellaire, mis en évidence par les calculs numériques, n'a pas encore été observé, mais il fournit une explication plausible au mode d'alimentation des galaxics à noyau actif.

LA PHYSIQUE EXTERNE DES TROUS NOIRS

La théorie des trous noirs s'est essentiellement développée dans les années 1960-1970. Le trou noir, comme tous les objets, tourne sur lui-même. On peut l'envisager comme un « maelström cosmique » qui entraîne l'espace-temps dans sa rotation. Comme dans un tourbillon marin, si un vaisseau spatial s'approche trop près, il commence par être irrésistiblement entraîné dans le sens de rotation et, s'il franchit une zone critique de non-retour, il tombe inéluctablement au fond du vortex.

Le temps est également distordu dans les parages du trou noir. Le temps « apparent », mesuré par toute horloge extérieure, se ralentit indéfiniment, tandis que le temps « propre », mesuré par une horloge en chute libre, n'égrène que quelques secondes avant que l'horloge ne soit anéantie au fond du trou. Si un astronaute était filmé dans sa chute vers un trou noir, personne ne le verrait jamais atteindre la surface ; les images se figeraient à jamais à l'instant où l'astronaute semblerait atteindre la frontière du trou noir. Or, selon sa propre montre, l'astronaute serait bel et bien avalé par le trou en quelques instants.

Le théorème capital sur la physique des trous noirs se formule de façon pittoresque : « un trou noir n'a pas de poils. » Il signifie que, lorsque de la matière-énergie disparaît à l'intérieur d'un trou noir, toutes les propriétés de la matière telles que couleur, forme, constitution, etc., s'évanouissent, seules subsistent trois caractéristiques : la masse, le moment angulaire et la charge électrique. Le trou noir à l'équilibre est donc l'objet le plus « simple » de toute la physique, car il est entièrement déterminé par la donnée de ces trois paramètres. Du coup, toutes les solutions exactes de la théorie de la relativité générale décrivant la structure de l'espace-temps engendré par un trou noir sont connues et étudiées intensivement.

Par sa nature même, un trou noir est inéluctablement voué à grandir. Cependant, la théorie a connu un rebondissement intéressant au début des années 1980, lorsque Stephen Hawking a découvert que les trous noirs « microscopiques » (hypothétiquement formés lors du big bang) se comporteraient à l'inverse des gros trous noirs. Régis par la physique quantique et non plus seulement par la physique gravitationnelle, ces micro-trous noirs ayant la taille d'une particule élémentaire mais la masse d'une montagne s'évaporeraient car ils seraient fondamentalement instables. Ce phénomène « d'évaporation quantique » suscite encore beaucoup d'interrogations. Aucun micro-trou noir n'a été détecté, mais leur étude théorique permet de tisser des liens entre la gravité et la physique quantique. Des modèles récents suggèrent que le résultat de l'évaporation d'un trou noir ne serait pas une singularité ponctuelle « nue », mais une corde — objet théorique déjà invoqué par des théories d'unification des interactions fondamentales.

L'INTÉRIEUR DES TROUS NOIRS

Le puits creusé par le trou noir dans le tissu élastique de l'espace-temps est-il « pincé » par un nœud de courbure infinie — auquel cas toute la matière qui tomberait dans le trou noir se tasserait indéfiniment dans une *singularité* ? Ou bien le fond du trou noir est-il « ouvert » vers d'autres régions de l'espace-temps par des sortes de tunnels ? Cette deuxième possibilité, apparemment extravagante, est suggérée par certaines solutions mathématiques de la relativité. Un *trou de ver* serait une structure topologique exotique ressemblant à une « poignée d'espace-temps » qui relierait deux régions de l'univers, dont l'une serait un trou noir et l'autre un *trou blanc*. Ces raccourcis d'espace-temps, qui permettraient de parcourir en quelques fractions de seconde des millions d'années-lumière sans jamais dépasser la vitesse de la lumière, ont fasciné les physiciens tout autant que les écrivains de science-fiction. Des études plus détaillées montrent que de tels trous de ver ne peuvent pas se former dans l'effondrement gravitationnel d'une étoile : aussitôt constitués, ils seraient détruits et bouchés avant qu'aucune particule n'ait le temps de les traverser. Des modèles suggèrent que les trous de ver pourraient cependant exister à l'échelle microscopique. En fait, la structure la plus intime de l'espace-temps pourrait être constituée d'une mousse perpétuellement changeante de micro-trous noirs, micro-trous blancs et mini-trous de ver, traversés de façon fugace par des particules élémentaires pouvant éventuellement remonter le cours du temps !

La forme globale de l'univers

À l'échelle de la cosmologie, le « tissu élastique » de l'espace-temps doit être conçu comme chargé d'un grand nombre de billes — étoiles, galaxies, amas de galaxies — réparties de façon plus ou moins homogène et uniforme. La courbure engendrée par la distribution des corps est donc elle-même uniforme, c'est-à-dire constante dans l'espace. En outre, la distribution et le mouvement de la matière universelle confèrent à l'espace-temps une « dynamique » globale : l'univers est en expansion ou en contraction.

La cosmologie relativiste consiste à rechercher des solutions exactes de la relativité susceptibles de décrire la structure et l'évolution de l'univers à grande échelle. Les modèles à courbure spatiale constante ont été découverts par Alexandre Friedmann et Georges Lemaître dans les années 1920. Ces modèles se distinguent par leur courbure spatiale et par leur dynamique.

Dans la version la plus simple :

— Espace de courbure positive (type sphérique).

L'espace, de volume fini (bien que dans frontières), se dilate initialement à partir d'une singularité (le fameux « big bang »), atteint un rayon maximal, puis se contracte pour s'achever dans un « big crunch ». La durée de vie typique d'un tel modèle d'univers est une centaine de milliards d'années.

— Espace de courbure nulle (type euclidien) ou négative (type hyperbolique).

Dans les deux cas, l'expansion de l'Univers se poursuit à jamais à partir d'un big bang initial, le taux d'expansion se ralentissant toutefois au cours du temps.

La dynamique ci-dessus est complètement modifiée si un terme appelé « constante cosmologique » est ajouté aux équations relativistes. Ce terme a pour effet d'accélérer le taux d'expansion, de sorte que même un espace de type sphérique peut être « ouvert » (c'est-à-dire en expansion perpétuelle) s'il possède une constante cosmologique suffisamment grande. Des observations récentes suggèrent que l'espace cosmique est proche d'être euclidien (de sorte que l'alternative sphérique/hyperbolique n'est nullement tranchée !), mais qu'il est en expansion accélérée, ce qui tend à réhabiliter la constante cosmologique (sous une forme associée à l'énergie du vide).

Je ne développerai pas davantage la question, car elle figure au programme de la 186e conférence de l'Utls donnée par Marc Lachièze-Rey.

QUELLE EST LA DIFFÉRENCE ENTRE COURBURE ET TOPOLOGIE ?

Avec la cosmologie relativiste, disposons-nous d'une description de la forme de l'espace à grande échelle ? On pourrait le croire à première vue, mais il n'en est rien.

Même la question de la finitude ou de l'infinitude de l'espace (plus grossière que celle concernant sa forme) n'est pas clairement tranchée. En effet, si la géométrie sphérique n'implique que des espaces de volume fini (comme l'hypersphère), les géométries euclidienne et hyperbolique sont compatibles tout autant avec des espaces finis qu'avec des espaces infinis. Seule la topologie, cette branche de la géométrie qui traite de certaines formes invariantes des espaces, donne des informations supplémentaires sur la structure globale de l'espace — informations que la courbure (donc la relativité générale) ne saurait à elle seule fournir.

Pour s'assurer qu'un espace est « localement » euclidien (de courbure nulle), il suffit de vérifier que la somme des angles d'un triangle quelconque fait bien 180° — ou, ce qui revient au même, de vérifier le théorème de Pythagore. Si cette somme est supérieure à 180°, l'espace est localement sphérique (courbé positivement), et si cette somme est inférieure à 180°, l'espace est localement hyperbolique (courbé négativement).

Cependant, un espace euclidien n'est pas nécessairement aussi simple que ce que l'on pourrait croire. Par exemple, une surface euclidienne (à deux dimensions, donc) n'est pas nécessairement un plan. Il suffit de découper une bande dans le plan et d'en coller les extrémités pour obtenir un cylindre. Or, à la surface du cylindre, le théorème de Pythagore est tout autant vérifié que dans le plan d'origine. Le cylindre est donc une surface euclidienne de courbure strictement nulle, même si sa représentation dans l'espace (fictif) de visualisation présente une courbure « extrinsèque ». Bien qu'euclidien, le cylindre présente une différence fondamentale d'avec le plan : il est fini dans une direction. C'est ce type de propriété qui relève de la topologie, et non pas de la courbure. En découpant le plan et en le recollant selon certains points, nous n'avons pas changé sa forme locale (sa courbure) mais nous avons changé radicalement sa forme globale (sa topologie). Nous pouvons aller plus loin en découpant le cylindre en un tube de longueur finie, et en collant les deux extrémités circulaires. Nous obtenons un « tore plat », c'est-à-dire une surface euclidienne sans courbure, mais fermée dans toutes les directions (de superficie finie). Une bactérie vivant à la surface d'un tore plat ne ferait pas la différence avec le plan ordinaire, à moins de se déplacer et de faire un tour complet du tore. À trois dimensions, il est possible de se livrer à ce même genre d'opérations. En partant d'un cube de l'espace euclidien ordinaire, et en identifiant deux à deux ses faces opposées, on crée un « hypertore », espace localement euclidien de volume fini.

LES ESPACES CHIFFONNÉS

Du point de vue topologique, le plan et l'espace euclidien ordinaire sont monoconnexes, le cylindre, le tore et l'hypertore sont multiconnexes. Dans un espace monoconnexe, deux points quelconques sont joints par une seule géodésique (l'équivalent d'une droite en espace courbe), tandis que dans un espace multiconnexe, une infinité de géodésiques joignent deux points. Cette propriété confère aux espaces multiconnexes un intérêt exceptionnel en cosmologie. En effet, les rayons lumineux suivent les géodésiques de l'espace-temps. Lorsqu'on observe une galaxie lointaine, nous avons coutume de croire que nous la voyons en un unique exemplaire, dans une direction donnée et à une distance donnée. Or, si l'espace cosmique est multiconnexe, il y a démultiplication des trajets des rayons lumineux, donnant des images multiples de la galaxie observée. Comme toute notre perception de l'espace provient de l'analyse des trajectoires des rayons lumineux, si nous vivions dans un espace multiconnexe nous serions plongés dans une vaste illusion d'optique nous faisant paraître l'Univers plus vaste que ce qu'il n'est ; des galaxies lointaines que nous croirions « originales » seraient en réalités des images multiples d'une seule galaxie, plus proche dans l'espace et dans le temps *(Fig. 1)*.

Les modèles d'« univers chiffonné » permettent de construire des solutions cosmologiques qui, quelle que soit leur courbure, peuvent être finies ou infinies, et décrites

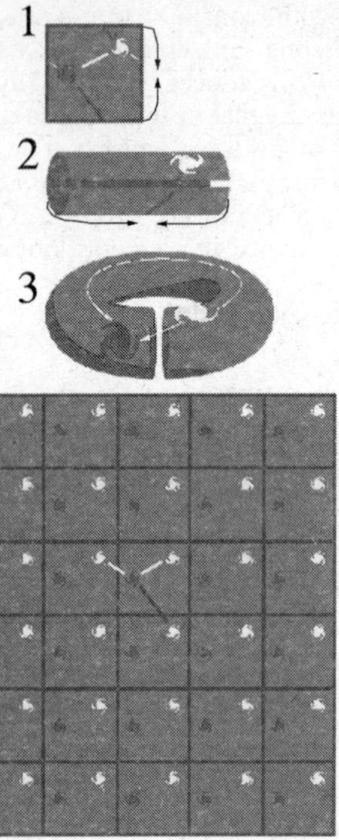

Figure 1 – Un univers très simple à deux dimensions illustre comment un observateur situé dans la galaxie A (sombre) peut voir des images multiples de la galaxie B (claire). Ce modèle d'univers, appelé tore, est construit à partir d'un carré dont on a « recollé » les bords opposés : tout ce qui sort d'un côté réapparaît immédiatement sur le côté opposé, au point correspondant. La lumière de la galaxie B peut atteindre la galaxie A selon plusieurs trajets, de sorte que l'observateur dans la galaxie A voit les images de la galaxie B lui parvenir de plusieurs directions. Bien que l'espace du tore soit fini, un être qui y vit a l'illusion de voir un espace, sinon infini (en pratique, des horizons limitent la vue), du moins plus grand que ce qu'il n'est en réalité. Cet espace fictif a l'aspect d'un réseau construit à partir d'une cellule fondamentale, qui répète indéfiniment chacun des objets de la cellule.

par des formes (topologies) d'une grande subtilité. Ces modèles peuvent parfaitement être utilisés pour décrire la forme de l'espace à très grande échelle. Un espace chiffonné est un espace multiconnexe de volume fini, de taille plus petite que l'Univers observé (dont le rayon apparent est d'environ 15 milliards d'années-lumière).

Les espaces chiffonnés créent un « mirage topologique » qui démultiplie les images des sources lumineuses. Certains mirages cosmologiques sont déjà bien connus des astronomes sous le nom de « mirages gravitationnels ». Dans ce cas, la courbure de l'espace au voisinage d'un corps massif situé sur la ligne de visée d'un objet plus lointain, démultiplie les trajets des rayons lumineux provenant de l'arrière-plan. Nous percevons donc des images fantômes regroupées dans la direction du corps intermédiaire appelé « lentille ». Ce type de mirage est dû à la courbure « locale » de l'espace autour de la lentille.

Dans le cas du mirage topologique, ce n'est pas un corps particulier qui déforme l'espace, c'est l'espace luimême qui joue le rôle de la lentille. En conséquence, les images fantômes sont réparties dans toutes les directions de l'espace et toutes les tranches du passé. Ce mirage « global » nous permettrait de voir les objets non seulement sous toutes leurs orientations possibles, mais également à toutes les phases de leur évolution.

TESTS OBSERVATIONNELS DE L'UNIVERS CHIFFONNÉ

Si l'espace est chiffonné, il l'est de façon subtile et à très grande échelle, sinon nous aurions déjà identifié des images fantômes de notre propre galaxie ou d'autres structures bien connues. Or, ce n'est pas le cas. Comment détecter la topologie de l'Univers ? Deux méthodes d'analyse statistique ont été développées récemment. L'une, la cristallographie cosmique, tente de repérer certaines répétitions dans la distribution des objets lointains. L'autre étudie la distribution des fluctuations de température du rayonnement fossile. Ce vestige refroidi du big bang permettrait, si l'espace est chiffonné, de mettre en évidence des corrélations particulières prenant l'aspect de paires de cercles le long desquels les variations de température cosmique d'un point à l'autre seraient les mêmes.

Les projets expérimentaux de cristallographie cosmique et de détection de paires de cercles corrélés sont en cours. Pour l'instant, la profondeur et la résolution des observations ne sont pas suffisantes pour tirer des conclusions sur la topologie globale de l'espace. Mais les prochaines années ouvrent des perspectives fascinantes ; elles livreront à la fois des sondages profonds recensant un très grand nombre d'amas lointains de galaxies et de quasars, et des mesures à haute résolution angulaire du rayonnement fossile. Nous saurons peut-être alors attribuer une forme à l'espace.

RÉFÉRENCES

- LUMINET (J.-P.), *Les Trous noirs*, Le Seuil/Points Sciences, 1992.
- LUMINET (J.-P.), *L'Univers chiffonné*, Fayard, 2001.

Le temps, son cours et sa flèche

par ÉTIENNE KLEIN

Un peu de poésie pour commencer

C'est à un physicien britannique, Arthur Eddington, que le temps doit d'être équipé (depuis 1929) d'un emblème, la flèche, que la mythologie attribuait jusque-là à Éros, le dieu de l'amour, représenté comme un enfant fessu et ailé qui blesse les cœurs de ses flèches aiguisées. La flèche du temps ne symbolise plus le désir amoureux, hélas, mais le sentiment tragique que nous éprouvons tous d'une fuite inexorable du temps. Pour les physiciens, elle se traduit par l'irréversibilité de certains phénomènes physiques. Elle se distingue du « cours » même du temps, avec lequel elle est pourtant souvent confondue.

Avant d'entrer dans le vif du sujet, je voudrais vous proposer quelques phrases d'écrivains ou de poètes, qui chacune à sa façon, évoquent soit le cours du temps, soit sa flèche, soit un mélange des deux.

Commençons par Sacha Guitry : « Madame est en retard. C'est donc qu'elle va venir. » C'est le cours du temps qui est ici évoqué, d'une façon non dramatique mais cruellement misogyne. Continuons avec Georges Perros, l'auteur des *Papiers Collés* : « L'horloge sonne.

Texte de la 188e conférence de l'Université de tous les savoirs donnée le 6 juillet 2000.

C'est le temps qui tâte son pouls. » Voilà sans doute la façon la plus neutre d'évoquer le fait que le temps passe et de dire qu'il a un cours bien défini. Poursuivons avec Robert Desnos : « La feuille qui tombe et la roue qui tourne te diront que rien n'est perpétuel sur terre. » Cette phrase juxtapose l'idée de temporalité à celle de finitude. Tristan Tzara, un autre poète surréaliste, enfonce le clou d'une façon qui fait froid dans le dos : « Je me souviens d'une horloge coupant des têtes pour indiquer les heures. » C'est que le temps a à voir avec l'irréversibilité et avec la mort. Loin de pouvoir tuer le temps, c'est lui qui nous dévore. L'Antiquité associait d'ailleurs la planète Saturne au cruel titan Kronos qui dévorait ses enfants au fur et à mesure que son épouse Rhéa les mettait au monde. Mais comme il n'est pas question aujourd'hui de sombrer dans la délectation morose en associant trop directement temps et mort, nous terminerons ce petit florilège par ces mots de Jorge Luis Borges (dans *Aleph*), qui rappellent que la valeur de la vie, la vie comme valeur, s'enracine justement dans la connaissance de son essentielle précarité : « La mort rend les hommes précieux et pathétiques. Ils émeuvent par leur condition de fantômes ; chaque acte qu'ils accomplissent peut être le dernier ; aucun visage qui ne soit à l'instant de se dissiper comme un visage de songe. Tout chez les mortels a la valeur de l'irrécupérable et de l'aléatoire. »

Qu'est-ce que le temps ?

Nos réflexions sur le temps sont presque toujours confuses, sans doute parce que nous ne savons pas trop de quel type d'objet il s'agit. Le temps est-il une chose ? Est-ce une idée ? Est-ce une apparence ? N'est-ce qu'un mot ? Existe-t-il en dehors de l'« âme », selon le terme de saint Augustin ? Est-il un produit de la « conscience », selon le terme de Husserl ? Il est difficile de répondre à ces questions, mais très souvent on croit que les scientifiques, et notamment les physiciens, seront un jour capables de nous révéler la nature du temps, ou du moins d'en proposer une définition qui serait plus exacte que les autres. Il s'agit sans doute d'un malentendu, car il est toujours difficile de définir les mots importants. Peut-être est-ce même impossible puisque, si ces mots sont vraiment fondamentaux, on ne peut pas les rapporter à autre chose qu'à eux-mêmes. Définir, c'est avant tout ramener une conception donnée à une autre plus fondamentale. Mais qu'y a-t-il de plus fondamental que ce qui est déjà fondamental ? Rien, et c'est sans doute pourquoi le philosophe Martin Heidegger avait raison de remarquer que les scientifiques posent finalement très peu de questions comme « Qu'est-ce que le temps ? », « Qu'est-ce que l'espace ? », « Qu'est-ce que la matière ? », alors que c'est souvent la réponse à ces questions que l'on attend d'eux.

On oublie trop souvent que la puissance de la physique vient de ce qu'elle a su limiter ses ambitions. Elle ne s'intéresse pas à toutes les questions qui se posent dans nos têtes, loin s'en faut. Elle prend soin de ne sélectionner que celles qui relèvent de ses compétences et de sa méthode. Par exemple, elle n'essaie pas de résoudre la question de la « nature » du temps, ou du moins, si elle le fait, c'est seulement à la marge de ses théories. Elle cherche plutôt la meilleure façon de représenter le temps, ce qui est une tout autre affaire.

Attardons-nous deux minutes sur l'épineuse question de la définition du temps. Chacun comprend de quoi on veut parler lorsque le mot temps est prononcé, mais personne ne sait vraiment quelle réalité se cache derrière lui. Si le mot est clair, la chose ne l'est pas. Bien sûr, on peut tenter de définir le temps et les philosophes n'ont pas manqué de le faire : le temps est ce qui passe quand rien ne se passe, il est ce qui fait que tout se fait ou se défait, il est l'ordre des choses qui se succèdent, il est le nombre du mouvement selon l'avant et l'après, il est le devenir en train de devenir. Mais toutes ces expressions contiennent déjà l'idée du temps (par exemple, l'idée de « passage » présuppose l'idée d'une temporalité, c'est-à-dire de quelque chose qui s'écoule). Elles ne sont donc que des métaphores du temps, impuissantes à rendre compte de sa véritable nature. Cela n'est pas très grave, car il n'est pas nécessaire de définir le temps pour en proposer une représentation. De fait, les physiciens sont parvenus à en faire un concept opératoire sans être capables de le définir précisément.

La physique et le temps

Y flairant une source de paradoxes, les philosophes n'ont cessé d'interroger la réalité du temps, et ce depuis l'Antiquité grecque. Souvenons-nous par exemple de la solution avancée par Parménide et les Éléates, qui proposaient de confondre la matière et l'espace, excluant par là même le vide et qui se trouvaient contraints de penser le mouvement comme une simple translation, c'est-à-dire comme une succession de positions fixes. Du coup, le temps leur demeurait inexplicable, et c'est pourquoi ils s'attachaient à le démontrer impossible et à tout décrire à partir de l'immobilité. Souvenons-nous également de Héraclite et des atomistes, qui prirent un autre parti : ils proposaient de confondre la matière avec le mouvement et affirmaient la réalité du vide. Selon eux, tout est mobile, tellement mobile même qu'on ne peut pas imaginer de point fixe pour évaluer les changements d'état ni expliquer quoi que ce soit.

L'influence de Parménide a été très forte en physique. En effet, la physique a longtemps cherché à éliminer le temps. Le temps est associé au variable, à l'instable, à l'éphémère, tandis que la physique, elle, est soi-disant à la recherche de rapports qui soient soustraits au changement. Lors même qu'elle s'applique à des processus qui ont une histoire ou une évolution, c'est pour y discerner soit des substances et des formes, soit des lois et des règles indépendantes du temps. Mais dans sa pratique, elle se heurte évidemment au temps, d'une façon telle que la question de savoir si le monde doit être vu plutôt comme un système ou plutôt comme une histoire continue de se poser. La physique a-t-elle vocation à décrire l'immuable ou bien doit-elle être la législation des métamorphoses ?

Le temps existe-t-il ?

Aristote a posé la question de l'existence du temps d'une façon qui a été abondamment discutée : puisque le passé n'est plus, puisque l'avenir n'est pas encore, puisque le présent lui-même a déjà fini d'être dès qu'il a commencé d'exister, comment pourrait-il y avoir un « être » du temps ? Le temps a beau contenir la totalité de ce qui est, nous ne parvenons pas à le penser autrement que comme une limite toujours disparaissante entre deux néants, le passé d'un côté, l'avenir de l'autre. Mais un être qui n'est qu'en cessant d'être, est-ce encore un être ?

Si l'on peut ainsi s'interroger sur l'existence même du temps, il est en revanche très difficile de dire le monde sans faire appel à lui, et tout aussi difficile de nier les marques indélébiles qu'il imprime sur les choses et sur nos propres corps. Le temps se présente à nous d'une façon ambiguë : d'une part, il est ce qui fait que les choses persistent à être (on pourrait donc dire, plus plaisamment, qu'il est le moyen le plus commode qu'a trouvé la nature pour que tout ne se passe pas d'un seul coup) ; d'autre part, il est ce qui les fait changer. Le présent, qui est finalement la seule chose qui nous soit présente, a en effet cela de paradoxal d'être à la fois toujours présent et jamais le même, de sorte que l'on doit admettre qu'il imbrique la permanence et le changement.

Une difficulté soulevée par la question du temps consiste en ce que nous ne pouvons pas nous mettre en retrait par rapport à lui. D'habitude, lorsque nous voulons étudier un objet, nous commençons par l'observer sous divers angles, mais lorsqu'il s'agit du temps, la mise à distance n'est plus possible puisqu'il nous affecte sans cesse. Nous sommes dans le temps et nous ne pouvons pas en sortir. C'est d'ailleurs une caractéristique que le temps partage avec l'espace puisque nous ne pouvons pas non plus nous extraire de l'espace. Mais il y a une différence essentielle entre le temps et l'espace : nous pouvons nous déplacer à l'intérieur de l'espace, aller et venir dans n'importe quelle direction, alors que nous ne pouvons pas changer notre place dans le temps. L'espace est donc le lieu de notre liberté, le temps la marque de notre emprisonnement.

Je cesserai là mes petites digressions philosophiques, par manque de temps d'abord, mais aussi parce que les historiens des sciences s'accordent à dire que la physique moderne a commencé avec Galilée, qui justement prit garde à ne pas se perdre en vaines discussions à propos de la nature ou de la réalité du temps. Il ne s'intéressa qu'au statut qu'il convenait de lui donner dans le champ de la physique. Cela l'amena à considérer le temps comme une grandeur quantifiable susceptible d'ordonner des expériences et de les relier mathématiquement. C'est dans cet esprit qu'il étudia la chute des corps. Il réalisa que si le temps, plutôt que l'espace parcouru, était choisi comme le paramètre fondamental, alors la chute des corps obéissait à une loi simple : la vitesse acquise est simplement proportionnelle à la durée de la chute. Cette découverte signa la naissance de la dynamique moderne, qui allait donner au temps un statut inédit. Jusqu'alors, l'idée que l'on s'était faite du temps était restée centrée sur des préoccupations humaines. Le temps servait essentiellement aux hommes de moyen d'orientation dans l'univers social et de mode de régulation de leur coexistence, mais il n'intervenait pas de façon explicite et quantitative dans l'étude des phénomènes naturels.

Temps physique et temps psychologique

Puisqu'elle est limitée dans ses ambitions, la physique ne prétend pas répondre à toutes les questions qui concernent le temps. Par exemple, elle échoue à rendre compte de la relation entre le temps physique et le temps psychologique, entre le temps des horloges et celui de la conscience. Ces deux temps ont certainement des liens, mais certaines de leurs propriétés sont distinctes, voire antagonistes. Déjà, leurs structures diffèrent. Le temps physique est toujours représenté comme un mince filament qui s'écoule identiquement à lui-même. Mais le temps subjectif, lui, se déploie en ligne brisée, entremêle des rythmes différents, des discontinuités, de sorte qu'il ressemble plutôt à un cordage tressé. Notre conscience éprouve en effet plusieurs temporalités enchevêtrées, tant par leur nature (le temps de nos sensations, celui de nos idées, de nos humeurs,...) que par leurs échelles, tout comme une corde est faite de multiples brins, eux-mêmes composés de fines et courtes fibres.

Temps physique et temps psychologique se distinguent aussi par le fait que le premier, toujours ponctuellement concentré dans le présent, sépare l'infini du passé de l'infini du futur tandis que le second mélange au sein du présent un peu du passé récent et un peu de l'avenir proche. Dans le temps physique, des instants successifs n'existent jamais ensemble, par définition. Le temps psychologique, lui, élabore une sorte de coexistence au sein du présent, du passé immédiat et du futur imminent*. Il unit donc ce que le temps physique ne cesse de séparer, il retient ce qu'il emporte, inclut ce qu'il exclut, maintient ce qu'il supprime. Ainsi, lorsqu'on entend une mélodie, la note précédente est « retenue » avec la note présente et la projection de la note future pour former un ensemble harmonieux. Passé immédiat et futur imminent coexistent donc dans le présent. Sans cette alliance au sein de la conscience, chaque note serait isolée et il n'y aurait pas de mélodie à proprement parler.

Temps physique et temps psychologique se distinguent également par leur fluidité. Le premier s'écoule uniformément (du moins dans la conception classique) tandis

---

* Les spécialistes des neurosciences expliquent que la conscience fonctionne par séquences de trois secondes, pendant lesquelles un ensemble de données restent présentes simultanément à l'esprit.

que le deuxième a une fluidité si variable que la notion de durée éprouvée n'a qu'une consistance très relative : il n'y a pas deux personnes qui, dans un temps donné, compteraient un nombre égal d'instants. Notre estimation des durées varie avec l'âge, et surtout avec l'intensité et la signification « pour nous » des événements qui se produisent*. Rien de tel pour le temps physique, et c'est bien pourquoi nous portons des montres.

Enfin, les temps physique et psychologique n'accordent pas des statuts semblables aux notions de passé et d'avenir. C'est la question de la flèche du temps, sur laquelle nous reviendrons par la suite. Ce que je veux dire dans un premier temps, c'est que l'irréductibilité des temps physique et psychologique semble insurmontable, du moins pour le moment. On se doute bien que leurs liens se situent à la couture de la matière et de la vie, mais les tentatives pour dériver le temps du « monde » du temps de « l'âme » ou l'inverse n'ont pas vraiment abouti. Le temps mathématisé du physicien ne semble pas épuiser le sens du temps vécu, pas plus que le temps vécu ne donne l'intuition de toutes les facettes du temps physique.

À force de schématisation, la physique a peut-être laissé échapper quelques-unes des propriétés fondamentales du temps. Le temps monotone des physiciens, constitué de tic-tac répétitifs et esseulés, n'est peut-être qu'une idéalisation très appauvrie du temps de la vie.

L'écoulement du temps pourrait-il être discontinu ?

Tout au long de son histoire, la physique a considéré que l'espace est un continuum, c'est-à-dire qu'il est possible d'envisager des portions de longueurs aussi petites que l'on

* « Plus le temps est vide et plus il nous pèse », remarquait Vladimir Jankélévitch. Ce constat suffit à différencier le temps des objets ordinaires de la mécanique.

veut, sans jamais atteindre de limite. Le point, qui correspondrait à un nombre infini de divisions, reste toutefois hors d'atteinte, mais on peut en principe s'en rapprocher continûment. Le fait qu'il soit ainsi possible de considérer des longueurs infimes, et même nulles, fait surgir d'énormes difficultés, par exemple lorsque l'on s'intéresse au champ électrique produit par une charge électrique, disons un électron, à la distance r de celui-ci. Ce champ, variant comme $1/r^2$, devient infini lorsque la distance r s'annule. De telles divergences ou singularités conduisent à des difficultés mathématiques que les physiciens tentent d'éviter de différentes façons : soit en assignant un domaine de validité limité aux expressions divergentes (on supposera pour l'exemple cité ci-dessus que, si la distance r devient trop petite, l'expression en $1/r^2$ doit être remplacée par une autre, non divergente) ; soit en utilisant des procédés mathématiques qui abolissent « artificiellement » ces divergences et autorisent le calcul. On peut citer par exemple la théorie des distributions, êtres mathématiques ressemblant à des fonctions discontinues qui prendraient une valeur nulle en tous les points de l'espace, sauf en un nombre fini de points. On peut également évoquer la procédure dite de renormalisation. Celle-ci consiste à éliminer toutes les quantités infinies qui apparaissent dans les calculs en retranchant à celles-ci un petit nombre de quantités ellesmêmes infinies, de sorte d'obtenir un résultat fini.

Une dernière piste, plus audacieuse, consiste à imaginer que l'espace lui-même pourrait être discret, c'est-à-dire structuré selon un réseau, dont la maille, finie et non nulle, représenterait une distance minimale au-dessous de laquelle il serait impossible de descendre. Toute divergence serait ainsi évitée. Mais là aussi, de terribles problèmes se posent. D'abord, quelle serait la taille de la maille et d'où proviendrait-elle ? Ensuite, un tel réseau introduirait des directions privilégiées qui détruiraient l'isotropie de l'espace, c'est-à-dire son invariance par rotation. Or cette invariance joue, avec d'autres symétries du même type, un rôle fondamental dans toute la physique en imposant des lois de conservation très contraignantes.

Des travaux mathématiques récents, notamment effectués par Alain Connes dans les années 1980, pourraient toutefois changer la donne. Ils concernent ce qu'on appelle la géométrie non commutative. Celle-ci permet de considérer des structures spatiales qui présentent un caractère discontinu mais qui ne brisent pas les symétries fondamentales. Cette nouvelle géométrie est obtenue en remplaçant les coordonnées spatiales usuelles, qui sont des nombres ordinaires, par des opérateurs algébriques. L'appellation de la théorie provient de ce que ces opérateurs ne commutent pas entre eux (l'ordre de leur application n'est pas indifférent), mais vérifient au contraire certaines relations de commutation qui définissent les propriétés de l'espace à petite échelle. Les propriétés habituelles de l'espace étant restituées aux échelles de la physique habituelle, ce n'est qu'au-dessous d'une certaine échelle que les effets de cette géométrie apparaissent. Cette échelle, qui pourrait être celle dite de Planck (10^{-35} m), représenterait une limite à la divisibilité de l'espace.

Mais revenons-en au temps. Les physiciens le supposent constitué d'instants qui se succèdent dans une structure continue. Ces instants jouent pour le temps le même rôle que le point pour l'espace. Ils sont tout aussi inaccessibles à la perception. En effet, nous ne sentons pas les instants qui passent. Pour nous, ainsi que nous l'avons déjà dit, le présent est une sorte de fluide continu qui mélange un peu du passé immédiat et du futur imminent, sans qu'aucune de nos sensations ne vienne indiquer l'alchimie par laquelle une succession d'instants parvient à s'épaissir en durée. L'idée d'un temps discontinu, c'est-à-dire d'une atomicité de la durée, est parfois évoquée, mais aucune théorie n'est jamais venue l'éclairer, du moins à ma connaissance. Il faut dire qu'elle pose d'énormes difficultés conceptuelles : comment le temps pourrait-il être constitué d'instants séparés par des durées privées de temps ? L'impossibilité d'observer les instants ne va pas en tout cas contre l'idée d'un temps continu, de la même façon que l'absence d'objet véritablement ponctuel ne va pas contre la possibilité d'un espace continu.

La causalité et l'interdiction des voyages dans le temps

Le mouvement des aiguilles de nos montres incite à assimiler le temps à un flux composé d'instants infiniment proches parcourus les uns après les autres, c'est-à-dire à une variable à une seule dimension. Cette représentation du temps accorde au temps une topologie beaucoup plus pauvre que celle de l'espace, qui, lui, a trois dimensions. Elle n'offre en fait que deux variantes, la ligne ou le cercle, selon que la courbe du temps est ouverte ou fermée. Il n'y a donc *a priori* que deux types de temps possibles, le temps linéaire et le temps cyclique. Le cours du temps se manifeste sur ces courbes par le fait qu'elles sont orientées, c'est-à-dire parcourues dans un sens bien défini, du passé vers le futur.

Si les physiciens ont choisi d'adopter un temps linéaire plutôt que cyclique, c'est en vertu du principe de causalité selon lequel la cause d'un phénomène est nécessairement antérieure au phénomène lui-même. Ce principe de causalité interdit en outre les voyages dans le temps, car ceux-ci permettraient en principe de rétroagir dans le passé pour modifier une séquence d'événements ayant déjà eu lieu. Une telle possibilité conduirait à affronter de pénibles situations : un jeune homme pourrait rejoindre dans le passé sa grand-mère alors que celle-ci est encore jeune, lui faire un brin de cour au volant d'une belle voiture de sport, rater un virage et expédier la jeune femme *ad patres*, l'empêchant ainsi de mettre au monde le premier maillon de la descendance dont le susdit jeune homme fait pourtant partie... Un tel paradoxe, possible avec un temps cyclique puisque ce qu'on appelle la cause pourrait tout aussi bien être l'effet et *vice versa*, ne l'est pas avec un temps linéaire, celui-ci ordonnant les événements selon un enchaînement chronologique irrémédiable. On ne peut pas à la fois aller vers le passé et vers l'avenir. De même qu'un fleuve coule toujours dans le même sens, de l'amont vers l'aval, le temps a un cours bien défini, s'écoulant du passé vers l'avenir, sans jamais rebrousser chemin ni faire de boucle, de sorte qu'un instant donné ne peut jamais se reproduire...

Le principe de causalité se décline de différentes façons selon les théories physiques. Il ne renvoie pas toujours explicitement à l'idée de cause, se contentant parfois d'imposer une chronologie obligatoire entre certains types d'événements. Mentionnons rapidement, à titre d'illustrations, la façon dont il est pris en compte en relativité (restreinte ou générale) et en physique quantique.

EN RELATIVITÉ RESTREINTE

Le principe de causalité est garanti par l'impossibilité de transmettre de l'énergie ou de l'information à une vitesse supérieure à celle de la lumière. Cette impossibilité interdit les voyages dans le temps et les renversements de chronologie.

EN RELATIVITÉ GÉNÉRALE

La causalité est violée s'il existe une boucle temporelle, c'est-à-dire une ligne d'univers refermée sur elle-même. La théorie prévoit que de telles boucles pourraient apparaître derrière l'horizon de trous noirs en rotation très rapide, mais rien ne garantit qu'elles existent.

EN PHYSIQUE QUANTIQUE NON RELATIVISTE

La causalité est inscrite dans l'équation de Schrödinger qui fait jouer au hamiltonien le rôle de générateur infinitésimal des translations dans le temps. Il s'agit d'une causalité sans cause explicite.

EN THÉORIE QUANTIQUE DES CHAMPS

Les contraintes de la causalité s'expriment au moyen des règles de commutation des opérateurs de champs. Un opérateur de création $\Phi^*(x)$ d'une particule au point x et l'opérateur d'annihilation de cette même particule $\Phi(y)$ au point y doivent commuter pour une séparation du genre espace et ne pas commuter pour une séparation du genre temps. Ces règles empêchent une particule de se propager sur une ligne d'univers du genre espace (la particule se propagerait plus vite que la lumière) et imposent, pour une propagation sur une ligne du genre temps, que la création d'une particule précède son annihilation. Ces contraintes ne peuvent être satisfaites que si la décomposition en ondes planes des opérateurs de champs contient des fréquences négatives, correspondant à des antiparticules. L'antimatière est donc la trace « matérielle » du fait que le temps passe en sens unique.

D'une façon générale, le principe de causalité s'exprime par le biais de ce que l'on appelle l'invariance CPT, sur laquelle nous allons nous attarder.

L'INVARIANCE CPT

Certaines symétries géométriques nous sont familières. D'autres, plus abstraites, sont couramment invoquées par les physiciens. C'est le cas de la « parité », de la « conjugaison de charge », et du « renversement du temps ».

La parité est une opération, notée *P*, qui consiste à regarder l'image d'une expérience donnée dans un miroir. Prenons l'exemple d'une expérience réelle mettant en jeu une collision entre particules. Appliquer l'opération *P* à une telle situation consiste à réaliser par la pensée l'expérience telle qu'elle serait vue dans un miroir. La nature des particules mises en jeu reste la même. En revanche, leurs positions sont modifiées puisque droite et gauche sont inversées dans l'opération.

La question se pose évidemment de savoir si, une fois cette opération réalisée, la nouvelle expérience peut ou non se réaliser dans la nature ou en laboratoire. Si la réponse est oui, on dira que l'expérience respecte la symétrie *P*. Dans le cas contraire, on dira qu'elle la viole.

À toute particule est, par ailleurs, associée une antiparticule, de même masse qu'elle et dont toutes les charges, notamment la charge électrique, sont opposées à celle de la particule correspondante. La conjugaison de charge est précisément l'opération qui consiste à transformer (sur le papier) une particule en son antiparticule, et *vice versa*. Par exemple, elle transforme l'électron en positron et le positron en électron, le proton en antiproton et l'antiproton en proton. Cette opération est notée *C*, pour « charge », en raison de l'inversion des charges entre particule et antiparticule.

Partons à nouveau d'une expérience réelle mettant en jeu une collision entre particules. Enregistrons soigneusement les vitesses et les positions de chacune des particules qui interviennent tout au long de l'expérience. Appliquons maintenant l'opération *C* : à chaque fois que l'on rencontre une particule, on la remplace par son antiparticule et on lui impose de suivre exactement la même trajectoire que celle qu'avait la particule dans la situation initiale. Si par exemple on regarde une collision entre un proton et un neutron, l'opération *C* nous décrira la « même » collision, sauf qu'elle se produira entre un antiproton et un antineutron. Si, une fois cette opération accomplie, la nouvelle expérience peut se réaliser, on dira que l'expérience respecte la symétrie *C*. Dans le cas contraire, on dira qu'elle la viole.

Enfin, l'opération « renversement du temps », notée *T*, correspond à un renversement du mouvement plutôt qu'à une inversion du temps proprement dit. Elle consiste à dérouler un phénomène dans le sens inverse de celui dans lequel il s'est produit, autrement dit à passer le film à l'envers. Selon les lois classiques, si à un instant donné t_0, pris comme origine des temps ($t_0 = 0$), les vitesses de chaque astre du système solaire (Soleil, planètes et leurs satellites) étaient renversées, leur trajectoire ne serait pas modifiée, mais la position de chaque astre sur sa trajectoire à l'instant ultérieur t serait celle qu'il occupait à l'instant $-t$.

La parité, la conjugaison de charge et le renversement du temps jouent un rôle fondamental dans les équations que manient les physiciens des particules, par le biais de l'invariance *CPT* : comme son sigle l'indique, l'opération *CPT* est le produit des trois opérations *C*, *P* et *T*. Cette opération ne modifiant aucune des lois connues de la physique, on parle d'invariance *CPT*.

En langage imagé, l'invariance *CPT* se traduit en disant que les lois physiques qui gouvernent notre monde sont identiques à celles d'un monde d'antimatière observé dans un miroir et où le temps s'écoulerait à l'envers. Fondamentalement liée au principe de causalité, qui ordonne les événements selon un enchaînement irrémédiable, elle a notamment comme conséquence une sorte de symétrie entre la matière et l'antimatière. En particulier, elle prévoit que la masse et la durée de vie des particules sont rigoureusement égales à celles de leurs antiparticules.

L'INTERACTION FAIBLE ET LES KAONS NEUTRES

Pendant longtemps, les physiciens, s'appuyant sur le sens commun, crurent que toutes les lois de la physique respectaient la symétrie *P*. N'est-il pas évident, lorsque nous voyons un arrangement d'objets dans un miroir, que nous pourrions réaliser cet arrangement dans la réalité aussi ? Pourtant, il fut démontré en 1957, à la surprise générale, que l'interaction nucléaire faible, responsable notamment de la radioactivité β^- par laquelle un neutron se désintègre en un proton et un électron, ne respecte pas la symétrie P. Autrement dit, l'image dans un miroir d'un phénomène régi par l'interaction faible correspond à un phénomène qui n'existe pas dans la nature et qu'on ne peut pas non plus produire en laboratoire. Cette violation de la parité, apanage de l'interaction faible, permet de définir de façon absolue la droite et la gauche.

On démontra dans le même temps que l'interaction faible violait également l'invariance par conjugaison de charge, d'une façon telle que la symétrie globale *PC* était, elle, préservée. Cette invariance par *CP*, combinée à l'invariance

CPT, impliquait l'invariance par *T*. Ce résultat rassurant ne tint que quelques années. En 1964, une expérience révéla que l'invariance par *PC* est elle aussi brisée, même si ce n'est que très légèrement, lors de la désintégration (par l'interaction faible) de particules étranges qu'on appelle les « kaons neutres ». Ces particules sont les seules pour lesquelles une telle dissymétrie ait jamais été observée. Mais alors, *CPT* étant toujours conservée, si *PC* ne l'est pas en l'occurrence, c'est que T ne l'est pas non plus, mais cette violation n'avait pas été mise en évidence directement.

Une expérience du CERN, baptisée CPLEAR, a apporté en 1998 une contribution décisive à ce débat. Elle a permis de mettre en évidence, de façon directe, une violation de la symétrie temporelle au sein d'un système microscopique particulier, celui formé par un kaon neutre et son antiparticule. Il est établi depuis longtemps qu'un kaon neutre se transforme au cours du temps en sa propre antiparticule, qui à son tour se retransforme en kaon neutre. Ce que l'expérience CPLEAR vient de mettre en évidence, c'est que la vitesse à laquelle un kaon neutre se transforme en son antiparticule n'est pas exactement la même que celle du processus inverse, contrairement à ce que la symétrie *T* prévoit. C'est la première fois qu'est mesurée directement une différence entre un processus microscopique et le processus inverse. L'origine profonde de cette légère brisure de la symétrie temporelle passé-futur demeure mystérieuse.

La question de la flèche du temps

Pour nous, passé et futur ne sont pas équivalents. Par exemple, nous nous souvenons en partie du passé, mais pas du tout de l'avenir. Cette asymétrie entre passé et futur est la manifestation du cours même du temps. Depuis Newton, les physiciens se demandent si cette distinction existe également au niveau des phénomènes physiques. Font-ils eux aussi la distinction entre le passé et l'avenir ?

Pensons à une table de billard sur laquelle nous faisons entrer deux boules en collision. Après le choc, les deux boules repartent dans des directions opposées. Si les frottements sont négligeables, leurs vitesses resteront constantes. Imaginons que nous ayons filmé la collision et que nous projetions le film à l'envers. Cela équivaut à échanger les rôles respectifs du passé et de l'avenir, c'est-à-dire à inverser le cours du temps. Ce que l'on voit alors à l'écran, c'est une autre collision de deux boules, correspondant à la collision qui s'est réellement produite mais avec toutes les vitesses inversées.

Le point important est qu'un spectateur qui ne verrait que la projection du film inversé serait tout à fait incapable de dire si ce qu'il voit correspond à ce qui s'est réellement passé ou si le film a effectivement été projeté à l'envers. La raison de cette ambiguïté est que la deuxième collision est régie par les mêmes lois dynamiques que la première. Elle est donc tout aussi « physique », au sens où elle est tout aussi réalisable que la collision originale. Autrement dit, une telle collision est « réversible ». Sa dynamique ne dépendant pas de l'orientation du cours du temps, elle ne fait aucune distinction entre le passé et l'avenir. Cela signifie, non pas qu'elle autorise les voyages dans le temps, mais que pour elle le cours du temps est arbitraire.

Selon la physique d'aujourd'hui, tous les phénomènes ayant lieu au niveau microscopique sont comme ces collisions de boules de billard, c'est-à-dire réversibles. Or à notre échelle, nous n'observons que des phénomènes irréversibles, à commencer par le fait que nous vieillissons : si nous filmons une scène de la vie courante et projetons le film à l'envers, nous voyons dès les premières images qu'il y a eu inversion (le plongeur est expulsé de la piscine et se retrouve bien sec sur son plongeoir). À l'échelle macroscopique, le temps ne fait donc pas que passer : il invente, il crée, il use, il détruit, sans jamais pouvoir refaire ce qu'il a défait.

Comment expliquer l'émergence de cette irréversibilité observée à l'échelle macroscopique à partir de lois physiques qui l'ignorent à l'échelle microscopique ? Ce problème, dit de « la flèche du temps » a été ardemment discuté depuis deux siècles. La plus ancienne explication s'appuie sur l'irréversibilité associée au second principe de la thermodynamique, selon lequel l'entropie d'un système isolé ne peut qu'augmenter au cours du temps : de même que de l'eau tiède ne redevient jamais une juxtaposition d'eau chaude et d'eau froide, un système macroscopique qui évolue ne peut revenir à sa configuration initiale. Plus récemment, des physiciens ont suggéré que la flèche du temps proviendrait plutôt de l'expansion même de l'univers, qui orienterait tous les processus physiques selon un cours irréversible. D'autres pistes faisant référence à la physique quantique ou à la physique des particules ont également été proposées. Toutefois, aucune de ces explications ne peut être présentée comme universelle et définitive. Il semble donc qu'il n'y ait pas d'unité théorique autour du concept de temps, comme si deux façons de penser ne cessent de s'affronter, celle qui se fonde sur l'histoire et le temps, et celle qui se fonde sur l'invariance et l'absence de temps. Elles correspondent peut-être à deux composantes contradictoires mais inséparables de notre effort pour comprendre le monde : nous ne pouvons pas penser le monde sans le temps et nous ne savons pas le raconter sans imaginer qu'il monnaie quelque invariance.

Enfants du Soleil ? Histoire de nos origines

par André Brahic

D'où venons-nous ? Qui sommes-nous ? Où allons-nous ? Sommes-nous seuls ? En d'autres termes : quelle est la place de l'Homme dans l'Univers ? Pour la première fois, après des millénaires d'interrogations, les scientifiques sont arrivés à un certain consensus sur les grandes étapes de la formation du Système Solaire grâce aux formidables progrès de l'Astronomie au cours de ces dernières décennies. Il n'est guère aisé de se représenter l'âge de l'Univers estimé par les astronomes à environ 15 milliards d'années. En imaginant que nous sommes à la fin d'une année fictive qui aurait commencé le 1er janvier avec le début de l'expansion de l'Univers, les premiers hominidés sont apparus le 31 décembre à 22 h 30 et la Renaissance en Europe a eu lieu une seconde avant le premier coup de minuit. Cette seconde a cependant suffi à l'Homme pour observer le Monde et émettre des hypothèses rationnelles et scientifiquement fondées sur l'origine de la Terre et des planètes. Nous n'avons évidemment pas ici pour ambition de retracer toute l'aventure intellectuelle et humaine qui a précédé. Nous nous contenterons de rappeler comment, du développement de la pensée rationnelle à l'âge d'or de l'astronomie, nous sommes maintenant capables de décrire la formation

---

Texte retranscrit d'après la 189e conférence de l'Université de tous les savoirs donnée le 7 juillet 2000.

de la Terre et des planètes. Tel un détective qui rassemble les indices pour trouver le coupable, les astronomes recherchent des traces et des témoignages de cette époque reculée. Ils procèdent comme des archéologues qui, à partir de fragments de poteries et de fondations d'anciens bâtiments, reconstituent l'histoire des civilisations passées.

Sommes-nous les enfants du Soleil ? Non, l'étoile Soleil est notre grande sœur. Nous sommes plutôt les enfants des étoiles et du temps. À l'exception de l'hydrogène et de l'hélium de notre corps qui datent du début de l'Univers, les atomes, dont notre corps est fait, ont été fabriqués par plusieurs générations d'étoiles au cours des 10 milliards d'années qui ont précédé la naissance du Soleil. Il a fallu ensuite près de 5 milliards d'années pour que l'Homme apparaisse.

L'âge d'or de l'astronomie

Rien n'aurait été possible sans le prodigieux développement des sciences de l'Univers depuis les années 1960. Cet âge d'or est dû à la conjugaison de plusieurs facteurs favorables comme l'essor de l'astronomie spatiale, l'utilisation d'ordinateurs puissants, la construction de grands télescopes, la mise au point de nouveaux détecteurs et la croissance de la population des chercheurs. Le nombre d'astronomes professionnels a été multiplié par 30 en moins de 60 ans !

Avec la radioastronomie, née en récupérant les radars de la Dernière Guerre mondiale, et le lancement de satellites artificiels, observatoires astronomiques non perturbés par l'atmosphère terrestre, l'observation du ciel ne se restreint plus au domaine optique. Les astres sont maintenant visibles dans tous les domaines de longueur d'onde, des ondes radio aux rayons γ en passant par le rayonnement millimétrique, infrarouge, optique, ultraviolet et X. Nous pouvons comparer notre situation à celle d'un enfant né avec des lunettes « vertes » qui n'aurait vu jusqu'alors que les objets verts de son environnement. Nous sommes exactement au moment où, adolescent, on lui retire brutalement ses lunettes et où il peut voir enfin toutes les couleurs. Il découvre alors que le monde est beaucoup plus riche et varié que prévu !

Avec l'exploration *in situ* des planètes par des sondes spatiales qui sont nos yeux et nos oreilles projetés à des milliards de kilomètres, nous venons de vivre l'âge d'or de l'exploration du Système Solaire. On peut comparer ce moment à celui de la découverte de l'Amérique et des contrées lointaines par les grands navigateurs tels Christophe Colomb, Magellan et les autres. Ce qui fut un exploit il y a cinq siècles est devenu un élément de notre vie quotidienne. Les planètes et leurs satellites ne sont plus pour nous de simples points de lumière dont on se contente d'étudier le mouvement. Ce sont des « Terres » à part entière dont l'étude échappe aux seuls astronomes pour devenir aussi le domaine des géophysiciens.

Alors qu'au début du XXe siècle, les découvertes de la relativité générale, de la mécanique quantique, des mathématiques « modernes » et de bien d'autres champs de recherche avaient profondément renouvelé des disciplines telles que la physique, la chimie ou les mathématiques, la fin du siècle aura vu l'explosion des sciences de l'Homme et de l'Univers, la biologie et l'astrophysique. En 1900, les hommes ne savaient pas pourquoi les étoiles brillaient, ils ignoraient l'existence des galaxies et ils ne voyaient les planètes que comme des points lumineux dans le ciel. En 2000, les astronomes savent pourquoi les étoiles brillent, ils ont observé des milliards de galaxies et ils connaissent la surface des planètes avec une précision de quelques dizaines à quelques centaines de mètres.

Un tel bouleversement a évidemment de profondes conséquences sur notre société. Sur le plan culturel, la découverte d'un Univers beaucoup plus riche que nous ne l'imaginions auparavant et la grande diversité des phénomènes observés devraient à terme modifier profondément notre vision de la place de l'Homme dans l'Univers. Sur le plan scientifique, l'Univers est un fantastique laboratoire gratuit où se déroulent des phénomènes non reproductibles sur Terre. L'observation de la matière dans des conditions extrêmes de pression, de température et de densité devraient nous permettre de progresser dans des domaines très divers de la physique et de la chimie. Sur le plan industriel, la recherche spatiale est l'objet d'une compétition farouche entre les grandes puissances que sont l'Europe, les États-Unis, le Japon et, dans une moindre mesure, la Russie, la Chine et l'Inde. Le but est tout simplement la domination du monde économique.

Une motivation importante pour étudier nos origines est de mieux connaître notre propre Terre. Il est souvent difficile de nous la représenter comme une planète ordinaire et pourtant, en termes de position et de taille, elle est vraiment commune. Elle est soumise aux mêmes mécanismes physiques que les autres corps du Système Solaire. Pour mieux connaître la Terre, on devrait en toute rigueur faire comme le physicien dans son laboratoire, c'est-à-dire procéder à des expériences. Il est impossible et il n'est surtout pas souhaitable de tenter la moindre expérience sur la Terre, de la chauffer, de la couper en deux, de la secouer, de la déformer, etc. L'étude des autres planètes rend heureusement ces expériences inutiles ! Il suffit de comparer la Terre à un corps plus gros ou plus petit, plus ou moins dense, plus ou moins chaud, de composition chimique différente, etc., pour comprendre le rôle de chaque paramètre.

Un des grands progrès de l'aventure spatiale est d'avoir fait comprendre aux hommes les relations étroites entre les planètes et de les avoir conduits à entreprendre une étude comparée des corps du Système Solaire. Les autres planètes et satellites ont en effet beaucoup à nous apprendre sur la Terre et réciproquement. Par exemple, Vénus a la même masse et les mêmes dimensions que la Terre, mais tourne beaucoup moins vite et ne possède pas d'eau liquide à sa surface : la météorologie y est donc plus facile que sur Terre. L'atmosphère de Titan est, comme celle de la Terre, composée essentiellement d'azote et la pression au sol est la même que sur Terre, par contre elle est beaucoup plus froide. Les volcans de Mars sont plus grands que leurs homologues terrestres et ceux d'Io sont plus actifs. On pourrait ainsi multiplier les exemples. Alors qu'au XIXe siècle, âge d'or de la géologie, l'étude de la Terre était essentiellement locale, elle est devenue globale au XXe siècle avec la naissance de la géophysique. On peut imaginer qu'au cours des prochaines décennies, l'apparition d'une nouvelle discipline, *la planétologie comparée* permettra de mieux connaître notre Terre. Certains phénomènes terrestres comme le volcanisme, la météorologie ou encore l'activité interne, pourront ainsi être mieux compris et mieux prédits.

Il est maintenant clair qu'une bonne connaissance de la Terre passe par la compréhension de sa place dans l'Univers et de la succession des événements qui ont conduit à l'agglomération des atomes qui la constituent. Avant les années 1960, les géologues ne s'intéressaient pas aux autres planètes et les astronomes ignoraient la planète Terre. Nous comprenons maintenant que celle-ci n'est qu'un membre parmi d'autres de la grande famille du Système Solaire. Comment les atomes se sont-ils formés, et dans quelle proportion ? Comment naissent les étoiles et comment est apparue l'étoile Soleil ? Comment des planètes et satellites se sont-ils rassemblés autour du Soleil ? Autant de questions qui sont un préalable à une bonne connaissance de la Terre et de son évolution !

Raison ou déraison ?

La Grèce antique qui nous a légué le raisonnement rationnel, le Moyen Âge qui nous a enseigné la vertu de l'observation et la Renaissance qui a fait la synthèse des deux ont apporté aux scientifiques les deux instruments de leur démarche : l'observation qui nous fournit des faits auxquels tout le monde doit se soumettre et la théorie qui s'efforce de lier entre eux des faits récoltés dans différentes directions. Il faut bien comprendre que les astronomes peuvent affirmer qu'une théorie est fausse chaque fois qu'une contradiction avec une observation apparaît, mais qu'ils ne peuvent pas affirmer que ce qu'ils disent est vrai tant qu'une observation n'a pas infirmé l'interprétation. En d'autres termes, nous savons comment la Terre ne s'est pas formée. Nous pensons avoir compris les grandes étapes de la vie de la Terre, mais nous ne pouvons pas affirmer que nous détenons la Vérité.

Seule une approche rationnelle des phénomènes nous a permis de progresser. En d'autres termes, l'observation du monde qui nous entoure doit commander et toute théorie doit être quantitativement évaluée. Des calculs précis doivent étayer toute tentative d'explication et toute théorie, tout système, aussi beaux soient-ils, doivent s'incliner devant les faits d'observation, aussi laids soient-ils.

Les débats sur la question de nos origines illustrent bien l'éternel combat entre ceux qui parient sur l'intelligence et ceux qui refusent le doute. Il faut toujours garder en mémoire les persécutions qui se sont abattues sur ceux qui ont eu le courage de leurs opinions, même si elles heurtaient le pouvoir en place. Pour avoir préféré Copernic à Ptolémée, pour avoir remis en cause la physique d'Aristote et son monde fini et immuable et lui avoir préféré un Univers infini, livré à une évolution universelle et éternelle, pour avoir refusé de se renier, Giordano Bruno périt sur le bûcher en 1600. Au XXe siècle, pour ne pas s'être soumis, des scientifiques sont morts dans les camps d'Hitler ou de Staline et beaucoup tombent encore sous les balles de fanatiques religieux.

Mais, plutôt que de s'attarder sur les épines, pensons aux roses et à l'extraordinaire aventure de la connaissance qu'est cette quête de notre passé. Comment ne pas s'émerveiller devant la puissance de l'esprit humain qui parvient à comprendre ce qui s'est passé depuis plusieurs milliards d'années, c'est-à-dire sur une durée de plusieurs dizaines de millions de fois supérieure à celle de la vie d'un homme. L'homme moderne parvient aussi à observer ce qui est à des distances de centaines de millions de milliards de milliards (10^{26}) de fois plus grandes que sa propre taille ! En même temps, les découvertes des astronomes donnent à tous ceux qui voudraient nous placer au centre de l'Univers une formidable leçon d'humilité.

« À quoi bon revenir sur notre passé ? » demanderont certains. « Occupons-nous plutôt du présent ! », ajouteront d'autres. En fait, cette recherche est le meilleur moyen de mieux connaître la Terre et les planètes, de mieux les comprendre et *in fine* de mieux les respecter et de mieux les habiter. Le progrès des techniques et la course à la croissance posent des défis colossaux à l'homme moderne. Saura-t-il maîtriser ses nouvelles inventions ? Ne risque-t-il pas de mettre en danger les conditions de vie sur Terre ? La seule réponse possible réside dans la connaissance du monde qui nous entoure et des mécanismes de son évolution. Reconstituer le long déroulement des événements qui ont abouti au monde actuel est le meilleur moyen de prédire la suite de l'histoire et de maîtriser notre futur.

Les méthodes employées par les scientifiques devraient constituer une formidable leçon intellectuelle pour tous les hommes. Cet aller-retour permanent entre la théorie et l'observation, entre la liberté de la pensée pure et la contrainte des faits, est un excellent exercice pour la conduite de notre existence quotidienne. Chacun peut y apprendre à se méfier des proclamations de foi, à s'incliner devant les faits, aussi dérangeants, aussi contrariants fussent-ils, et à aimer la puissance de l'imagination à condition d'y mettre des garde-fous.

Le voile commence enfin à se lever sur des problèmes non résolus depuis des siècles. Nous avons maintenant des éléments de réponse aux questions que nous nous posions depuis des millénaires. Nous commençons à entrevoir quelle est notre place dans l'Univers et à reconnaître que le monde qui nous entoure est infiniment plus riche que nous ne pouvions l'imaginer. L'époque où nous n'étions que les jouets de forces mystérieuses paraît bien lointaine. Il est frappant que cette marche vers la connaissance soit aussi une conquête de la liberté. Loin d'avoir reçu une réponse toute faite et définitive dans un monde triste et figé, nous prenons conscience de notre appartenance à un monde encore mal connu mais où règnent en maître la variété et la diversité. L'homme a maintenant les moyens de prendre son destin en main. Mais le chemin qui reste à parcourir est si considérable qu'il ne peut que susciter les passions.

Les progrès impressionnants de nos connaissances au cours de la dernière partie du XXe siècle ne doivent cependant pas nous masquer la réalité. Il ne faudrait pas croire que l'approche irrationnelle du monde relève d'un passé révolu. Les attaques contre la science sont encore nombreuses et ne sont pas l'apanage de quelques fondamentalistes religieux fanatiques et bornés. Tous ceux qui ne comprennent pas la nature de sa démarche ont une attitude désinvolte à l'égard de la science et tendent à la rejeter. Cela comprend ceux qui croient que la science est la cause de tous nos maux, comme ceux qui prêtent l'oreille aux irrationnels de tout poil ou ceux qui discourent sur le monde sans le connaître. Croire que la science serait responsable de nos malheurs et se déplacer en avion ou en automobile, regarder la télévision, téléphoner, exiger les meilleurs soins hospitaliers, se chauffer et d'éclairer à l'électricité, etc., est bien paradoxal. C'est ne pas vouloir comprendre que seule l'utilisation de la science par les hommes, donc par les citoyens, est en cause, non la science en elle-même. Celle-ci n'est ni bonne ni mauvaise, elle est. Quand une victime reçoit une balle de fusil, le coupable est le tireur, non les lois de la balistique.

Des tâtonnements primitifs de l'époque où les planètes étaient mystérieuses, et donc dotées de pouvoirs surnaturels, subsistent des croyances qui paraissent bien ridicules comme l'astrologie et les histoires de « soucoupes volantes ». Ce passé maintenant révolu nous a légué quelques escrocs qui tirent profit de la crédulité humaine. Il est évident que la position des planètes au moment de la naissance d'un individu (ou de sa conception ?) n'a strictement aucune influence sur son avenir et l'on ne peut que s'en féliciter. De même, les milliers d'astronomes qui scrutent le ciel avec des instruments de plus en plus performants, au point de détecter en quelques instants l'apparition de toute nouvelle étoile parmi les dizaines de millions connues de même éclat, n'ont jamais vu le moindre débarquement d'extraterrestres. Pourtant, ils sont les premiers convaincus de leur existence probable parmi les innombrables étoiles, à rechercher sérieusement les signes de leur présence et à préparer les bouteilles de champagne pour les accueillir !

Aucun scientifique n'accorde foi à ces âneries ; mais il est des attitudes irrationnelles plus subtiles et tout aussi dangereuses. Par exemple, certains philosophes prétendent que nous ne pouvons pas distinguer le vrai du faux, que le monde qui nous entoure n'est qu'illusion et que toutes les théories se valent. L'histoire de l'aventure scientifique nous prouve le contraire. À ces sceptiques, j'ai toujours envie de retirer la chaise sur laquelle ils vont s'asseoir pour leur demander, lorsqu'ils se retrouvent les quatre fers en l'air, si la douleur qu'ils éprouvent, d'origine purement gravitationnelle, n'est qu'une illusion. Affirmer que toutes les opinions se valent n'est qu'un premier pas avant de basculer dans le négationnisme.

D'autres philosophes ou spécialistes des sciences sociales beaucoup plus sympathiques, et dont les idées sont souvent fécondes, ne rendent pas service à la science quand ils emploient, hors de leur contexte, des termes scientifiques dont ils ne comprennent pas le sens. Des exemples récents nous prouvent que le choix des mots ne peut pas être traité avec désinvolture et que nul n'est jamais assez rigoureux.

Certains scientifiques, qui ont apporté une contribution importante à leur domaine de recherche, se laissent parfois aller à des spéculations qui rappellent les mythes primitifs. Nous sommes impressionnés d'observer quotidiennement comment des systèmes ordonnés sont nés du chaos initial, qu'il s'agisse de planètes, de galaxies ou de la vie. Faut-il pour autant y voir la moindre finalité ? Rien ne permet de l'affirmer aujourd'hui. Le fait de vouloir à tout prix attribuer une finalité à l'Univers montre que certains scientifiques contemporains n'ont pas été vaccinés par l'histoire du géocentrisme et des persécutions qu'il a engendrées. Ils remettent à leur manière l'homme au centre de l'Univers.

Dans le débat « entropie et anthropie », ils arguent de la complexité croissante de l'étoile à la planète, puis de la planète à l'Homme, pour suggérer que celui-ci soit bien le but de l'Univers. Quelle ambition démesurée ! Quelle mégalomanie ! Et quelle régression ! Ils ressemblent aux bébés qui se croient le centre du monde et se mettent à hurler si on ne leur accorde pas l'attention exclusive qu'ils désirent. L'idée que l'Univers aurait un but, que nous aurions été assez intelligents pour le découvrir, et que nous serions nous-mêmes ce but, ne paraît pas plus raisonnable qu'imaginer la Terre immobile au centre de l'Univers et le ciel tournant autour d'elle. Simplement, cette vision nombriliste contemporaine se pare d'une terminologie scientifique qui la fait apparaître un peu plus sérieuse.

Se passionner pour l'Univers que les astronomes du XXe siècle nous ont découvert et s'émerveiller de la puissance du raisonnement scientifique ne signifie pas non plus qu'il faille entreprendre une croisade antireligieuse toutes affaires cessantes. La science et la religion suivent actuellement des voies fort éloignées l'une de l'autre. Vouloir démontrer scientifiquement l'existence de Dieu n'est pas plus raisonnable que l'inverse. Croire ou non en un dieu dépend surtout de l'éducation reçue et du milieu fréquenté. Les religions rassemblent actuellement des communautés qui partagent des traditions, une culture et une morale, et elles jouent un rôle social important. Seuls le fanatisme religieux, le prosélytisme forcené, le fondamentalisme agressif et le rejet de l'autre sont insupportables. À ce propos, je crois que le maître mot est celui de tolérance. On doit accepter la culture et l'originalité de l'autre même si l'on ne partage pas toutes ses idées. La diversité fait la richesse du monde. À l'aube de la science moderne, les religions et les mythes primitifs ont joué un grand rôle en permettant aux scientifiques de critiquer les textes écrits et d'affiner leurs méthodes d'analyse. Depuis, les questions posées et les buts poursuivis ne sont plus les mêmes. L'Église catholique n'est pas sortie grandie de la condamnation des thèses de Galilée ou de Darwin. De même, le régime stalinien ne s'est pas glorifié par ses positions sur la biologie.

Les rapports entre la science et la religion peuvent être illustrés par la réplique de Laplace à Napoléon auquel il présentait sa nouvelle théorie de la formation du Système Solaire : « Monsieur le Marquis, je ne vois pas beaucoup Dieu dans votre théorie », lui fit remarquer l'Empereur ; « Sire, c'est une hypothèse dont je n'ai pas eu besoin », lui répondit l'astronome.

Contrairement à ce que pourraient croire certains, la quête de nos origines est loin d'être achevée. Elle est au contraire tout juste ébauchée. Après des millénaires de discussions et de considérations philosophiques qui ont préparé le terrain, la fin du XXe siècle aura marqué un tournant. Pour la première fois, les hommes ont accumulé un faisceau d'indications qui leur permet d'éliminer la plupart des théories cosmogoniques du passé et de s'accorder sur un scénario. Même si de nombreuses étapes sont mal comprises et suscitent des controverses, l'accumulation des observations va nous permettre de tester finement chaque partie de ce scénario. L'exploration du Système Solaire doit continuer, la recherche de nouveaux témoignages sur nos origines doit s'intensifier et cet aller-retour permanent entre les observations et leurs interprétations devrait nous permettre d'avancer à grands pas au cours des siècles à venir. En rapportant sur Terre des échantillons de matière primitive prélevés un peu partout dans le Système Solaire, en améliorant les techniques d'analyse en laboratoire des échantillons, en développant les modèles dynamiques et chimiques et en commençant à recueillir des informations sur d'autres systèmes solaires, nous devrions faire de spectaculaires progrès. Certaines de nos idées sur l'origine de la Terre feront peut-être sourire nos descendants, de la même manière que nous sourions des mythes inventés par nos ancêtres ; mais ils reconnaîtront que quelque chose a changé à la fin du XXe siècle et que nos idées sur nos origines auront été le point de départ de leurs connaissances.

Création ou Éternité ?

La question de nos origines obsède depuis toujours l'esprit humain. Elle a suscité une foule de récits mythiques racontant l'origine du monde, des dieux et des tribus et elle est, de nos jours, au centre de maintes recherches scientifiques. Depuis la nuit des temps, les hommes ont polémiqué pour savoir si notre monde était le résultat de transformations incessantes ou s'il avait été créé un beau jour. Mais comment ? À partir de quoi ? Le passé est imprévisible, disait-on chez les sceptiques, mais les découvertes du XXe siècle les ont fait mentir car un coin du voile vient enfin d'être soulevé ! Les hommes ont passé des millénaires à inventer des mondes imaginaires. Depuis peu, ils ont changé et se sont dotés d'outils d'observation puissants pour découvrir le monde réel ! Première leçon de cette aventure : la nature a beaucoup plus d'imagination que tous les hommes réunis ! Deuxième leçon : nous savons maintenant, grâce aux nombreuses contraintes apportées par les observations, ce qui *ne* s'est *pas* passé. Nous pouvons jeter aux orties les mythes primitifs et les théories cosmogoniques du passé, aussi jolies soient-elles. Nos ancêtres auraient-ils perdu leur temps en se berçant d'illusions ? Non, car leurs tâtonnements ont défriché le terrain et nous ont aidé à formuler de nouveaux concepts. Sans eux, nous serions totalement incapables, de nos jours, de percer le mystère de nos origines. La critique des idées et des dogmes de nos prédécesseurs a engendré la science moderne !

La Terre, le ciel, le Soleil, les étoiles ont-ils existé de tout temps ? Sont-ils éternels ou ont-ils été créés un jour ? Les hommes se sont posés ces questions depuis des millénaires sur tous les continents. L'idée d'un monde éternel, sans commencement ni fin a été présentée et défendue avec force par Aristote. Elle s'opposait au message très fort de la chrétienté qui croyait en un monde créé par un dieu.

Ce débat sur l'existence ou non d'un début a fait rage pendant des siècles et fut au centre d'une controverse extrêmement rude au XIIIe siècle au sein de l'université de Paris, centre mondial de la connaissance et du savoir à l'époque. Cette querelle a été aussi vive que celles qui ont entouré, quelques siècles plus tard, les théories de Copernic ou de Darwin.

La quête de nos origines est un sujet scientifique par excellence et pourtant la métaphysique s'en est emparée bien avant la physique. Toutes les religions et systèmes du monde qui ont eu la prétention d'être universels ont proposé une histoire de la création. Objet de tous les fanatismes et de toutes les intolérances pendant des siècles, cette recherche est en même temps une merveilleuse illustration du génie humain. À la fin du XXe siècle, l'Homme a enfin soulevé un petit coin du voile sur ses origines, mais le débat est loin d'être clos !

Loin d'être une simple lubie de scientifique curieux sans grande conséquence pratique, la question de nos origines a toujours fait l'objet de débats extrêmement vifs au point où, dans les cas extrêmes, ceux qui n'étaient pas les tenants de la « bonne théorie » ont été passés par les armes, brûlés ou pendus. Il est tout de même frappant de constater que tous les systèmes qui prétendaient à l'universalité ont voulu imposer, souvent par la force, une théorie de nos origines. Pendant des siècles, les églises, les temples et les mosquées ont imposé leurs vues. Mais, ce ne fut pas le seul fait des religions. Au fil de l'histoire, on retrouve souvent dans ces querelles idéologiques sur nos origines le conflit des systèmes socio-économiques de l'époque. Pendant plus de 150 ans, à l'époque de la primauté de la France et de l'Angleterre dans le monde, les écoles françaises et anglaises se sont opposées sur deux conceptions de la formation des planètes. Entre 1945 et 1990, le débat a porté sur deux théories, celle de l'école américaine et celle de l'école soviétique !

Bien que l'étude de nos origines concerne avant tout les astronomes, les physiciens, les chimistes, les mathématiciens, les minéralogistes, les géophysiciens et bien d'autres, elle a de telles implications philosophiques et sociologiques qu'elle continue de susciter les passions et quelquefois les polémiques. Même entre scientifiques, les disputes sont nombreuses. Les différentes voies d'exploration sont si variées que beaucoup d'auteurs s'ignorent délibérément. En étudiant les textes consacrés à la question de nos origines, on rencontre plus de « philosophes » que « d'ingénieurs » et quelques fois plus de métaphysique que de physique, mais la situation est en train de changer. La recherche spatiale, le développement des moyens d'observation et d'analyse ont fourni des outils si puissants que nous vivons une véritable révolution dans l'histoire de l'acquisition des connaissances et que personne ne peut plus ignorer les contraintes apportées par les observations et par les modèles.

Il nous paraît maintenant évident que la Terre, la Lune, le Soleil, les étoiles et les objets du ciel ont été formés un jour et qu'ils ont évolué. Nos ancêtres pensaient différemment. Beaucoup croyaient que les astres étaient là depuis toujours et seraient là pour l'éternité. Autrement dit, l'idée même d'évolution était étrangère aux hommes. On leur enseignait qu'une puissance supérieure avait créé le monde une fois pour toutes. Il est vrai que cette notion de début, d'évolution, donc de fin est dérangeante. On retrouve de nos jours ce rejet de l'évolution au sein de certaines sectes, de groupes « fondamentalistes » ou encore, au cœur d'un pays techniquement avancé comme les États-Unis, chez les « créationnistes ». Pendant des millénaires, les hommes ont mis dans le ciel des dieux qui avaient d'autres règles de vie mais qui leur ressemblaient beaucoup. Ils avaient un immense avantage sur nous, l'immortalité. Aujourd'hui, nous dirions qu'il s'agit d'un avantage apparent seulement car des êtres immortels ne peuvent pas évoluer ! Mais quelques hommes ont refusé de croire que nous ne serions que de simples esclaves des caprices divins. Ils se sont posé des questions différentes : y a-t-il, après tout, des lois qui régissent cet Univers ? Peut-on les découvrir par l'observation du monde qui nous entoure ?

En l'absence d'observations contraignantes, les théoriciens s'en sont donnés à cœur joie pendant plusieurs siècles, imaginant les situations les plus diverses. Pour beaucoup de ces théories, de nombreuses hypothèses étaient à la limite de la métaphysique. Il faut bien comprendre que, dans le domaine de la science, il n'est point de salut hors des contraintes observationnelles. Combien de théories belles « sur le papier » ont été tuées par d'horribles faits ! Quels que soient nos préjugés et nos préférences, on doit impérativement s'incliner devant les faits d'observation. La science fournit là une belle leçon d'humilité aux hommes, qu'ils soient politiciens, dirigeants ou exécutants ! Toute théorie doit rentrer dans le moule des contraintes observationnelles. La pensée pure, les idées *a priori*, les « grands livres sacrés » ne se sont pas révélés d'une grande utilité et l'acharnement à négliger l'évidence pour mieux croire à la véracité d'un mythe fondateur a souvent été un frein. Par contre, l'analyse critique de ces « *a priori* » et surtout la confrontation avec les observations se sont montrées fécondes.

Toute l'histoire de la recherche de nos origines est une succession sur plusieurs siècles d'idées préconçues, d'hésitations, d'impasses avec un manque souvent cruel de contraintes observationnelles et quelques avancées impressionnantes. Comme le disait Paul Valéry, « plus il y a de métaphysique, moins il y a de physique et réciproquement » !

Ce problème de nos origines ressemble à la reconstitution d'un immense puzzle, et pour corser le plaisir, on ne connaît pas le nombre total de pièces ni le sujet du tableau, beaucoup de pièces ont été à jamais perdues et, de surcroît, plusieurs jeux ont été mélangés. Nous ignorons, par exemple, quelles pièces nous livrent des informations sur nos origines et quelles autres nous racontent la suite de l'histoire. Même si plusieurs pièces supplémentaires ont été récemment acquises, il reste à savoir où les placer et bien que nous y voyions globalement un peu plus clair, de nombreux points restent dans l'ombre.

La principale difficulté provient du fait que le Système Solaire est le seul système planétaire à notre disposition. Vivons-nous dans un système très improbable et unique ? Le Système Solaire est-il un monstre ? Ou bien vivons-nous dans un système banal et très commun dans la Galaxie ? Il est évident que la découverte d'autres systèmes solaires permettrait de dégager des caractéristiques communes et d'éliminer ce qui n'est que coïncidence due à des conditions initiales particulières. Nous nous trouvons actuellement un peu dans la situation où, à partir de l'observation d'un seul individu, nous essayons d'en déduire des règles générales de vie en société. Quelles sont les caractéristiques propres à toute une population ? Qu'est-ce qui est particulier à un individu ? Le fait d'avoir les yeux bleus ou bien de posséder deux jambes ?

Une seconde difficulté est liée au fait qu'il est malaisé de remonter dans le passé. Il semble possible de retrouver les conditions actuelles à partir de plusieurs conditions initiales différentes. Pour l'instant, le problème n'a pas de solution unique. On peut imaginer plusieurs conditions initiales différentes conduisant toutes à ce qu'on observe actuellement.

La recherche spatiale ainsi que toutes les observations modernes ont apporté une énorme quantité de données, le problème se pose de savoir lesquelles sont liées à la formation du Système Solaire. L'énorme quantité d'informations accumulées au cours de ces deux dernières décennies nous a appris au moins une chose : le problème est beaucoup plus complexe qu'on ne le supposait. On est frappé, notamment, par la grande diversité des objets et des mécanismes observés. La Nature est toujours plus riche qu'on ne l'imagine *a priori* ! Elle a en tout cas beaucoup plus d'imagination que le plus brillant des théoriciens ou des philosophes.

Les archéologues du ciel

À partir de quelles observations allons-nous reconstituer l'histoire de nos origines ? Un scénario de la formation du Système Solaire doit évidemment rendre compte de toutes les observations, mais aussi en susciter de nouvelles au risque d'être finalement rejeté. Ces données agissent comme des contraintes sur la construction de tout scénario. Les témoignages des premiers instants du Système Solaire dont se servent les astronomes sont de nature multiple : composition chimique, dynamique des planètes, mesures radioactives, comptage de cratères, étude des astéroïdes et des comètes, observations d'autres étoiles, etc. Il n'est évidemment pas possible de passer en revue toutes ces informations car une encyclopédie serait nécessaire, nous nous contentons ici d'en citer quelques-unes *(Fig. 1 et 2)*.

Figure 1 – La météorite d'Allende.
Trouvée en 1969 au Mexique, elle a conservé en son sein des onformations précieuses sur ce qui se passait il y a plus de 4,5 milliards d'années dans le Système Solaire naissant.

L'inventaire du contenu du Système Solaire vient d'être fait après 30 ans d'exploration spatiale. Les objets les moins massifs, tels les astéroïdes, les comètes, les petits satellites, les anneaux des planètes ou encore les météorites ont été relativement peu transformés depuis leur formation. Ils nous permettent donc de retrouver une partie des conditions initiales. Le fait que les planètes tournent dans le même plan sur des cercles nous indique qu'un disque de matière, en rotation autour du jeune Soleil, a précédé leur formation. La composition chimique d'une planète ou d'un

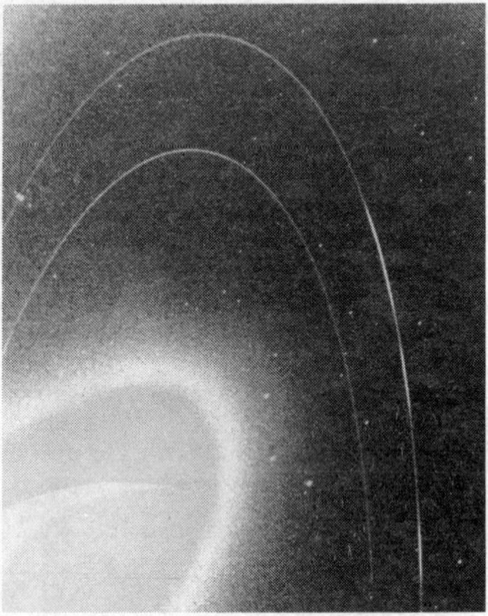

Figure 2 – Les arcs de Neptune.
Découverts en 1984 par A. Brahic et W Hubbard,
ils ont été photographiés en août 1989 par la sonde Voyager 2.
Les deux anneaux visibles sur ce document ont été baptisés
Le Verrier *(anneau intérieur) et* Adams *(anneau extérieur).*
Les trois arcs visibles à droite ont été baptisés de bas en haut
Liberté, Égalité *et* Fraternité. *Ces arcs semblent confinés*
non seulement dans la direction radiale, mais aussi en azimut.
On distingue en bas à gauche la planète Neptune fortement
surexposée pour permettre de voir les anneaux.
La lumière solaire vient de la gauche. La compréhension
du mécanisme de confinement des arcs
devrait nous permettre de mieux comprendre une étape
de la formation des planètes.

satellite résulte en grande partie de la température qui régnait au moment de la formation, elle fournit donc une information essentielle. Le grand nombre de cratères d'impact observés à la surface des corps du Système

Solaire témoigne de l'intensité et de l'importance du bombardement dans le processus de formation. L'âge de la Terre est maintenant mesuré avec précision grâce à la radioactivité et aux méthodes de datation.

Depuis peu, les astronomes recueillent des informations précieuses sur notre passé en observant les autres étoiles et leur environnement. Ils sont ainsi capables d'observer les étoiles juste après leur naissance. Les plus jeunes d'entre elles sont entourées d'un disque de matière et émettent de puissants jets dans les directions polaires. Le Soleil a probablement connu la même histoire. Plusieurs dizaines de planètes ont été découvertes en moins de cinq ans autour d'étoiles proches. Elles sont bien différentes de celles que nous connaissons, mais nous avons un bon espoir de découvrir d'autres Terres au cours du XXIe siècle.

Un scénario de nos origines

Compte tenu de tous les faits d'observation accumulés, on peut maintenant décrire dans les grandes lignes l'histoire de la formation du Système Solaire. Même si ce scénario semble accepté par la majorité des astronomes, ce n'est pas pour autant qu'il est vrai ! Il faut plutôt le considérer comme un formidable outil guidant la réflexion scientifique, mais qui nécessitera peut-être un jour une révision en profondeur. Même si quelques étapes de la formation des planètes nous échappent encore, nous pouvons au moins affirmer « comment le Système Solaire ne s'est pas formé » !

À la fin du XXe siècle, on peut dire que le Système Solaire est un « enfant du temps ». Il s'est écoulé plus de dix milliards d'années entre les premiers frémissements du « Big Bang » et la naissance du Soleil et 4,5 milliards d'années entre l'apparition de la Terre et celle de l'homme. Ces durées astronomiques ont permis d'une part de fabriquer tous les atomes nécessaires à notre Terre et d'autre part à l'évolution de prendre son temps pour aboutir à un être aussi complexe, aussi inattendu et aussi imparfait qu'un homme. Comprendre comment la Terre est apparue et a évolué revient à mieux la connaître et en même temps à mieux prédire son avenir. Peut-être un jour éviterons-nous ainsi quelque événement désagréable.

Il est maintenant admis que, quelque part dans la Galaxie, il y a environ 4,5 milliards d'années, un nuage de gaz interstellaire s'est effondré sous son propre poids pour donner naissance à une étoile — le Soleil — et à son cortège de planètes. Au cours de son effondrement, cette nébuleuse primitive s'est aplatie pour former un disque gazeux dont le bulbe central est devenu le Soleil. Au sein du disque, le gaz s'est tout d'abord condensé en petits grains. Des instabilités locales ont rapidement rassemblé ces grains en corps de quelques centaines de mètres de dimension. Le jeu de leurs collisions mutuelles a donné naissance à des embryons planétaires de quelques centaines de kilomètres, puis aux planètes et aux satellites que nous connaissons. L'existence d'eau liquide sur notre planète a permis le développement d'une chimie organique complexe et l'épanouissement de la vie. Même si ces grandes lignes semblent acceptées, de nombreux maillons sont totalement incompris à tel point que des pans entiers de ce scénario ne sont pas encore déchiffrés. Comme disait Pierre Dac, « Le chaînon qui manque entre le singe et l'homme, c'est nous ».

Il y a 4,5 milliards d'années, le jeune Soleil, qui venait juste de s'effondrer sur lui-même, était plusieurs dizaines de fois plus lumineux qu'aujourd'hui et enfoui dans une nébuleuse de gaz et de grains, qui s'est aplatie ensuite sous la forme d'un disque sous l'action de la force centrifuge et de la viscosité. C'est ce dernier qui donnera naissance aux planètes. Les astronomes l'appellent « disque proto-planétaire ». Ce disque passe par cinq phases : un disque de gaz, un disque de grains, un disque de planétésimaux, un disque d'embryons et un disque de planètes *(Fig. 3 et 4)*.

Après le refroidissement brutal du Soleil, à la fin de sa formation, une partie du disque de gaz (environ 1 %) s'est

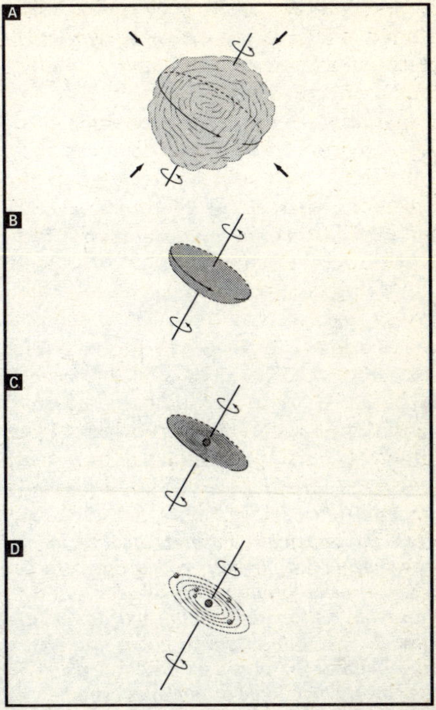

*Figure 3 – La formation du Système Solaire.
La nébuleuse primitive (A), formée de gaz et de poussières, s'effondre sur elle-même et, tel un patineur ramenant les bras le long du corps, tourne de plus en plus vite sur elle-même.
Elle forme un disque de plus en plus plat (B).
Des grains apparaissent dans ce disque (C),
puis des planétésimaux, puis des embryons, puis des planètes pour donner le système que nous connaissons aujourd'hui (D).
Le passage du disque (C) au système (D)
est détaillé sur la figure suivante.*

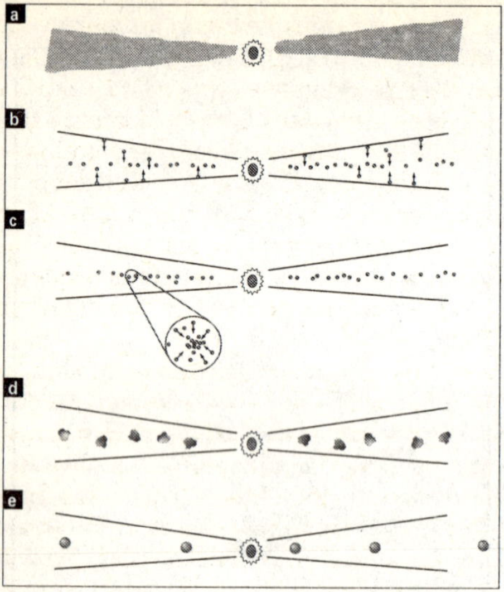

Figure 4 – Les cinq principales étapes de la formation des planètes. Ce schéma résume notre conception actuelle de la formation des planètes, à savoir la formation d'un disque de gaz (a), suivi de celle d'un disque de grains qui migrent dans le plan équatorial (b), puis d'un disque de planétésimaux (c). Ces petits corps, d'une taille de quelques centaines de mètres à quelques kilomètres, forment un disque d'embryons de planètes (d) et finalement les planètes qui nous sont familières (e).

solidifiée sous la forme de grains micrométriques. Loin du Soleil, le disque était froid et des glaces d'eau, de méthane, d'ammoniaque et d'oxyde de carbone sont apparues. La température étant beaucoup plus élevée près du Soleil, des éléments réfractaires sont apparus tels que l'alumine, ou certains composés réfractaires du calcium, du magnésium et des oxydes métalliques. Ainsi, la composition chimique du Système Solaire est une conséquence directe des variations de température dans le disque protoplanétaire.

En frottant contre le gaz, les grains ont perdu une partie de leur énergie orbitale et se sont regroupés dans un disque très étroit situé dans le plan équatorial de la nébuleuse gazeuse. Soit des instabilités gravitationnelles ont conduit à l'effondrement des poussières en des corps, appelés « planétésimaux », et de 500 mètres à un kilomètre de dimension, soit des tourbillons ont rassemblé les grains pour former des corps de taille kilométrique. Dans les deux cas, des « planétésimaux » se forment en quelques milliers d'années.

La nébuleuse protoplanétaire contient alors un disque de planétésimaux qui vont se coller les uns aux autres pour former des embryons planétaires, d'une dimension typique de quelques centaines de kilomètres. La naissance de ces embryons est activement étudiée depuis plus de vingt ans. Deux paramètres importants contrôlent la croissance des embryons : la vitesse de libération des planétésimaux, vitesse en dessous de laquelle deux corps sont liés gravitationnellement, et la vitesse relative d'impact entre ces derniers. Si cette dernière est supérieure à la vitesse de libération des planétésimaux, de l'ordre d'une dizaine de mètres par seconde, deux planétésimaux qui se rencontrent ne peuvent se coller et la croissance devient alors impossible. À l'inverse, si la vitesse relative est très inférieure à la vitesse de libération, le collage est possible et les embryons peuvent apparaître. Deux scénarios de croissance ont été proposés dans les années 1970 et 1980 par les écoles soviétique et américaine. Dans un modèle, tous les corps grandissent à la même vitesse, c'est la croissance ordonnée. Dans l'autre, seul le plus gros corps grandit dans une région donnée du disque étant plus massif, il attire plus efficacement les planétésimaux qui orbitent près de lui, il « mange » tout les corps de son voisinage, ce qui le fait grossir à nouveau et ainsi de suite. C'est l'effet « boule de neige ». Entre le premier scénario très égalitaire et le deuxième plus élitiste, je vous laisse imaginer lequel a été développé par les Soviétiques ou par les Américains !

Cependant, l'accrétion ordonnée est beaucoup trop lente : il faut au moins 100 millions d'années pour former les embryons. Il semble donc que l'accrétion par effet boule de neige soit le bon mécanisme, il dure à peine cent mille ans.

Du fait de la présence de glace à grande distance du Soleil, les embryons des planètes géantes sont beaucoup plus massifs que les embryons des planètes terrestres. En conséquence, ils accumulent à leur surface une partie du gaz environnant. Quand le gaz accumulé dépasse une certaine masse critique (environ dix fois la masse de la Terre), une instabilité hydrodynamique se met alors en place accumulant en un temps très court une gigantesque quantité de gaz. À la fin de ce processus, les embryons des planètes géantes sont couronnés d'une atmosphère très massive de gaz, comparable à celles observées aujourd'hui.

Après la phase d'accrétion par effet boule de neige, le disque se compose de centaines d'embryons de planètes qui ont consommé tous les planétésimaux à leur portée. Ils vivent initialement séparés les uns des autres sur des orbites circulaires. Rapidement ils se perturbent gravitationnellement et leurs orbites deviennent de plus en plus elliptiques, jusqu'à ce qu'elles se croisent. Les embryons subissent alors des collisions géantes. Du fait de leur très forte masse, les fragments issus des collisions ne peuvent s'échapper des corps parents et se regroupent pour former de plus gros embryons. Certains astronomes pensent que la Lune aurait été formée à l'issue d'une telle collision géante entre la proto-Terre et un embryon voisin : une partie des fragments se seraient rassemblés pour former la Lune.

Quand ce processus prend fin, au bout de 100 millions d'années environ, le disque ne contient plus qu'un système de quelques jeunes planètes, qui pourrait être notre Système Solaire. Cette vision un peu idyllique cache en réalité de nombreux problèmes : les astronomes n'arrivent pas à former sur leurs ordinateurs des systèmes planétaires semblables au nôtre. Il semble beaucoup plus facile de former quelques dizaines de petites planètes plutôt que neuf planètes seulement. De plus, les orbites des planètes obtenues dans les simulations numériques sont plus elliptiques que dans le Système Solaire.

Au début de leur vie, les planètes sont très chaudes et se refroidissent progressivement pendant plusieurs milliards d'années. Elles subissent alors de profondes transformations. Tout d'abord elles se différencient : les éléments les plus lourds, comme les métaux, descendent vers le cœur de la planète pour en former le noyau, alors que les éléments plus légers, tels les silicates, restent en surface et constituent la croûte. Cependant, le refroidissement ne doit pas être trop rapide sinon cette évolution s'arrête prématurément : la présence d'éléments radioactifs joue un rôle déterminant en maintenant une température interne de plusieurs milliers de degrés pendant plusieurs milliards d'années, rendant possible l'évolution géologique. Sans ces éléments radioactifs, la Terre aurait été une planète géologiquement morte où la vie n'aurait pu apparaître. Grâce à ces éléments qui échauffent le centre de la Terre, les continents dérivent et les volcans naissent, vivent et meurent : ils sont le moteur de la machine « Terre ». Au cours de la phase de refroidissement, les gaz contenus dans les roches s'échappent dégorgés du corps de la planète. Si la masse de cette dernière est suffisante, elle se pare alors d'une fine atmosphère, indispensable pour la vie. Par contre les corps trop peu massifs, comme Mercure ou la Lune, ne peuvent retenir leur atmosphère du fait d'une gravité insuffisante.

Après un milliard d'années, les espèces vivantes apparaissent sur Terre tout d'abord sous forme de cellules isolées, puis deviennent de plus en plus complexes au cours de leur évolution. Elles modifient profondément leur environnement et en particulier l'atmosphère en transformant le gaz carbonique en oxygène. Au cours de ce premier milliard d'années, les planètes du jeune Système Solaire sont encore soumises à un bombardement intense, dont les surfaces cratérisées des planètes et satellites témoignent aujourd'hui. Certains pensent par exemple qu'un corps de dix kilomètres, résidu de la formation des planètes, se serait écrasé sur Terre à l'ère secondaire et serait responsable de la disparition de 80 % des espèces vivantes. Après cette catastrophe, les ancêtres des espèces vivantes contemporaines, en particulier les mammifères, sont apparus. Mais ceci est une autre histoire...

Le scénario que nous venons de décrire n'est en rien une histoire figée : il résulte, à la fin du XXe siècle d'une réflexion rationnelle active qui a débutée dès le XVIIIe siècle. Il illustre combien la recherche de nos origines, loin d'être un simple sujet de curiosité, est le meilleur moyen de mieux connaître la Terre et les planètes et, in fine, de mieux les respecter et de mieux les habiter. C'est aussi une belle illustration de la méthode scientifique, qui, par sa soumission absolue aux faits, et son aller et retour incessant entre théorie et observation permet d'améliorer nos connaissances. La pensée scientifique n'est efficace que parce qu'elle met un certain nombre de valeurs fondamentales — rigueur, prudence, modestie, honnêteté intellectuelle, esprit critique — au service de sa passion : connaître. En permettant également à l'homme de s'élever au-delà des apparences et des dogmes, elle est aussi source de liberté*.

* Des informations beaucoup plus complètes se trouvent dans l'ouvrage *Enfants du Soleil* publié en 1999 par les éditions Odile Jacob. Quelques passages du texte ci-dessus sont extraits de cet ouvrage.

Les planètes et leur exploration

par Philippe Masson

Introduction

Les satellites artificiels et les sondes spatiales ont été les véritables explorateurs du système solaire. Cette exploration a suivi une progression logique. La Terre fut survolée pour la première fois en 1957 par Spoutnik 1, puis vint le tour de la Lune en 1959 (Luna 1 à 3) et celui des planètes telluriques à partir de 1962 : Vénus (Mariner 2, 1962), Mars (Mariner 4, 1965) et Mercure (Mariner 10, 1974). Les planètes externes (à l'exception de Pluton) ont été à leur tour explorées par les sondes américaines Pioneer 10 (1973) et 11 (1973), premiers engins à franchir la ceinture des astéroïdes, et Voyager 1 et 2 (1977).

Les premiers, et pendant longtemps les seuls, acteurs de cette exploration furent les Soviétiques et les Américains, auxquels se joignirent de plus en plus fréquemment quelques équipes internationales, notamment européennes. Ce n'est qu'en 1985 que les Européens et les Japonais se lancèrent à leur tour dans l'aventure spatiale avec les sondes Giotto (ESA) et Sakigake et Suisei (ISAS) qui survolèrent la comète de Halley.

L'exploration planétaire a suivi une démarche logique : survol à distance (phase de reconnaissance), mise en orbite

Texte de la 190e conférence de l'Université de tous les savoirs donnée le 8 juillet 2000.

(phase d'observation), atterrissage, retour d'échantillons vers la Terre et vols habités (phase d'exploration *in situ*). C'est la stratégie qui a été suivie pour l'exploration lunaire et qui s'est concrétisée par les premiers pas de l'Homme sur la Lune, le 21 juillet 1969. C'est sans doute cette stratégie qui sera suivie pour l'exploration de la planète Mars.

L'exploration lunaire

Du fait de sa proximité de la Terre (384 400 km), la Lune a été l'un des premiers objectifs des Soviétiques et des Américains dès le début de l'exploration spatiale. De 1959 à 1976, les Soviétiques ont lancé 29 missions vers la Lune, réalisant une série de « premières », notamment la découverte du vent solaire (Luna 1, 1959), le premier survol de la face cachée (Luna 3, 1959), le premier atterrissage en douceur (Luna 9, 1966), la dépose d'un véhicule télécommandé (Lunakhod 1, 1970) qui va explorer une dizaine de kilomètres de la surface pendant plus de 10 mois, et trois retours d'échantillons sur la Terre (Luna 16, 1970 ; Luna 20, 1972 ; Luna 24, 1976).

De leur côté, les Américains avec 22 missions, dont les 6 missions Apollo et plus récemment les missions Clementine (1993) et Lunar Prospector (1998), ne furent pas en reste. Après une série d'échecs, ils menèrent à bien le programme Apollo qui se traduisit par 6 vols habités de 1969 à 1972 et le retour sur Terre d'environ 380 kg d'échantillons.

L'analyse de ces échantillons a montré que la Lune est contemporaine de la Terre (4,555 milliards d'années). À l'origine, elle a eu un champ magnétique dont ne restent aujourd'hui que des traces fossiles. Après sa formation, la Lune a subi un bombardement météoritique catastrophique dont l'intensité a fortement décru il y a environ 3,8 milliards d'années, époque à partir de laquelle d'importantes coulées volcaniques (basaltes) se sont répandues à sa surface pendant environ 600 millions d'années, donnant naissance aux Mers lunaires. Globalement, 40 % de sa masse sont constitués d'oxygène, 20 % de silicium, 8 % de calcium, 7 % d'aluminium, 5 % de magnésium et 4 % de titane. Son sol contient aussi une importante quantité d'hélium 3 (13 mg par tonne) produit par les éruptions solaires.

Par contre, l'origine de la Lune demeure encore une énigme. Aujourd'hui, l'hypothèse la plus couramment admise est celle de l'accrétion de débris résultant de la collision de la proto-Terre par un corps de la taille de Mars. Résoudre cette énigme est d'autant plus important qu'il a été démontré que la Lune joue un rôle stabilisateur sur l'axe de rotation terrestre, qui autrement s'orienterait de manière désordonnée, ce qui ne serait pas sans conséquences sur le climat et par conséquent sur la vie sur notre planète.

Le grand nombre de questions sans réponses justifie la poursuite de l'exploration de notre satellite. On peut les classer en trois grandes catégories :

— Les sciences de la Lune : depuis trois milliards d'années, la Lune est restée un corps sans activité interne ; elle permet donc d'étudier les principales étapes de l'évolution des planètes telluriques (différentiation, évolution chimique et cratérisation).

— Les sciences à partir de la Lune : en raison de la stabilité de son sol, de l'absence d'atmosphère et de son faible champ de gravité, la Lune pourrait être utilisée pour l'observation astronomique, en particulier pour l'interférométrie, malgré certains inconvénients (bombardement permanent par des micrométéorites, importantes variations de températures).

— Les sciences sur la Lune : en raison de sa proximité de la Terre, la Lune pourrait servir de base d'expérimentation pour les futures missions habitées vers la planète Mars.

Dans le courant de cette décennie, plusieurs missions spatiales vont poursuivre l'étude de notre satellite naturel : Smart-1 (ESA, 2002), Lunar-A (ISAS, 2003) et Selene (ISAS-NASDA, 2005). Elles ne prétendront pas atteindre les objectifs ambitieux des sciences à partir de et sur la Lune, mais elles apporteront leur contribution à une meilleure connaissance de sa composition et de sa structure interne.

L'exploration des planètes de type terrestres

Il serait fastidieux de passer ici en revue toutes les missions spatiales qui furent consacrées aux planètes telluriques. Les Soviétiques ont en effet consacré 18 missions à la planète Vénus de 1961 à 1984, réussissant à 8 reprises la performance de faire atterrir et fonctionner des sondes automatiques à la surface de cette planète malgré son environnement particulièrement hostile. Les Américains ont pour leur part envoyé 5 sondes pour explorer Vénus entre 1962 et 1990, la dernière d'entre elles (Magellan) réalisant la couverture radar quasi complète de la surface. De 1962 à nos jours, 24 sondes (11 sondes soviétiques, 13 sondes américaines) entreprirent l'exploration de Mars avec des succès divers et quelques réussites spectaculaires, comme les atterrissages des deux sondes Viking Landers (1976) et celui de la sonde Mars Pathfinder (1997) avec à son bord le robot Sojournor. Ce sont incontestablement les observations de la mission Viking, complétées de nos jours par celle de la mission Mars Global Surveyor, qui permettent d'avoir une vision générale de l'histoire de cette planète. Mercure est le parent pauvre de l'exploration planétaire. Une seule mission américaine (Mariner 10, 1974) lui a été consacrée, incomplètement de surcroît. De ce fait, cette planète est la plus mal connue des quatre planètes du système solaire interne. Afin de combler cette lacune, la NASA et l'ESA ont décidé d'entreprendre les missions Messenger en 2004 (NASA) et Bepi-Colombo en 2009 (ESA).

Vénus, que l'on a coutume de considérer comme la planète « sœur » de la Terre en raison de sa taille, possède une atmosphère très dense et nuageuse qui cache complètement et en permanence la surface (pression au sol = 90 fois la pression atmosphérique terrestre ; température au sol = environ 450 °C ; composition de la basse atmosphère = 95 % de CO_2). Il a fallu attendre les images radar des missions soviétiques Venera 15 et 16 (1983) et de la mission américaine Magellan (1990) pour découvrir que plus de 75 % de la surface sont recouverts par des plaines volcaniques relativement jeunes, faiblement cratérisées, parsemées de très nombreux édifices volcaniques et sillonnées par des failles de grandes dimensions. Le reste de la surface est occupé par deux hauts plateaux qui ont des tailles comparables à celles de continents terrestres, tels que l'Afrique et l'Australie. Ces hauts plateaux semblent être la conséquence d'importants mouvements tectoniques. Après sa formation, il y a 4,5 milliards d'années environ, cette planète a probablement subi un important bombardement météoritique. Mais les traces de ce bombardement ne sont plus visibles de nos jours, car les phénomènes géologiques, tels que le volcanisme, les ont fait disparaître et ont « rajeuni » la surface vénusienne. Contrairement à la Terre, sur Vénus l'activité géologique (volcanisme et tectonique) semble avoir cessé environ 600 millions d'années avant nos jours, et depuis cette époque la surface vénusienne n'a pas subi de profondes modifications. Connaître les causes (composition, structure interne) de ces différences d'évolution serait très instructif, notamment pour comprendre certains aspects de l'histoire de notre propre planète. Pour cela, il faudrait pouvoir rapporter sur Terre des échantillons de roches afin de les analyser et de les dater, et réaliser des mesures géophysiques *in situ*. De telles opérations seraient envisageables, mais difficiles à réaliser du fait de l'environnement vénusien. C'est pourquoi aucune nouvelle mission spatiale destinée à la planète Vénus n'est envisagée dans un avenir proche, les agences spatiales américaine (NASA), européennes (ESA, CNES, etc.) et japonaise (ISAS) consacrant une grande partie de leurs efforts et leurs moyens à la planète Mars.

Mars est deux fois plus petite que la Terre et possède une très faible atmosphère de CO_2 (pression = 6,1 mbar). Sa surface est caractérisée par une dissymétrie morphologique entre l'hémisphère sud constitué par des terrains anciens criblés de nombreux cratères de météorites, et l'hémisphère nord qui est occupé par des plaines relativement lisses, peu cratérisées et donc plus jeunes. Ces dernières se situent en contre-bas des terrains les plus anciens de l'hémisphère sud. Par ailleurs, la surface martienne présente certaines ressemblances avec notre planète : volcans, canyons, réseaux fluviatiles, champs de dunes, glissements de terrain, etc. Mais ces reliefs ont en général des dimensions gigantesques. Ainsi, le volcan Olympus Mons culmine à 27 km d'altitude et a un diamètre de 600 km à la base. De même, le canyon équatorial *Valles Marineris* s'étend sur 5 000 km de longueur et est constitué par plusieurs vallées qui peuvent atteindre 6 km de profondeur et 150 km de largeur et dont les versants sont profondément entaillés par l'érosion. De quelle érosion s'agit-il ? La gravité est sans doute responsable des glissements de terrain que l'on observe sur les pentes des canyons, mais l'eau à l'état liquide a probablement joué un rôle majeur dans l'érosion de la surface martienne. En effet, on y observe d'importants réseaux fluviatiles qui présentent de grandes similitudes avec les fleuves terrestres (réseaux hiérarchisés avec de nombreux affluents et confluents, méandres et îlots, etc.). Ces réseaux, qui sont aujourd'hui asséchés, sont situés dans l'hémisphère sud et se sont écoulés vers l'hémisphère nord où ils se seraient déversés dans un « océan » peu profond (600 m environ). Mais l'eau a complètement disparu de la surface de Mars, peut-être en raison de changements climatiques importants et de la raréfaction de son atmosphère : la faible pression atmosphérique contemporaine (6,1 mbar) ne permettrait pas à l'eau d'exister à l'état liquide. Mais l'eau n'a peut-être pas complètement disparu de la planète Mars. Certains indices morphologiques, semblables à ceux que l'on observe dans les régions périglaciaires terrestres, laissent à penser qu'il pourrait encore en subsister dans le sous-sol martien sous forme de glace ou de sol gelé en permanence, le « pergélisol » au « permafrost ». La question de l'eau sur Mars représente une des grandes énigmes de cette planète, non seulement pour comprendre son évolution, mais aussi parce qu'elle aurait pu permettre l'existence d'une forme de « vie ». L'exploration future de cette planète aura entre autres objectifs de déterminer s'il existe encore de l'eau dans le sous-sol, les causes de sa disparition de la surface et à quand remonte cette disparition. Les toutes dernières découvertes de la sonde Mars Global Surveyor conduisent à penser que cette disparition aurait pu se produire assez récemment (un ou quelques millions d'années avant nos jours), remettant ainsi en cause l'histoire climatique de la planète.

Au cours de cette décennie, plusieurs sondes spatiales tenteront de répondre aux nombreuses questions que se posent les scientifiques au sujet de Mars. La NASA lancera en 2001 une sonde orbitale (Mars Odyssey 2001) pour cartographier en détail la surface, et en 2003 deux robots mobiles destinés à explorer la surface et à en analyser la composition. Ces missions seront le prélude à des projets plus ambitieux ayant pour objectif de ramener sur Terre des échantillons de la planète rouge pour en analyser la composition, en mesurer les âges et rechercher les traces d'une éventuelle activité organique. De son côté, l'ESA lancera en 2003 la sonde orbitale Mars Express qui aura non seulement pour objectif de cartographier la surface mais aussi de détecter la présence du « pergélisol », et qui déposera une station de mesures géophysiques à la surface (Beagle 2). La sonde japonaise Nozomi se placera en orbite martienne en 2003 pour étudier l'atmosphère de la planète. D'autres projets verront également le jour, tels que la mission franco-européenne Netlander qui consistera à mettre en place un réseau de stations géophysiques à la surface de Mars pour en étudier en particulier la structure interne.

L'exploration des planètes externes

L'exploration des planètes du système solaire externe (Jupiter, Saturne, Uranus, Neptune et Pluton) est une entreprise de longue haleine en raison des distances que les sondes spatiales doivent parcourir. Par exemple, la mission Cassini-Huygens (NASA-ESA), lancée de Cape

Canaveral en 1997 en direction de Saturne, n'atteindra cette planète qu'en 2004 après avoir parcouru 3,5 milliards de kilomètres ! En effet, les trajectoires des sondes spatiales lancées en direction des planètes externes doivent prendre en compte les lois de la mécanique céleste, et par conséquent des positions relatives de la Terre et des planètes visées afin de minimiser la durée de la phase de croisière. Mais cela ne suffit pas, et il faut accélérer les sondes en les faisant passer à une ou plusieurs reprises à proximité de planètes *flyby* comme la Terre ou Vénus pour bénéficier de leur assistance gravitationnelle. Ces trajectoires allongent bien évidemment les distances parcourues, mais elles raccourcissent très significativement la durée de la croisière. Par exemple, la mission Galileo (NASA), lancée en octobre 1989 pour atteindre Jupiter en décembre 1995, effectua un survol de Vénus en février 1990 (augmentation de la vitesse = 2 km/s) et deux survols de la Terre en décembre 1990 (augmentation de la vitesse = 5,2 km/s) et en décembre 1992 (augmentation de la vitesse = 3,7 km/s).

Jusqu'au lancement de la mission Cassini-Huygens (NASA-ESA) en 1997, l'exploration des planètes externes n'avait été réalisée que par des missions américaines [Pioneer 10 et 11 (lancées en 1973), Voyager 1 et 2 (lancées en 1977) et Galileo (lancée en 1989)] auxquelles participaient des chercheurs ou des équipes scientifiques européens. Les sondes Pioneer 10 et 11 avaient pour mission d'étudier le milieu interplanétaire et l'environnement (en particulier la magnétosphère) des planètes Jupiter et Saturne, avant de se diriger vers les confins du système solaire. Ce programme représentait la phase de reconnaissance précédant l'exploration plus systématique de ces planètes par les sondes Voyager 1 et 2, et ultérieurement par les sondes Galileo (Jupiter) et Cassini-Huygens (Saturne-Titan). Initialement prévue pour l'étude des planètes Jupiter et Saturne et de leurs satellites qui furent survolés respectivement en 1979 et en 1980-1981, la mission Voyager fut prolongée de 8 ans pour permettre à la sonde Voyager 2 d'aller survoler les planètes Uranus (1986) et Neptune (1989). Cette mission est une bonne illustration de l'utili-

4

Conférence 185, figure 4

Photographie du détecteur Super-Kamiokande pendant la phase de remplissage (cliché ICRR-Tokyo).

a

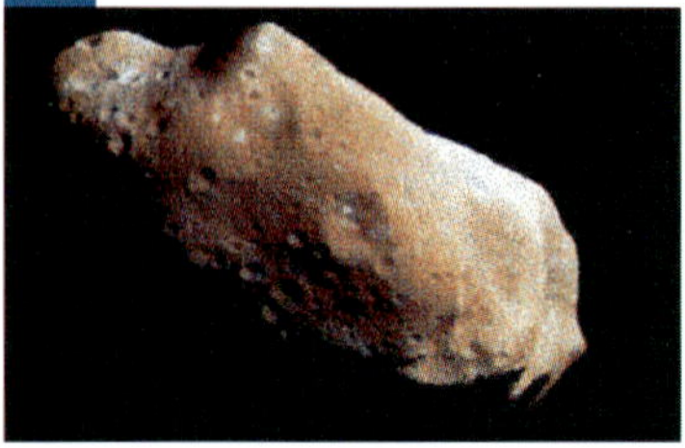

b

c

Conférence 189

Les petits corps du système solaire sont les résidus de sa formation. (a), on distingue l'astéroïde Ida, accompagné d'un petit satellite, Dactyl. [© NASA/JPL-Caltech] (b), une comète exhibe une magnifique queue de plasma (partie bleue) et de poussières (partie jaune). [© Wally Pacholka] (c), la planète Saturne et ses anneaux photographiée en novembre 1981 par la sonde Voyager 2. *On distingue trois satellites et l'ombre de l'un d'entre eux sur la planète. [© NASA/JPL-Caltech]*

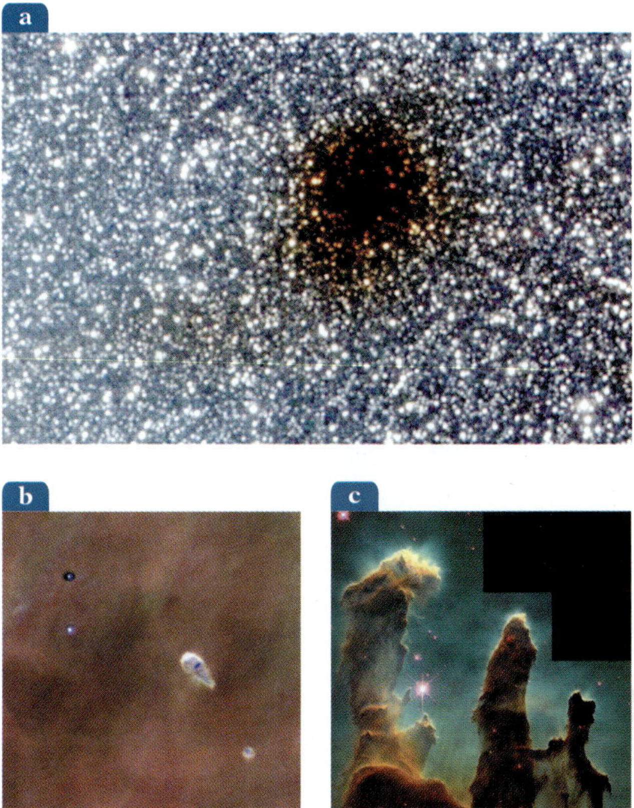

Conférence 189

Des étoiles se forment sans cesse dans le milieu interstellaire, où se trouve la matière première pour les fabriquer. (a), on voit un nuage de poussières, situé à moins de mille années-lumière de nous, qui bloque toute la lumière émise par les étoiles situées derrière. (b), la nébuleuse de l'Aigle, maternité d'étoiles, est vue en lumière visible. (c), un « cocon » de la taille de notre système solaire, véritable nurserie, est un disque de poussières et de gaz à l'intérieur duquel des planètes sont peut-être en train de se former. [© NASA/ST ScI]

a

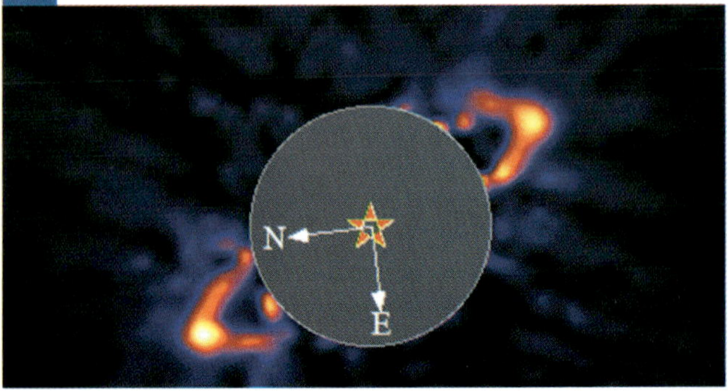

b

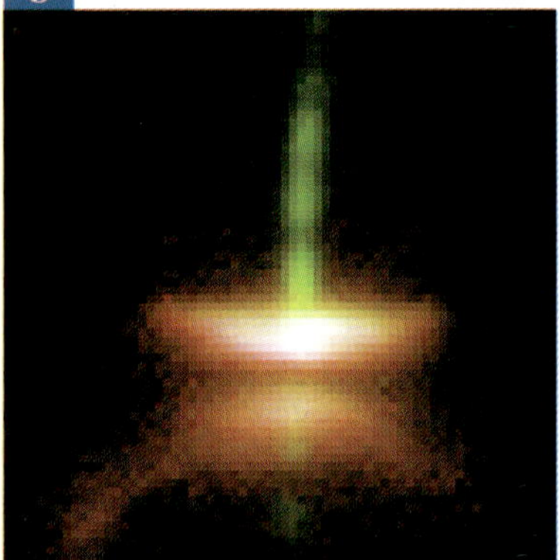

Conférence 189

Des disques et des jets de matière sont observés dans l'environnement immédiat des jeunes étoiles. Ces disques, situés dans le plan équatorial, forment un milieu favorable à l'apparition de planètes. Le document (a) montre un véritable anneau autour de la jeune étoile HR 4796 A. Cet anneau, deux fois plus gros que l'orbite de Neptune autour du Soleil et large de moins de 17 unités astronomiques, est probablement stabilisé par la présence de planètes non encore détectées. L'effondrement qui prélude à la formation d'une étoile s'accompagne d'expulsion de matière sous forme de jets polaires (partie verte du document b). [© NASA]

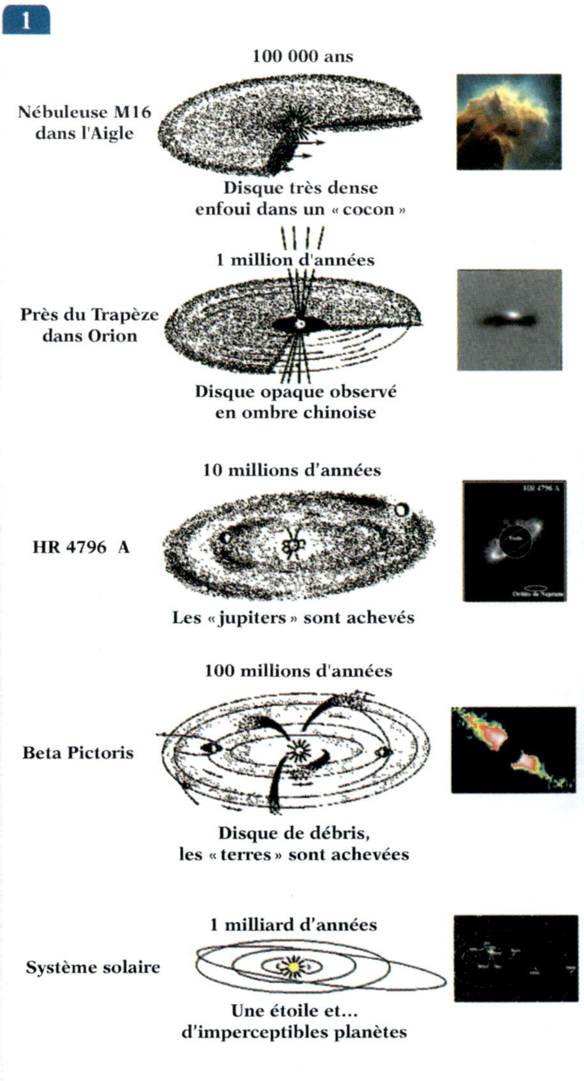

Conférence 194, figure 1

4a

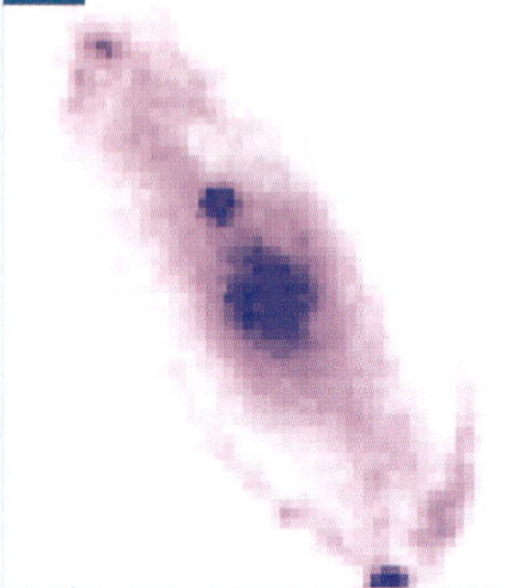

4b

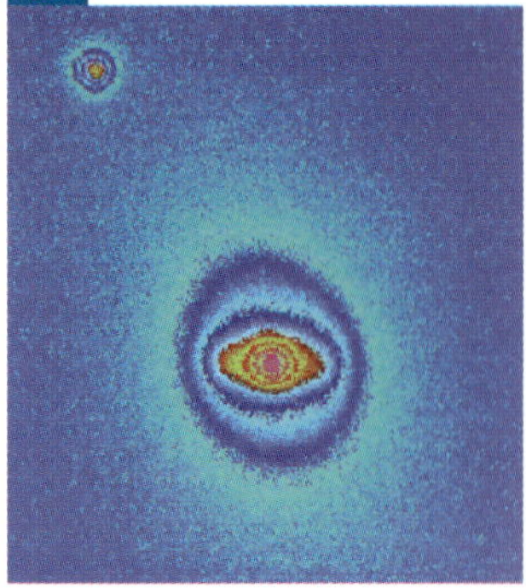

Conférence 195, figure 4a, 4b

Il peut se former deux barres emboîtées, comme des poupées russes. Ici une barre nucléaire (droite) au sein de la barre primaire (gauche). Noter l'étoile en haut à gauche de la barre nucléaire, qui se retrouve dans les deux images et donne l'échelle relative. La barre secondaire tourne plus vite que la barre primaire (d'après Combes et al. 2000).

5a

Conférence 195, figure 5a

Carte du gaz d'hydrogène atomique (HI à 21cm) obtenue en radio-astronomie, avec le VLA (Very Large Array, USA), dans le système de galaxies en interaction Messier 81-82.

Conférence 195, figure 7a

La Roue de Charette (ou Cartwheel) est le résultat de la collision de plein fouet entre deux galaxies. Une onde en forme d'anneau se propage du centre au bord, en déclenchant la formation de nouvelles étoiles. Un deuxième anneau se développe au centre (image du Hubble Space Telescope).

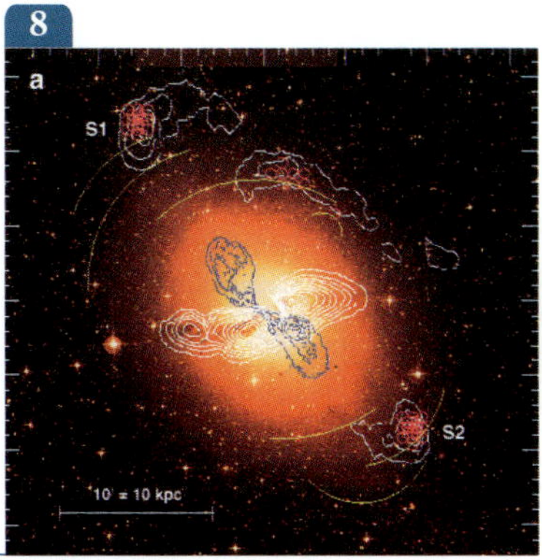

Conférence 195, figure 8

La galaxie Centaurus A est une galaxie elliptique à noyau actif. Un jet de plasma est visible en contours radio (ici en bleu). Des coquilles d'étoiles (soulignées en jaune), se sont formées tout autour, par l'accumulation des étoiles du compagnon qui a été avalé récemment. Les coquilles contiennent aussi du gaz (HI 21cm, contours ici en blanc), et du gaz moléculaire (observé dans les cercles rouges), d'après Charmandaris et al. (2000, A&A 356, L1).

10

Conférence 195, figure 10

Photo du ciel très profonde obtenue par le télescope spatial Hubble (Hubble Deep Field North). La région ne contient pas d'étoiles de notre propre galaxie, mais que des galaxies plus ou moins lointaines. Ceci permet de remonter dans le temps, et d'observer l'Univers tel qu'il était jusqu'à 5 % de son âge.

sation de l'assistance gravitationnelle pour infléchir la trajectoire d'une sonde spatiale et pour l'accélérer. C'est ainsi que la durée du vol de Voyager 2 vers Neptune fut réduite de 30 à 12 ans.

Contrairement aux missions Pioneer et Voyager qui ne firent que survoler rapidement les planètes Jupiter et Saturne, les missions Galileo et Cassini-Huygens sont chacune dédiées à l'une de ces deux planètes géantes. Galileo se plaça en orbite autour de Jupiter en 1995 et envoya une petite sonde dans sa haute atmosphère pour en étudier la composition et la dynamique. La petite sonde fonctionna pendant 59 minutes (soit une descente de 200 km) avant d'être détruite. Le reste de la mission, qui se termine actuellement, fut consacré à l'étude de la planète et de ses quatre gros satellites galiléens : Io, Europe, Callisto et Ganymède. La sonde américaine Cassini ne se placera en orbite autour de Saturne qu'en 2004. Elle emporte à son bord la petite sonde européenne Huygens, qui descendra dans l'atmosphère de Titan, le plus gros des satellites de Saturne et de tout le système solaire. Grâce aux mesures effectuées tout au long de la descente de Huygens vers la surface de Titan, les scientifiques espèrent percer les mystères de son atmosphère, siège de processus photochimiques qui pourraient ressembler à ceux qui précédèrent l'apparition de la vie sur la Terre.

Les missions Pioneer, Voyager et Galileo ont révélé ou découvert les caractéristiques surprenantes des atmosphères, des magnétosphères, des anneaux et des nombreux satellites des planètes géantes. Jupiter, Saturne, Uranus et Neptune sont des planètes gazeuses constituées essentiellement par de l'hydrogène et de l'hélium, avec de faibles quantités de méthane, d'ammoniac et de vapeur d'eau, et un noyau rocheux et de glace. L'atmosphère de ces planètes est très turbulente, animée par une circulation très rapide qui a pour conséquence des cyclones géants tels que la grande tache rouge de Jupiter, bien connue des astronomes, ou la grande tache bleue de Neptune, découverte par Voyager 2. La mission Galileo a découvert que Jupiter connaissait une impressionnante activité orageuse due à la circulation verticale de l'eau dans les couches nuageuses supérieures de l'atmosphère.

Ces planètes géantes possèdent toutes des anneaux. Ceux de Saturne étaient connus depuis longtemps, mais les sondes spatiales permirent non seulement d'en étudier la structure « de près », mais aussi de découvrir ou de confirmer l'existence des anneaux de Jupiter, Uranus et Neptune, dont certains sont invisibles ou difficilement observables depuis la Terre. Ainsi, Jupiter possède un anneau très fin qui s'étend jusqu'à 129 000 km du centre de la planète. Cet anneau serait constitué par des grains très fins provenant de la surface des satellites les plus proches, arrachés sous l'effet des impacts de météorites. Les anneaux de Saturne, qui s'étendent sur environ 300 000 km, ont probablement la même origine, mais les éléments qui les constituent sont plus grossiers. Les anneaux les plus externes sont déformés par les effets gravitationnels induits par de petits satellites situés à proximité. Cette particularité fut également observée au niveau des anneaux d'Uranus.

Chacune de ces planètes possède un très fort champ magnétique. Par exemple, celui de Jupiter serait deux mille fois supérieur à celui de la Terre, la densité du vent solaire étant vingt-cinq fois plus faible en raison de la distance séparant la planète géante du Soleil, la magnétosphère jovienne et cent fois plus étendue que la magnétosphère terrestre. Une autre différence importante entre ces deux magnétosphères est la présence d'une source « locale » de particules chargées qui proviennent du satellite Io et de son tore de plasma. L'activité volcanique de ce satellite éjecte dans son atmosphère une grande quantité de gaz et de poussières qui sont ionisés par le rayonnement ultraviolet du Soleil, puis se répartissent en un énorme tore de plasma entourant tout Jupiter au niveau de l'orbite de Io. Le champ magnétique de Saturne est celui d'un dipôle dont le moment est 550 fois plus grand que celui du dipôle terrestre, mais 10 fois plus petit que celui du dipôle jovien. Comme dans le cas de Jupiter, le champ dipolaire de Saturne est déformé par l'action du vent solaire, comprimé dans la direction du Soleil et s'étendant en une longue queue dans la direction opposée. Uranus, dont l'axe de rotation a basculé sans doute sous l'effet d'une collision avec une autre planète, possède aussi un champ magnétique comparable en intensité à celui de la Terre. Mais l'axe du champ est incliné d'environ 60° par rapport à l'axe de rotation de la planète, et la queue de la magnétosphère est fortement déformée par sa rotation. À l'instar de celui d'Uranus, l'axe du champ magnétique de Neptune est fortement incliné (47°) et décalé par rapport au centre de la planète.

Depuis longtemps, les observations terrestres avaient permis de découvrir que les planètes géantes possédaient des satellites. Pour ne citer que quelques exemples, en 1610, Galilée avait observé les quatre gros satellites de Jupiter (Io, Europe, Ganymède et Callisto) ; en 1655, Christiaan Huygens avait découvert Titan, le plus gros satellite de Saturne et du système solaire ; en 1787, William Herschel observait les deux plus gros satellites d'Uranus (Titania et Obéron), suivi en 1851 par William Lassell (Ariel et Umbriel) et par Gerard Kuiper en 1948 (Miranda). Aujourd'hui, grâce aux observations récentes et surtout aux découvertes de la mission Voyager, la liste des satellites des planètes géantes s'est considérablement allongée. À ce jour, Jupiter possède 28 satellites (dont 12 découverts par Voyager 2), Saturne 18 (plus 12 découverts par Voyager 2 mais non confirmés), Uranus 21 (dont 9 découverts par Voyager 2) et Neptune 8 (dont 6 découverts par Voyager 2). Les satellites découverts sont de petites tailles (entre 13 et 77 km de rayon pour les satellites d'Uranus) ce qui explique qu'ils n'aient pu être observés depuis la Terre. Certains d'entre eux, comme Amalthée (satellite de Jupiter), auraient une composition semblable à celle d'astéroïdes. Mais pour la plupart, les satellites des planètes géantes sont constitués de glace avec probablement un noyau rocheux, avec cependant une exception, Io. Ce satellite semble être constitué de roches silicatées, et sa surface est recouverte de coulées volcaniques riches en soufre produites par des éruptions. L'observation de plusieurs éruptions volcaniques atteignant 250 à 300 km d'altitude a été l'une des découvertes les plus spectaculaires de la mission Voyager. La mission Galileo a confirmé que Io était sans doute l'un des corps les plus actifs géologiquement dans le système solaire. Cette activité aurait son origine dans les déformations de ce satellite (par effets de marées) provoquées par les interactions de Io, Europe, Ganymède et Jupiter. Les satellites de glace ont aussi réservés beaucoup de surprises. Certains, comme Callisto, présentent des surfaces « vieilles », criblées de cratères d'impacts de météorites. D'autres au contraire, comme Europe ou Ganymède, montrent une surface relativement « jeune » sillonnée de craquelures isolant des morceaux de « banquise » qui se seraient déplacés les uns par rapport aux autres, peut-être à la surface d'un océan d'eau salée. Cette dernière hypothèse incite la NASA à étudier la possibilité d'une mission spécialement dédiée à l'étude du satellite Europe (mission Europa Ocean Explorer) et plus particulièrement à celle de sa structure interne. Cette mission pourrait être lancée en 2004 pour atteindre le système jovien en 2007.

Que deviennent les sondes Pioneer et Voyager ? Après avoir atteint leurs objectifs, ces sondes se dirigent vers la « sortie » du système solaire, c'est-à-dire la limite de l'héliopause au-delà de laquelle les effets du champ magnétique et du vent solaire ne sont plus perceptibles. La sonde Pioneer 10 a franchi cette limite le 31 avril 1997, et se dirige vers la Constellation du Taureau tout en continuant à transmettre des informations. Par contre, la sonde Pioneer 11 a cessé de fonctionner le 30 septembre 1995, mais continue à se diriger vers la Constellation de l'Aigle. Les deux sondes Voyager ne sont pas encore sorties du système solaire ; elles ne sont encore qu'à 12 milliards de kilomètres (Voyager 1) et 9,3 milliards de kilomètres (Voyager 2) de la Terre dont elles s'éloignent à 43 km/seconde tout en continuant à transmettre de nombreuses informations sur le milieu interplanétaire. Les ingénieurs de la NASA estiment que ces deux sondes devraient continuer à fonctionner au moins jusqu'en 2020.

Pluton est la seule planète externe qui n'ait pas encore été visitée, en raison de son éloignement et de sa position orbitale lors de la mission Voyager. C'est pourquoi la NASA étudie un projet (Pluto-Kuiper Express) destiné à combler cette lacune. Cette mission pourrait être lancée en 2004 pour atteindre Pluton en 2012 ou 2016. Sur le plan financier, ce projet est en compétition avec le projet Europa Ocean Explorer et un projet de sonde solaire ; la NASA devra donc faire un choix. Quel que soit ce choix, l'année 2004 devrait être une année faste pour l'exploration du système solaire avec l'arrivée autour de Saturne de la mission Cassini-Huygens (NASA-ESA).

Conclusion

En résumé, au cours de la nouvelle décennie, l'exploration des planètes sera riche en événements dans lesquels l'Europe, et en particulier la France, prendra une part active :

— L'exploration lunaire par la sonde européenne SMART-1 (2002) et les sondes japonaises Lunar-A (2003) et Selene (2005).

— L'exploration de la planète Mars par les sondes américaines Mars Odyssey 2001 et Mars Surveyor 2003, la sonde européenne Mars Express (2003) et la sonde japonaise Nozomi (2003).

— L'exploration de Mercure par la sonde américaine Messenger (2004) et la sonde européenne Bepi-Colombo (2009).

— L'exploration de Saturne et de son satellite Titan par la sonde américano-européenne Cassini-Huygens (2004). Nul doute que toutes ces missions apporteront leur lot de découvertes spectaculaires qui permettront à la communauté scientifique internationale de progresser dans la connaissance de notre système solaire.

Diversité et spécificités des mondes planétaires : que nous disent Mars, la Lune, comètes et astéroïdes ?

par JEAN-PIERRE BIBRING

Quarante années d'exploration spatiale ont profondément modifié notre représentation du monde des planètes, et singulièrement de la Terre : ce qui frappe est leur extraordinaire diversité, et c'est l'objet majeur de la planétologie contemporaine que de tenter d'identifier et d'en comprendre les spécificités, dont la moindre n'est pas, pour la Terre, d'avoir abrité les conditions favorables à l'apparition et l'évolution du vivant. D'où vient que des objets, dont on sait aujourd'hui qu'ils se sont formés pratiquement au même moment (il y a un peu plus de 4,5 milliards d'années), d'un même matériau, et en un même lieu de notre Galaxie, aient évolué si différemment ?

Les moteurs des machines planétaires

On est bien loin de maîtriser ce que sont les moteurs de l'activité planétaire : les planètes possèdent des sources d'énergie interne multiples, qui ont un comportement variable dans le temps, et imposent les étapes et le rythme de l'évolution. Contrairement à une idée répandue, l'évolution des planètes ne provient pas du seul fait qu'elles sont en orbite

Texte de la 191e conférence de l'Université de tous les savoirs donnée le 9 juillet 2000.

autour du Soleil, et en reçoivent de l'énergie. Bien entendu, l'énergie solaire est fondamentale pour entretenir l'activité atmosphérique, et en particulier la biosphère terrestre ; cette énergie est cependant absorbée très en surface, et ne compte pas dans le bilan énergétique de l'intérieur planétaire. C'est la radioactivité des éléments (uranium, thorium et potassium essentiellement) présents à l'intérieur de la Terre et de la plupart des autres objets solides planétaires qui en détermine principalement le devenir.

Ces éléments ont la particularité de se désintégrer spontanément (« naturellement ») au bout de périodes se mesurant en milliards d'années : comme c'est l'âge de notre système, ce sont eux qui contribuent le plus à la production énergétique interne. Ils sont toutefois très peu abondants : les « radiateurs » radioactifs sont de piètre efficacité, chaque m^3 de matériau planétaire ne dissipant en moyenne que 10^{-7} W environ ; il a fallu des centaines de millions d'années pour que les intérieurs planétaires soient chauffés jusqu'à atteindre leurs températures maximales, et donc leur niveau d'activité le plus élevé. Toutefois, comme c'est en disparaissant, par radioactivité, que les éléments libèrent de l'énergie, la production énergétique se tarit au cours du temps avec les ressources elles-mêmes : après avoir atteint leur stade d'activité maximale, les planètes se refroidissent progressivement, pour atteindre finalement la « mort géologique ».

Toutes ne s'éteignent pas au même moment : la mort géologique survient d'autant plus tôt, dans l'évolution des objets planétaires, qu'ils sont de petites dimensions. Pour en rendre compte, en simplifiant à l'extrême, supposons que tous soient faits du même matériau, réparti de manière homogène : un mètre cube d'astéroïde, de Lune, de Mars ou de Terre contiendrait donc la même concentration d'éléments radioactifs. De mêmes volumes constituent donc des radiateurs équivalents, et la production globale d'énergie dans un objet est directement proportionnelle au volume total. Mais de même que la température atteinte dans une pièce résulte d'un équilibre entre le chauffage et les pertes, de même le bilan énergétique d'une planète est un équilibre entre cet apport d'origine radioactive et les pertes, qui s'effectuent par le rayonnement de surface, et sont donc proportionnelles au carré du rayon R. Avec des gains en R^3 (volume) et des pertes en R^2 (surface), l'équilibre dépend de R : plus R est grand, plus les gains l'emportent sur les pertes, et plus la température atteinte est élevée. En revanche, les corps les plus petits peuvent rayonner efficacement l'énergie libérée, et demeurer froids. Ainsi, la radioactivité a chauffé les différents objets planétaires jusqu'à des niveaux dépendant de leur taille. Ils se sont ensuite progressivement refroidis pour s'éteindre d'autant plus tôt que, plus petits, ils n'avaient pas atteint des niveaux très élevés.

Ce que nous disent les différents objets

C'est pourquoi les plus petits corps du Système Solaire, qui ont des dimensions très faibles (inférieures à quelques dizaines de kilomètres), n'ont jamais connu d'épisode d'échauffement interne global ayant effacé les propriétés acquises à leur formation. Ils les ont préservées jusqu'à aujourd'hui, et en constituent de ce fait des « fossiles ». En analysant ces objets « primitifs », on a potentiellement accès aux conditions initiales de l'évolution du Système Solaire, dont nous parlons plus bas.

Des cinq objets du Système Solaire interne, de taille et d'histoire semblables, la mort géologique a frappé les plus petits d'abord : la Lune s'est éteinte la première, suivie de Mercure, puis de Mars. On ne sait toujours pas si Vénus est encore active ; la Terre, elle, est toujours soumise à des mouvements internes provoquant tremblements de terre, formation de montagnes et volcanisme intense. Si des catastrophes locales peuvent en découler, cette activité est cependant globalement nécessaire à la vie : c'est grâce au volcanisme que l'atmosphère est régénérée et, par l'apport énergétique solaire, demeure propice au vivant tel qu'on le connaît. Lorsque, par la diminution de la radioactivité, les mouvements de convection internes cesseront, le recyclage atmosphérique s'effacera au profit des mécanismes de piégeage, et avec lui les conditions favorables au maintien d'une biosphère. On peut s'attendre à ce que cela arrive bien avant que le Soleil n'ait fini de briller : la vie sur Terre pourrait disparaître en plein Soleil.

Parce que l'activité géologique de la Terre est importante, elle a pratiquement tout effacé des étapes antérieures : il est très difficile de retrouver la trace des événements ayant marqué son histoire, et donc d'identifier l'origine de ses spécificités. Les objets de plus petites tailles nous le permettent davantage.

L'observation de la Lune nous apprend l'essentiel de ce qui se passait dans le Système Solaire interne peu après la formation des planètes. Des quantités d'objets ont été formés, en nombre considérablement supérieur à celui des planètes et satellites que nous connaissons. Toutefois, leurs orbites étaient telles qu'ils se sont violemment heurtés les uns contre les autres, se fracassant mutuellement et disparaissant lors de ces impacts : c'est ce que l'on observe sous la forme de cratères de toutes tailles, certains larges de centaines, voire de milliers de kilomètres, les plus nombreux étant les plus petits. Il a fallu plusieurs centaines de millions d'années pour « nettoyer » ainsi le Système Solaire, et que ne subsistent que les objets que l'on connaît aujourd'hui. Ces chocs ont affecté l'ensemble des objets : une photographie de la Terre datant de 4 milliards d'années aurait donné l'image d'un objet criblé de cratères d'impacts, semblable à ce qu'est la Lune : de petites dimensions, celle-ci n'a pas subi de « remise à zéro » globale, comme ce fut le cas de la Terre, et présente toujours les traces du bombardement primordial intense. On y distingue également des structures sombres, appelées (à tort) « mers ». Elles proviennent directement de l'activité interne de la Lune : dès qu'en profondeur un magma suffisamment visqueux a été formé et mis en mouvement, il est monté en surface (par convection), surgissant dans les plus accessibles des terrains : il a rempli les cratères d'impacts les plus profonds. La solidification, une fois en surface, de cette lave basaltique, contenant plus de silicates ferro-magnésiens denses (qui se trouvent être plus sombres), a donné naissance aux mers, contrastant avec les plateaux clairs environnant. Ces mers ont été formées entre 4 et 3,3 milliards d'années par rapport à aujourd'hui, c'est-à-dire après le bombardement initial, elles contiennent de ce fait très peu de cratères d'impact. L'analyse des échantillons lunaires et de la surface de la Lune a permis de retracer l'histoire du premier milliard d'années du Système Solaire.

Ainsi, le taux de cratérisation de la Lune nous permet d'évaluer le nombre d'impacts reçus sur Terre : vraisemblablement, plusieurs dizaines de chocs géants ont formé des bassins de plusieurs milliers de kilomètres de diamètre ; il y eut probablement plusieurs milliers de cratères de taille supérieure à une centaine de kilomètres. On n'a pas encore pris la mesure de l'ensemble des conséquences de tels événements sur l'histoire ultérieure de la Terre, et de ses mouvements orbitaux.

Il en est une au moins qui mérite d'être mentionnée : c'est à l'un de ces chocs géants, par un objet de taille comparable à celle de Mars, que l'on doit vraisemblablement la formation de la Lune. Les débris, éjectés et mis en orbite autour de la Terre, se seraient ré-accrétés pour former la Lune, ce qui expliquerait l'ensemble des propriétés qu'on lui connaît, dont le fait que sa composition est semblable à celle des couches extérieures (le manteau et la croûte, à l'exception du noyau) de la Terre. Une spécificité de la Lune, comme satellite de la Terre, est que sa masse en est comparable : on peut presque parler du système Terre/Lune comme d'un système double. C'est un cas unique dans le Système Solaire : Phobos et Deimos autour de Mars, tout comme les satellites des planètes géantes, sont de masses considérablement plus faibles que celles des planètes autour desquelles ils gravitent. Il se pourrait que la Lune, en revanche, ait eu des effets gravitationnels majeurs pour certaines des propriétés orbitales de la Terre, et en particulier en ce qui concerne son obliquité : la Terre tourne sur elle-même autour d'un axe incliné de 23° par rapport à la perpendiculaire au plan de son orbite autour du Soleil (l'écliptique). Cet angle est fondamental pour le climat terrestre, en ce qu'il impose le degré d'insolation des différentes régions au long des saisons. On conçoit aisément que des changements climatiques féroces surviendraient s'il advenait que l'obliquité change beaucoup : imagine-t-on ce qui se passerait si les pôles décidaient de basculer à l'équateur ? La stabilité des climats terrestres, qui pourrait avoir été une condition fondamentale à l'évolution d'une chimie ayant donné naissance au vivant, pourrait être une conséquence directe de l'existence de la Lune. Or, sa formation résulterait d'un événement extrêmement peu probable. Ce pourrait être l'une des spécificités terrestres, que d'être dotée d'un tel régulateur d'obliquité favorisant la pérennité de climats, permettant en particulier à l'eau de demeurer stable à l'état liquide.

Il n'est pas sûr que Mars ait bénéficié d'un tel mécanisme : l'évolution parfois brutale de son climat, sous l'effet de l'évolution chaotique de son obliquité, n'a peut-être pas permis l'existence d'étendues d'eau liquide suffisamment longtemps pour que la vie y naisse. Cela fait partie des défis que nous pose Mars : plus massive que la Lune, Mars a connu des stades d'activité beaucoup plus complexes, comme en témoignent des volcans gigantesques (tel Olympus Mons plus de 25 000 m d'altitude, le plus haut de tout le Système Solaire), des réseaux de gorges (canyons) de plusieurs milliers de kilomètres, des lits de rivières et d'affluents nombreux, aujourd'hui asséchés. Pour autant, Mars est suffisamment petite pour ne pas avoir connu d'épisode effaçant les structures antérieures, si bien qu'on peut distinguer, à sa surface, des régions datant de chacune des étapes de son évolution ; on peut potentiellement y lire la mémoire de toute l'histoire des objets du Système Solaire, jusqu'à la mort géologique : c'est ce qui fait son caractère unique en planétologie comparée. En particulier, il n'est pas exclu que Mars ait connu, en même temps que la vie apparaissait sur Terre, des conditions globales similaires : peut-être abritait-elle de l'eau liquide, une chimie prébiotique, voire une exobiologie. C'est ce qui justifie qu'un grand programme d'exploration spatiale de Mars, auquel la France entend participer à haut niveau de responsabilités, ait été mis sur pied : il devrait permettre, dans la prochaine décennie, de déceler d'éventuels dépôts de roches sédimentaires, traçant, comme les carbonates terrestres, d'anciens sites lacustres ; de mettre en évidence de la glace souterraine, protégeant peut-être des réserves d'eau enfouies ; de collecter des échantillons dans des sites sélectionnés, et de les retourner sur Terre, permettant une analyse, à l'échelle des grains individuels, utilisant les instruments de laboratoire les plus développés : un bond considérable devrait être réalisé dans la compréhension de l'histoire de Mars, avec à la clé celle de problèmes cruciaux de l'évolution de notre propre planète.

La recherche des conditions initiales : astéroïdes et météorites

L'identification des forces (les « moteurs » des machines planétaires) ne suffit pas à décrire l'évolution d'un objet : celle-ci, comme pour la flèche qu'on lance, est également fonction des « conditions initiales » qu'on lui imprime. S'agissant des planètes, que sont ces conditions initiales, en quoi ont-elles pu jouer un rôle, et comment les identifier ?

Les conditions initiales de l'évolution du Système Solaire sont fondamentalement de deux types, dynamique et compositionnel. La dynamique comprend l'ensemble des chocs, collisions et effets de marée ayant affecté les mouvements des objets, l'accrétion de matière ou leur ablation partielle, dans l'environnement du Soleil central. On a vu par exemple que la formation de la Lune, par collision, a pu jouer un rôle essentiel sur l'évolution ultérieure de la Terre.

Comment avoir aujourd'hui accès à ce que fut la dynamique primordiale ? L'une des approches est d'étudier aujourd'hui des systèmes reflétant les conditions dynamiques du nuage protosolaire (disque d'accrétion) où sont nées les planètes. Il y en a de deux types : les anneaux des planètes géantes, avec les satellites planétaires qui y sont gravitationnellement liés, et l'ensemble des « astéroïdes » (la recherche au XIXe siècle d'une planète supposée se trouver entre Mars et Jupiter, en échouant, a permis la découverte progressive de milliers d'objets, que l'on sait être en fait beaucoup plus nombreux encore, et dont la masse intégrée est celle d'une planète à peine plus massive que Mercure). Ces astéroïdes évoluent autour du Soleil sur des orbites très voisines. Longtemps on a considéré qu'ils provenaient d'une planète ayant explosé sous l'effet des forces de marée de Jupiter ; on pense plutôt aujourd'hui qu'il s'agit au contraire des innombrables petits objets à partir desquels, par collision et accrétion, une planète était en train de se former lorsque, précisément à cause de l'apparition de Jupiter, la croissance a été stoppée. Les astéroïdes constitueraient donc un vestige du système dynamique par lequel les planètes se sont formées, maintenu jusqu'à aujourd'hui en un état inachevé de croissance avortée, et s'offrant à l'observation : seuls les chocs entre ces objets en modifient localement certaines propriétés, et éjectent des fragments qui sont à l'origine des météorites que la Terre collecte.

Les fragments éjectés sont d'autant plus nombreux qu'ils sont petits. La fréquence des gros impacts est très rare : la probabilité de recevoir sur Terre un objet de taille kilométrique est de l'ordre d'une collision tous les 100 millions d'années. Sous la violence d'un tel choc, la quantité de débris éjectés dans l'atmosphère est telle qu'elle suffirait à assombrir durablement, c'est-à-dire pendant plusieurs années, le rayonnement solaire au point de bloquer le développement de la végétation : certains pensent que l'on doit à l'un de ces événements la disparition des dinosaures, faute de nourriture, il y a quelque 65 millions d'années, disparition grâce à laquelle les mammifères, dont l'homme est issu, ont pu se développer.

Beaucoup plus petites, les météorites de masse voisine du kilogramme tombent sur Terre au rythme d'une dizaine par an sur une région grande comme la France. Au total, plusieurs milliers de météorites ont ainsi été identifiées dans le monde, collectées et rassemblées dans des Muséums pour être étudiées. La diversité des météorites reflète celle des astéroïdes, leurs « corps parents », dont elles permettent l'analyse. On peut montrer que certaines d'entre elles proviennent d'objets très « primitifs », en ce qu'ils semblent n'avoir jamais connu d'échauffement important qui aurait modifié leurs propriétés d'origine : on a vu que c'est en effet ce que l'on attend des plus petits corps du Système Solaire. Il n'est pas exagéré d'affirmer que c'est à l'analyse de ces météorites les plus primitives que l'on doit l'essentiel de notre compréhension de l'origine et de l'évolution primordiale du Système Solaire.

Par exemple, c'est ainsi que l'on a pu dater avec précision la formation du Système Solaire, c'est-à-dire l'âge de tous ses objets, à un peu plus de 4,55 milliards d'années : le Soleil et les planètes ne sont pas de première génération dans la Galaxie. Celle-ci était âgée d'une dizaine de milliards d'années quand notre système s'est formé ; c'est ce qui explique qu'il contienne des éléments « lourds », c'est-à-dire autres que *H* et *He*, synthétisés à partir de l'hydrogène dans les cœurs d'étoiles massives, antérieures au Soleil, et réinjectés dans le milieu interstellaire à la mort, souvent explosive (supernovae), de ces étoiles. Ces éléments (*C*, *N*, *O*, *Al*, *Si*, *Fe*, etc.) constituent l'ensemble (mis à part l'hydrogène) de ce qui constitue la Terre et les planètes : roches, atmosphère et structures vivantes. Les météorites permettent d'en mesurer les abondances.

Récemment, on a découvert que certaines météorites contenaient également des grains présolaires qui, formés dans l'atmosphère d'autres étoiles, avaient survécu aux différentes phases de croissance des protoplanètes, et se retrouvaient, piégés, avec des propriétés permettant d'identifier ces sites de formation. C'est ainsi que l'on a mis en évidence que l'effondrement de la nébuleuse protosolaire a vraisemblablement été déclenché par l'explosion d'une supernova proche, qui a ensemencé le nuage par du gaz et des grains fraîchement synthétisés ; parmi les atomes injectés, certains, fortement radioactifs, ont servi de source énergétique majeure pour les objets protoplanétaires qui les ont piégés. Au total, les analyses de météorites se sont révélées particulièrement fécondes, pour décrire tout à la fois l'histoire et la « géographie » du Soleil naissant.

La recherche des conditions initiales : comètes et micrométéorites

La brutale apparition de Jupiter n'a pas eu comme seul effet dynamique de préserver, à relativement faible distance héliocentrique, le système des astéroïdes. Elle a également fortement perturbé la croissance des objets en train de croître au-delà de son orbite. À de telles distances du Soleil, la température moyenne, très basse, permet à l'essentiel des constituants volatils, comme l'eau, le gaz carbonique et l'ammoniaque, de se trouver condensés en glaces : c'était effectivement sous cette forme principale que se construisaient les objets protoplanétaires au-delà de l'orbite de Jupiter. Du fait de Jupiter, très peu d'objets ont atteint des tailles importantes : non seulement ils ont vu leur évolution bloquée, alors qu'ils ne faisaient guère plus que quelques kilomètres, mais surtout la plupart d'entre eux ont été éjectés à de très grandes distances du Soleil, sur des orbites des milliers de fois plus distantes du Soleil, où ils se trouvent toujours. Ce n'est qu'au hasard du passage d'une étoile proche que certains ont leur orbite à nouveau perturbée, pour replonger vers le Soleil et devenir « comète ». Alors, à mesure qu'ils s'en approchent, les glaces se subliment, se transforment en queues gazeuses caractéristiques, parfois spectaculaires ; ce processus libère de petits grains : lorsque la Terre croise de tels grains, certains, en pénétrant à vive allure dans l'atmosphère, se détruisent en « étoiles filantes ».

Ces blocs de glace kilométriques, ou « noyaux cométaires », tant qu'ils demeurent dans leur grand réservoir lointain, sont maintenus à des températures tellement basses qu'ils préservent leurs propriétés d'origine. On a donc de bonnes raisons de penser qu'ils sont toujours constitués des molécules et des grains qui constituaient le nuage protosolaire. Lorsqu'ils plongent dans le Système Solaire interne, ils portent avec eux un témoignage précieux, celui de la composition du matériau d'origine.

En 1986, pour le retour de la comète de Halley, pas moins de 5 sondes spatiales (deux japonaises, deux soviétiques et une européenne, Giotto) sont parties à sa rencontre, pour en survoler le noyau même, de très près : Giotto est parvenue à moins de 600 km. Pour la première fois, on a pu procéder à une observation extrêmement rapprochée : on a découvert un objet totalement différent de ce à quoi on s'attendait. On imaginait, s'agissant d'un corps principalement fait de glaces, qu'il serait très brillant : c'est le plus sombre de tous les objets du Système Solaire, plus noir que du charbon. On se demandait si le carbone était plutôt sous la forme de gaz carbonique (CO_2) ou de méthane (CH_4) : on a découvert que plus de la moitié était sous la forme, non pas de ces petites molécules, mais de composés très complexes, qui précisément, mélangés à la glace, lui donnaient cet aspect si sombre. Il pourrait s'agir de polymères organiques de grand poids moléculaire, produits lors de l'effondrement du nuage protosolaire initial, piégés dans ces noyaux cométaires et préservés jusqu'à aujourd'hui : l'étude des comètes nous donne accès au stade d'évolution chimique final du nuage moléculaire dont est issu le Système Solaire.

Certains considèrent que parmi les molécules organiques complexes présentes dans ces noyaux, certaines (« prébiotiques ») pourraient avoir joué un rôle majeur pour initier la vie sur Terre (et peut-être à la surface d'autres planètes, Mars en particulier). Même à l'heure actuelle, la Terre, dans son périple interplanétaire, intercepte chaque année plusieurs dizaines de milliers de tonnes de matière cométaire, principalement sous la forme de micrométéorites : il s'agit de grains éjectés des noyaux cométaires par sublimation des glaces en s'approchant du Soleil, et dont une fraction se désintègre en étoiles filantes. On a toutes les raisons de penser que ce taux était considérablement plus élevé dans les premières centaines de millions d'années, alors que le Système Solaire était encore rempli d'innombrables débris de toutes tailles. Ces impacts ont pu contribuer à apporter une partie (au moins) de l'eau dont nous disposons aujourd'hui : chaque litre d'eau que l'on boit pourrait contenir au moins un verre d'eau cométaire. Bien entendu, la nature de l'eau ne dépend pas de son origine, et le fait qu'elle provienne de comètes ne modifie pas ses propriétés. En revanche, l'apport corrélé de matière organique cométaire, dans les océans terrestres primitifs, il y a quatre milliards d'années, pourrait avoir eu des effets majeurs : synthétisée dans le nuage protosolaire par des processus de chimie cosmique très spécifiques, il pourrait s'agir de molécules et radicaux possédant un niveau de complexité et de réactivité non atteints par la chimie terrestre aquatique d'alors ; leur arrivée pourrait avoir fortement contribué à amorcer l'évolution vers le vivant.

L'intérêt pour déchiffrer le matériau cométaire est tel que deux missions spatiales très importantes ont été développées, l'une par la NASA, StarDust, l'autre par l'Agence spatiale européenne (ESA) : Rosetta. StarDust, actuellement dans l'espace, va passer dans la queue d'une comète, pour y collecter les grains, et les rapporter sur Terre, en 2006 : on espère pouvoir analyser, grain par grain, ce matériau, et en identifier la composition. Rosetta, qui sera lancée de Kourou le 18 janvier 2003, va aller à la rencontre d'un noyau cométaire pour se mettre en orbite et l'analyser pendant des mois ; un petit engin de 80 kg en sera éjecté, pour se poser à même le noyau, forer le sol, prélever des échantillons, et les analyser *in situ*, avec les plus performants des instruments disponibles actuellement : véritables prouesses robotiques, ils devront, de manière parfaitement automatisée, tenter d'identifier la composition élémentaire, isotopique, moléculaire et minéralogique de l'ensemble de cette matière cométaire : glaces et grains, minéraux, réfractaires et organiques ; autant de reliques du matériau d'origine du Système Solaire. Rendez-vous en octobre 2012.

Des planètes extrasolaires

par ALFRED VIDAL-MADJAR

Des mondes habités par milliers ou même par milliards dans notre Galaxie, pourquoi pas ? Encore fallait-il découvrir d'autres systèmes planétaires ; c'est aujourd'hui chose faite !

Cette idée de la pluralité des mondes a été depuis fort longtemps débattue par les astronomes, théologiens, philosophes, écrivains et autres penseurs des nombreuses sociétés humaines. En particulier, on reste rêveur devant les intuitions géniales des philosophes grecs lorsqu'on sait quel était l'état de leurs connaissances réelles en astronomie. Par exemple, Thalès pensait déjà que les étoiles étaient faites d'une matière semblable à celle qui se trouve sur Terre. Ensuite, pendant plus d'un millénaire, la religion chrétienne à la suite de Ptolémée placera la Terre au centre de l'Univers interrompant ainsi toute discussion. C'est avec Copernic que renaîtront ces recherches, la Terre n'étant plus qu'une « terre » parmi tant d'autres. Cet argument fût considérablement renforcé par l'observation directe qui devint possible grâce à l'invention de la lunette astronomique par Galilée.

Une ère nouvelle s'ouvrait à l'astronomie. Le débat s'est alors intensifié pour prendre des tournures parfois

Texte de la 194e conférence de l'Université de tous les savoirs donnée le 12 juillet 2000.

irrationnelles, essentiellement par manque d'observation. Certaines d'entre elles, difficiles, déclenchèrent cependant de grands remous tels que, par exemple, la découverte de canaux sur Mars à la fin du siècle dernier par Schiaparelli. La progression dans ce domaine fut extrêmement lente car le foisonnement de théories était rarement remis en cause par l'observation directe. Cette confrontation est pourtant la condition indispensable à tout progrès scientifique véritable.

Quoique des progrès remarquables dans la compréhension des mécanismes d'apparition de la vie dans l'Univers aient été effectués au cours de ces dernières décennies, l'étude d'éventuelles civilisations extraterrestres restait, elle, totalement spéculative, jusqu'à la publication d'un article véritablement révolutionnaire, en septembre 1959, par Giuseppe Cocconi et Philip Morrison.

Ils ont fait basculer le débat sur la pluralité des mondes du domaine de la discussion purement académique à celui de la confrontation scientifique. Leurs idées pouvaient en effet être directement mises à l'épreuve de l'observation. Ils prédisaient que, compte tenu de nos connaissances en astrophysique, il était raisonnable de penser que des formes de vies semblables à la nôtre devaient être apparues ailleurs dans l'Univers. Constatant que grâce aux progrès technologiques notre civilisation était capable d'émettre et de recevoir des signaux à grande distance, une autre civilisation qui aurait suivi le même chemin devait pouvoir communiquer avec nous. La question était alors d'évaluer ses chances d'exister et, en conséquence, si cette probabilité était élevée, de définir le moyen logique le plus adéquat pour entrer en contact. Ils proposèrent d'utiliser le rayonnement radio à une longueur d'onde qui doit être inévitablement connue de tout habitant de l'Univers et qui se trouve dans une région du spectre où le bruit de fond Galactique parasite est particulièrement bas : la raie à 21 cm de l'hydrogène, élément le plus simple et le plus abondant de l'Univers.

Cet article a déclenché toute une série de discussions et l'émergence du projet « Ozma » lancé par Frank Drake, grâce auquel il espérait détecter un signal « intelligent » en provenance d'étoiles proches, à cette longueur d'onde de 21 cm. Après un premier résultat négatif, il organisa la célèbre réunion de Green Bank en 1961, au cours de laquelle les arguments originaux étaient reconsidérés. En particulier un point important était débattu : pouvait-on évaluer plus précisément la probabilité d'existence d'une telle civilisation ? En effet, si cette probabilité était trop faible, cette recherche devenait évidemment vaine.

Frank Drake a suggéré que le nombre N de civilisations capables de communiquer dans la Galaxie serait probablement le produit des facteurs suivants :

— Le nombre E d'étoiles qui naissent chaque année dans notre galaxie, la fraction f_p d'étoiles qui seront entourées d'un cortège planétaire, le nombre n_t de planètes qui se trouveront dans des conditions semblables à celles où se trouve la Terre, la fraction f_v d'entre elles où la vie apparaîtra, la fraction f_i pour laquelle la vie évoluera vers l'intelligence, parmi ces sociétés intelligentes, la proportion f_c de celles qui communiqueront et enfin le temps T pendant lequel cet effort de communication sera maintenu.

Il est cependant maintenant clair que cette approche ne peut en aucun cas permettre de calculer une probabilité étant donné que le nombre exact de facteurs à considérer est inconnu. Ces facteurs nous serviront cependant de guide dans notre propos, mais n'oublions jamais que beaucoup d'autres, cachés, pourraient jouer un rôle. Aujourd'hui seule notre ignorance nous empêche de les présenter.

Cette démarche est donc, disons-le, ce qu'il est possible de faire quand on ne sait rien. Elle a le mérite au moins de souligner les éléments du débat qui pourraient être importants.

Les premières estimations de ces facteurs ont été les suivantes :

— E est de l'ordre de 10 étoiles nouvelles par an (un ordre de grandeur très simple est donné par l'estimation du nombre d'étoiles de la galaxie, 150 milliards, divisé par l'âge de notre galaxie qui est d'environ 15 milliards d'années. Notre Galaxie a donc dû fabriquer en moyenne 10 étoiles nouvelles par an pour atteindre les 150 milliards présentes actuellement).

— f_p les théories de formation d'étoiles semblent montrer que la nébuleuse primitive en se condensant doit former un disque au sein duquel très probablement les planètes naîtront. Par conséquent f_p pourrait être important puisque c'est le même processus qui fait naître l'étoile et son cortège de planètes au sein de la nébuleuse primitive en forme de disque. Une valeur optimiste doit être de 0,2 car dans les systèmes d'étoiles multiples (les plus fréquents puisque 70 % des étoiles en font partie) il semble difficile d'y concevoir la survie d'un tel disque ; cependant il est tout aussi possible que ces disques disparaissent trop tôt après la formation de l'étoile et que très peu de planètes existent véritablement autour d'autres étoiles, donnant à f_p une valeur infime.

— n_t il semble raisonnable de penser que parmi le cortège de planètes il y en aura toujours une, à peu près à la bonne distance de l'étoile, et de type terrestre (dans le cas du Système solaire on a failli avoir Vénus et Mars en plus de la Terre !) ; n_t peut être probablement de l'ordre de 1.

— f_v la fraction de planètes bien placées où la vie apparaîtra pourrait bien être aussi 1, car rien d'exceptionnel ne semble s'être produit sur la Terre depuis sa formation.

— f_i une fois la vie apparue, les mécanismes de sélection semblent inéluctablement pour faire émerger l'intelligence ; $f_i = 1$.

— f_c la fraction de civilisations intelligentes capables de communiquer semble être liée au progrès technologique lui aussi assez probable ; mettons f_c de l'ordre de 0,2.

— T représente la durée de vie d'une telle civilisation et en particulier la durée de son effort de communication ; toute estimation est évidemment hasardeuse, les plus pessimistes annonçant une centaine d'années pour le temps séparant les progrès techniques scientifiques de la fin systématique de telles civilisations par autodestruction « technologique », les plus optimistes répondant que ces progrès donnent au contraire à ces civilisations une chance de survie telle qu'elles peuvent durer « indéfiniment » ; une valeur limite « raisonnable » serait d'un milliard d'années, ordre de grandeur de la durée de vie d'une étoile.

On réalise immédiatement que le paramètre important et même crucial dans cette évaluation est évidemment le paramètre le plus mal connu, *T*. Ainsi les optimistes évaluaient *N* à plusieurs centaines de millions de civilisations capables de communiquer en ce moment dans la Galaxie ($N = 10 \times 0{,}2 \times 1 \times 1 \times 1 \times 0{,}2 \times 10^9$), alors que les pessimistes estimaient ce nombre à environ une centaine et même éventuellement quelques unités, considérant en particulier que les systèmes planétaires sont très rares et que d'autres facteurs doivent aussi être réduits.

Cela semble montrer cependant qu'il est tout à fait plausible que d'autres civilisations existent et que leur recherche pourrait être couronnée de succès. Il est cependant tout aussi possible que nous soyons très peu nombreux dans la Galaxie. Finalement nous savons bien peu de chose.

Malgré ces doutes et étant donné les enjeux, cette recherche s'est intensifiée.

Les résultats restant toutefois strictement négatifs, l'analyse des différents facteurs a été reconsidérée. Nous allons donner ici l'évolution des idées à ce sujet, évolution qui révèle les progrès remarquables effectués ces cinq dernières années grâce à l'observation directe de la naissance des étoiles et aux récentes découvertes de planètes extrasolaires.

Le taux de formation stellaire est plus « faible » qu'initialement évalué et doit se trouver plutôt autour d'une étoile nouvelle par an dans la Galaxie ($E = 1$).

La fraction f_p, d'étoiles capables d'avoir des planètes, a plutôt « augmenté » et est probablement de l'ordre de 0,5, car après la découverte de nombreux disques *proto*planétaires et *post*planétaires, plus de 60 nouvelles planètes ont déjà été recensées autour d'autres étoiles. La première d'entre elles a été trouvée en orbite autour de 51 Pégase, en 1995, par Michel Mayor et Didier Queloz.

Ces planètes nous réservaient en effet plusieurs surprises d'importance qui nous poussent aujourd'hui à réviser f_p à la hausse :

— Elles sont une fois sur deux autour d'étoiles doubles ou multiples, nous permettant d'imaginer des systèmes planétaires autour de la majorité des étoiles de la Galaxie.

— Ces planètes géantes découvertes sont souvent beaucoup plus proches de leur étoile que Mercure du Soleil ; quoique cela soit inattendu, ce résultat est clairement dû à la méthode de détection utilisée, beaucoup plus sensible aux planètes les plus massives et les plus proches de leur étoile.

— Une bonne partie de ces planètes sont sur des orbites fortement elliptiques contrairement à celles de notre Système solaire.

— Une d'entre elles gravite autour d'une étoile de petite masse (0,3 masse soleil) ; ces étoiles représentent, et de loin, la majorité des étoiles de notre Galaxie (80 %) ; ainsi, même si on ne considère que les étoiles simples comme propices à abriter la vie, des planètes doivent probablement exister autour d'une fraction importante d'étoiles de la Galaxie.

— Un système de trois planètes géantes autour de l'étoile Upsilon Andromède a déjà été découvert.

— Une des planètes ainsi découverte « indirectement » par l'attraction qu'elle exerce sur son étoile a été observée « directement » au moment de son passage devant l'étoile, en septembre 1999, confirmant définitivement que ce sont bien des planètes géantes qui ont été trouvées au cours de ces dernières années.

L'ensemble de ces nouvelles observations nous révèle certains de nos préjugés quant à la formation de systèmes planétaires, et nous apprend que la diversité est de règle. Ainsi (*Fig. 1*, voir hors-texte) il est directement observé qu'une étoile sur deux naît avec un disque protoplanétaire autour d'elle, que ce disque survit parfaitement dans des systèmes multiples et qu'il disparaît au bout d'environ dix millions d'années. Enfin, 3 % des étoiles observées à ce jour ont au moins une planète géante ; 0,03 est donc déjà une valeur minimale pour notre paramètre f_p qui ne peut plus être infime comme on le craignait auparavant. De plus, la sensibilité des méthodes de détection actuelles étant limitée à des planètes plus massives que Saturne, et constatant que les planètes les plus nombreuses trouvées sont les plus légères, il est tentant de dire que les minuscules « terres » encore inaccessibles sont probablement encore plus nombreuses. En attendant leur observation effective, l'estimation optimiste mais plausible de f_p n'en est pas moins 0,5, soit une étoile sur deux de notre Galaxie aurait un cortège de planètes. Nous savons donc maintenant qu'il y a entre « cinq milliards et plusieurs dizaines de milliards de systèmes planétaires » dans notre Galaxie !

Dans les domaines liés à la vie, des progrès bien sûr ont aussi été accomplis. En fait, depuis les premières tentatives de recherche de vie extraterrestre, une nouvelle science est née qui traite entièrement du problème de l'apparition de la vie : l'exobiologie. Les études dans ce domaine ont révélé qu'un nombre important de difficultés ont dû probablement surgir sur le chemin de la vie, en tout cas telle qu'elle est apparue sur Terre. Ces travaux montrent non seulement l'importance de l'eau, mais aussi la nécessité d'un cycle alternativement hors et dans ce milieu liquide.

Ainsi, n_t et f_v, doivent être évidemment revus. En particulier Michael Hart a fait une modélisation complète de l'évolution de l'atmosphère terrestre en tenant compte de la présence des océans, de la variation du flux solaire depuis sa formation, des changements de composition de l'atmosphère, de l'effet de serre, de la couverture nuageuse, des glaces, etc. Il a ainsi pu démontrer pourquoi Vénus était si chaude quoique relativement proche de la Terre et pourquoi Mars, qui, elle, a connu l'eau liquide à sa surface pendant plusieurs milliards d'années, n'a pas pu retenir son atmosphère condamnant ainsi l'eau qui restait à être sous forme de glace. Cette modélisation a surtout montré que des circonstances très favorables se sont produites sur Terre pour que la température y reste relativement constante alors que le Soleil augmentait sa luminosité. En particulier, l'atmosphère primitive de la Terre, comme celle de Vénus et de Mars, devait contenir énormément de gaz carbonique qui, produisant le fameux effet de serre, l'avait réchauffée. Mais l'eau liquide étant présente, le gaz carbonique a pu s'y dissoudre et précipiter avec le calcium pour former les roches calcaires aujourd'hui présentes sur la Terre. Ainsi, alors que le soleil se réchauffait, l'effet de serre diminuait, maintenant la température « agréablement » constante. Sur Vénus il faisait trop chaud dès le départ et l'eau s'y trouvant sous forme de vapeur n'a pu dissoudre le gaz carbonique de l'atmosphère. L'effet de serre s'est maintenu et le Soleil aidant, la situation n'a fait que s'aggraver au cours du temps.

Michael Hart a ainsi pu montrer que la position de la Terre dans le Système solaire était bien plus critique qu'on ne le pensait, et en particulier qu'en la rapprochant de quelques pour cent de sa distance actuelle au Soleil, on déclenchait cet effet de serre divergent et jamais l'eau liquide n'aurait pu apparaître. De la même façon, il a montré qu'en l'éloignant d'à peine 1 % du Soleil, les océans se seraient changés en glace et la lumière solaire, réfléchie plus efficacement (la glace est blanche), la Terre serait restée très froide sous un manteau de glace qui n'aurait plus jamais fondu.

Ainsi, nous nous trouvons (et ce n'est pas par hasard) dans la seule zone possible au voisinage du Soleil où l'eau peut rester liquide assez longtemps à la surface d'une planète, zone qui ne représente que quelques pour cent de la taille du Système solaire. De plus, heureusement que la Terre n'était pas plus petite car, incapable de retenir son atmosphère, elle aurait connu le sort de Mars.

Le nombre n_t de planètes favorables à l'apparition de la vie doit donc être revu à la « baisse » et ne doit pas dépasser quelques pour cent, disons $n_t = 0{,}01$.

Le paramètre lié à l'apparition de la vie, f_v, doit aussi être revu.

Il semble en effet qu'une série d'obstacles doit être franchie. La première étape consiste à former des molécules organiques à partir des matériaux originels de la Terre. Dans ce domaine, les expériences d'Harold Urey et Stanley Miller avaient montré qu'on pouvait, en laboratoire, à partir de mélanges gazeux ressemblant aux atmosphères primitives, faire à peu près tous les acides aminés connus (les briques du vivant) à l'aide d'un apport d'énergie comme la lumière ultraviolette ou les décharges électriques. De telles molécules produites dans l'atmosphère à la cadence d'une tonne par seconde, se dissolvent dans les océans où elles peuvent survivre à l'abri des ultraviolets (qui sans cela les dissocieraient). Le cycle « hors de l'eau — dans l'eau » commence ; ces molécules se concentrent petit à petit et finissent par former une soupe organique dans laquelle va se dérouler l'étape suivante.

En fait, trop d'acides aminés ont été produits car dans les êtres vivants terrestres, seuls vingt d'entre eux jouent un rôle. Le processus suivant va consister à créer de longues chaînes de tels acides (polymérisation) mais à partir de certains d'entre eux uniquement. La difficulté ici est que la polymérisation se fait très bien dans l'eau, mais comme l'eau dissocie aussi très bien les chaînes de molécules polymérisées, on se retrouve dans la situation de Pénélope faisant et défaisant sans cesse son travail. Il faut donc trouver un moyen de protéger les polymères de l'eau et le cycle « hors de l'eau — dans l'eau » est à nouveau indispensable. Là, soit des lacs qui s'évaporent, soit des lieux propices aux effets de marée vont devenir nécessaires. La présence d'un gros satellite comme la Lune est sans doute une autre condition indispensable à l'apparition de la vie.

Ensuite ces molécules compliquées doivent s'isoler du milieu extérieur (apparition de la membrane) et trouver un moyen de se reproduire. C'est le passage de l'inerte au vivant, passage très mal connu et non encore résolu. Toutefois on sait déjà faire apparaître des membranes (les célèbres coacervats d'Oparine) et répliquer certains polymères. Pour cette étape, le retour partiel dans le milieu liquide est nécessaire. Encore le cycle « hors de l'eau — dans l'eau. »

Ensuite il faut former les premiers systèmes vivants unicellulaires, cellules qui existaient sur Terre il y a plus de 3,8 milliards d'années puisqu'on a retrouvé leurs traces fossiles.

Puis le mécanisme de sélection naturelle a fait évoluer ces systèmes vivants vers des êtres de plus en plus complexes.

Dans cette succession d'étapes, les choses vont au début très lentement puisqu'il faut au moins 200 millions d'années pour produire une soupe organique assez concentrée dans les océans. Ensuite, de plus en plus rapidement, les mécanismes doivent s'enchaîner pour mener à l'apparition des premiers êtres vivants. Cette succession d'événements apparaît inéluctable, mais semble toutefois dépendre de ce cycle « hors de l'eau — dans l'eau » qui pourrait ne pas toujours se produire. Comme il reste difficile d'évaluer chaque facteur, il semble plus raisonnable de dire aujourd'hui que globalement f_v est de l'ordre de 0,1 compte tenu de cette difficulté.

Viennent ensuite les estimations de plus en plus incertaines qui, de fait, n'ont que peu progressé ces dernières années. On peut toutefois dire que pour l'émergence de l'intelligence, plusieurs sous-étapes aussi peuvent être identifiées, telles que :

— Le développement d'une atmosphère d'oxygène produite par les organismes vivants qui, quoique représentant la plus grande catastrophe écologique de tous les temps, puisque responsable de la disparition de l'essentiel des espèces sur Terre, ce changement a permis le développement des cellules eucaryotes, capables d'employer l'énergie libérée par les réactions chimiques faisant intervenir l'oxygène. Ces nouveaux mécanismes vont pouvoir faire fonctionner, beaucoup plus tard, un système tel que le cerveau, grand consommateur d'énergie.

— Le passage du milieu aquatique à la terre ferme semble aussi nécessaire, et est une nouvelle forme du cycle « hors de l'eau — dans l'eau » ; il a été rendu possible par la formation de la couche d'ozone qui elle-même a été produite à partir de l'atmosphère d'oxygène ; cette couche protège des rayons ultraviolets du soleil les êtres vivants qui avaient abandonné la protection aquatique ; ce passage sur la terre ferme semble nécessaire au développement du cerveau puisque, même les cétacés aux capacités cérébrales évidentes, sont le fruit de l'évolution d'êtres qui ont fait un certain séjour hors des océans pour y retourner ensuite.

— La régulation thermique semble aussi une étape nécessaire, le cerveau fonctionnant évidemment mieux dans un environnement contrôlé.

— L'apparition des mains et des yeux est probablement également indispensable au bon développement du cerveau, la bonne utilisation de ces sens imposant une gymnastique très formatrice.

— L'emploi d'outils joue sans doute un rôle semblable.

— Le développement d'une structure sociale qui impose aussi de nouvelles contraintes au fonctionnement du cerveau.

L'évaluation du facteur f_i reste toujours très vague mais probablement proche de l'unité, compte tenu des mécanismes très efficaces de la sélection naturelle.

Sur le thème de la communication, peu de progrès ont été faits tant le problème est complexe. Ce qui pourrait être ajouté toutefois est qu'il faudrait non seulement tenir compte de la capacité f_c de communication mais encore du désir f_d de communiquer, paramètre nouveau encore plus obscur. En effet il n'est pas facile de savoir si une civilisation a ou non le désir de communiquer. Cependant, comme toutes peuvent ne pas avoir la même attitude, pour masquer notre ignorance il est « raisonnable » de dire que f_c est de l'ordre de l'unité alors que f_d serait de l'ordre de 0,5.

Ces évaluations sont si difficiles qu'il ne nous reste probablement qu'à plaisanter sur le thème de la communication en imaginant une discussion entre deux dauphins, l'un disant à l'autre : « Il est vrai que les humains font des gestes et émettent des sons, mais il n'y a pas de preuve indiscutable qu'ils communiquent véritablement entre eux. »

Le dernier paramètre, T, définissant le temps pendant lequel une civilisation communiquera, est évidemment encore plus vague, mais là encore on pourrait préciser qu'il est difficile d'imaginer qu'une civilisation tente de communiquer sans résultat pendant plus d'un million d'années ; en effet on doit se lasser de tout !

Ainsi nos nouvelles estimations nous donnent pour l'estimation pessimiste N de l'ordre de 0,01 civilisation dans notre Galaxie en train de communiquer, alors que pour l'optimiste N serait plutôt de l'ordre de 100 civilisations. Ces chiffres restant hautement incertains, il serait finalement tout à fait possible que nous soyons seuls.

RÉFÉRENCES

– COCCONI (G.) et MORRISON (P.), « Searching for Interstellar Communications », *Nature, 184*, 1959.
– HART (M.-H.), « The Evolution of the Atmosphere of the Earth », *Icarus, 33*, 23, 1978.
– HART (M.-H.), « An explanation for the Absence of Extraterrestrials on Earth », *Q.J.R. Astron. Soc., 16*, 128, 1975.
– MAYOR (M.) et QUELOZ (D.), « A Jupiter-mass Companion to a Solar-type Star », *Nature, 378*, 355, 1995.
– ROOD (R.) et TREFIL (J.), *L'Univers : Sommes-nous Seuls ?*, éd. P. Belfond, 1985.
– SAGAN (C.), *The Dragons of Eden*, Random House Inc, 1977.
– SAGAN (C.) et SCHKLOVSKY (I.-S.), *Intelligent Life in the Universe*, Holden Day, San Francisco, 1968.
– VIDAL-MADJAR (A.), *Il pleut des planètes*, Hachette Littératures, Paris, 1999.
– PRANTZOS (N.), *Voyages dans le futur*, Seuil, Paris, 1998.
– HEIDMAN (J.), VIDAL-MADJAR (A.), PRANTZOS (N.) et REEVES (H.), *Sommes-nous seuls dans l'Univers ?*, Fayard, Paris, 2000.

Qu'est-ce qu'une étoile ?

par Sylvie Vauclair

Introduction

L'astronomie est la plus ancienne des sciences : depuis toujours les hommes regardent le ciel et étudient le mouvement de ces points brillants que sont les étoiles sur la « sphère céleste ». Ils les ont regroupées en constellations et ont projeté vers le ciel leurs mythes terrestres.

Ce n'est qu'au cours du XXe siècle, cependant, que la structure, la composition et l'évolution des étoiles ont pu être intimement dévoilées et comprises. Il fallait auparavant découvrir l'énergie nucléaire, qui les nourrit et leur permet de survivre pendant des milliards d'années, ainsi que tous les outils de la physique contemporaine. Il fallait en particulier avoir inventé les ordinateurs et les outils numériques, car les équations qui gouvernent la structure interne des étoiles ne peuvent pas être résolues par un simple calcul analytique.

Quel chemin parcouru en un siècle ! Il suffit, pour le mesurer, de relire les textes écrits par Camille Flammarion dans son *Astronomie populaire*, en 1880. Devant l'impossibilité d'expliquer l'énergie solaire, il s'écriait avec emphase : « La chaleur émise par le Soleil à chaque seconde est égale à celle qui résulterait de la combustion de onze quatrillions

---

Texte de la 193e conférence de l'Université de tous les savoirs donnée le 11 juillet 2000.

six cent mille milliards de tonnes de charbon de terre brûlant ensemble. Cette même chaleur ferait bouillir par heure deux trillions neuf cent milliards de kilomètres cubes d'eau à la température de la glace. Essayez de comprendre !... Que la fourmi essaye de boire l'océan ! »

La Science du XXe siècle est donc la fourmi qui a bu l'océan. Au-delà de leur intimité, les étoiles nous ont révélé leur importance fondamentale dans l'Univers : moteurs de l'évolution du monde, nous leur devons la formation de presque tous les éléments qui composent la matière qui nous entoure et dont nous-mêmes sommes constitués.

Mais les étoiles ne nous ont pas encore livré tous leurs secrets : en cette fin de siècle, la connaissance de ces fascinants objets célestes passe dans une nouvelle dimension, grâce à la découverte de leurs vibrations. L'étude des « oscillations solaires », depuis une vingtaine d'années, a donné naissance à une nouvelle science, appelée « héliosismologie ». Le XXIe siècle verra le développement et l'apothéose de l'« astérosismologie », étude des oscillations (ou vibrations) stellaires. De nouvelles et passionnantes découvertes, concernant la structure et l'évolution des étoiles, viendront certainement compléter les connaissances actuelles, grâce aux expériences spatiales programmées au cours de la prochaine décennie.

Connaissance des étoiles : les observations

Tout ce que nous connaissons des étoiles provient de l'analyse du rayonnement qui nous parvient d'un petit point lumineux dans le ciel. Observées avec les plus grands télescopes, les étoiles sont tellement loin qu'elles apparaissent toujours ponctuelles, même si elles ont en réalité des dimensions cent à dix mille fois plus grandes que celle de la Terre. Mais que de richesses et de découvertes scientifiques précises à partir d'une étude détaillée de la lumière !

Les paramètres importants à mesurer, pour comprendre ce qu'est une étoile, sont : l'énergie lumineuse qu'elle émet par seconde (ou luminosité), sa température superficielle, sa composition chimique et, si possible, sa masse (obtenue uniquement dans le cas d'étoiles doubles, c'est-à-dire de deux étoiles tournant ensemble autour de leur centre de gravité).

L'ÉTUDE GLOBALE DE LA LUMIÈRE DES ÉTOILES : DISTANCE ET LUMINOSITÉ

Pour déterminer la luminosité d'une étoile d'une manière directe, il est indispensable de connaître sa distance. En effet, s'il est relativement aisé de mesurer l'énergie lumineuse reçue d'une étoile sur la Terre, seule une connaissance de sa distance réelle permet d'en déduire l'énergie émise à la source. Comment mesurer la distance d'une étoile ? Comment arpenter l'immensité de l'espace ? La technique de base est bien simple : c'est la méthode utilisée par nos deux yeux pour observer le relief. Il s'agit d'observer le même objet de deux endroits différents, éloignés d'une distance appelée « base de triangulation ». La différence angulaire entre les deux directions d'observation donne la distance de l'objet. Pour obtenir de cette manière la distance des étoiles les plus proches de nous, il faut une très grande base de triangulation : la Terre tout entière ne suffit pas. On utilise alors le fait qu'elle tourne autour du Soleil et on mesure le minuscule changement de direction des étoiles au cours de l'année. Cette méthode, connue depuis longtemps mais rendue récemment très performante grâce au satellite Hipparcos, ne convient que pour les étoiles les plus proches de nous. Pour les autres, on doit utiliser des méthodes statistiques plus compliquées que je ne détaillerai pas ici.

La *figure 1* montre à quelles distances de nous se trouvent individuellement les étoiles les plus brillantes de la constellation de la Grande Ourse. Ces distances sont communément mesurées en années-lumière, ou distance parcourue par la lumière en un an (soit dix mille milliards de kilomètres). C'est l'ordre de grandeur de la distance entre les étoiles de notre Galaxie. L'étoile la plus proche de nous, Proxima du Centaure, se trouve à quatre années-lumière. Dans la Grande Ourse, les distances des étoiles se situent entre 50 et 150 années-lumière environ.

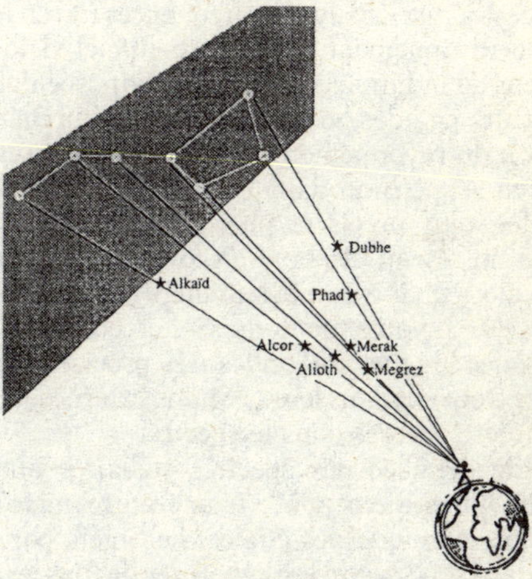

Figure 1 – Distances comparées des étoiles de la Grande Ourse. Megrez se trouve à environ 50 années-lumière, et Alkaïd à 150 années-lumière.

ANALYSE SPECTRALE : TEMPÉRATURE, COMPOSITION, VITESSE

La température superficielle d'une étoile se détermine à partir de sa couleur : les étoiles les plus chaudes sont bleues (température supérieure à 20 000 K) et les plus froides sont rouges (température de l'ordre de 3 000 K). Le Soleil, intermédiaire, a une température de 5 800 K.

Il est souvent difficile à un observateur non initié de reconnaître la couleur des étoiles. C'est que, au-dessous d'une certaine intensité lumineuse, l'œil humain ne repère plus les couleurs vives : il les distingue uniquement comme un vague reflet dans la scintillation d'un rayonnement principalement blanchâtre. Et pourtant les couleurs sont réelles !

Les astronomes emploient des techniques très élaborées pour calculer précisément les températures des étoiles. Toutes reposent sur l'étude du « spectre », ou arc-en-ciel stellaire, c'est-à-dire l'analyse en fréquences (ou en longueurs d'onde) du rayonnement émis. L'arc-en-ciel visible à l'œil nu provient de la lumière solaire décomposée dans toutes ses longueurs d'ondes : cela se produit naturellement par la diffusion du rayonnement dans les gouttes d'eau qui se trouvent en suspension dans l'air ambiant. On obtient le même effet, plus précis et plus détaillé, en utilisant un prisme ou un réseau dispersif au foyer d'un télescope. On découvre alors qu'il existe des milliers de « couleurs manquantes » : le rayonnement du Soleil et des étoiles est absorbé à des longueurs d'ondes très précises par les atomes qui se trouvent dans leurs régions externes, ce qui produit des raies sombres dans le spectre.

L'étude détaillée des spectres stellaires nous donne ainsi accès, non seulement à la température, mais aussi à la composition chimique des étoiles. Le Soleil, par exemple, présente dans son spectre les signatures de tous les éléments chimiques qui compose la matière qui nous entoure et dont nos propres corps sont constitués : on pouvait s'en douter, puisque le Soleil, la Terre et les autres planètes ont été formés à partir du même immense nuage de gaz galactique !

D'autres informations importantes peuvent être obtenues à partir des spectres stellaires, en particulier la vitesse de déplacement des étoiles par rapport à nous (tout bouge dans l'espace !) et leur rotation sur elles-mêmes (tout tourne !). Ces études reposent sur « l'effet Doppler » : si un objet qui émet une onde lumineuse se rapproche, la longueur d'onde est comprimée et la lumière paraît plus « bleue » ; si au contraire l'objet s'éloigne, elle paraît plus « rouge ».

En réalité l'arc-en-ciel stellaire ne se limite pas aux couleurs visibles à l'œil : au-delà du violet, il comprend l'ultraviolet, les rayons X et γ ; en-deçà du rouge, les rayons infrarouges et radio-électriques (incluant les micro-ondes). Depuis l'avènement de la conquête spatiale, il est possible d'observer le rayonnement des étoiles au-delà de la lumière visible, à des fréquences où il est absorbé par l'atmosphère terrestre : ces observations conduisent à une moisson de nouvelles découvertes. Par exemple, les étoiles entourées d'une couronne comme le Soleil émettent un rayonnement X qui n'existe pas chez les autres étoiles ; ou encore celles qui s'entourent d'un disque de poussières émettent un rayonnement infrarouge caractéristique.

La mesure simultanée de la luminosité et de la température des étoiles a conduit les astronomes à tracer un graphique fondamental, appelé « diagramme couleur-luminosité », ou encore « diagramme Hertzsprung-Russel », du nom des deux pionniers de cette classification (effectuée pour la première fois en 1910). L'étude de ce diagramme, associée aux calculs fondamentaux d'évolution stellaire, a conduit à une compréhension précise de ce que sont les étoiles *(Fig. 2)*.

Qu'est-ce qu'une étoile ?

Une étoile est une « sphère auto-gravitante », c'est-à-dire une énorme boule de gaz chaud, en équilibre sous l'effet de son propre poids. Le Soleil, étoile moyenne typique, a une masse de 2.10^{30} kg, c'est-à-dire deux milliards de milliards de milliards de tonnes, ce qui correspond à 333 000 fois la masse de la Terre. Son rayon est de 700 000 km, soit cent fois environ celui de la Terre. Les autres étoiles ont des masses comprises entre 0,01 et 100 masses solaires environ et leurs rayons peuvent être très variables suivant l'étape de leur évolution : typiquement entre un dixième et plus de mille rayons solaires, depuis les naines jusqu'aux supergéantes.

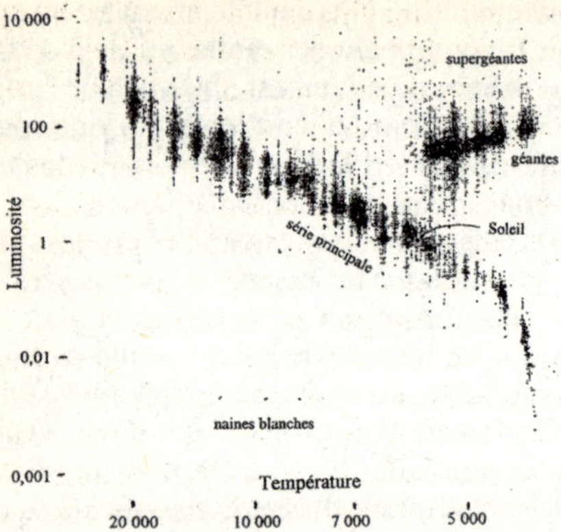

Figure 2 – Ce diagramme représente la luminosité (par rapport à la luminosité solaire) en fonction de la température superficielle (en degrés) pour les 6 700 étoiles les plus proches du Soleil. La température est obtenue à partir de la couleur des étoiles. Elle croît de la droite vers la gauche, d'après une tradition bien ancrée chez les astronomes ! On remarque la diagonale appelée « série principale », le groupe des géantes et des supergéantes en haut à droite, et quelques naines blanches vers le bas. Les étoiles de la série principale sont en train de brûler l'hydrogène en hélium. Les plus massives sont stabilisées avec des luminosités et des températures plus élevées : elles se situent donc plus à gauche dans les diagrammes. Lorsque le combustible hydrogène a disparu, les étoiles deviennent des géantes.

L'ÉQUILIBRE STELLAIRE

Si nous restons les pieds sur Terre sans nous envoler dans les airs, c'est à cause de notre poids, parce que notre corps est attiré par la grosse masse de la Terre qui le retient. Nous ne tombons pas au centre parce que le sol dur nous en empêche. Mais lorsque nous marchons sur de la vase ou dans des sables mouvants, nous nous enfonçons irrémédiablement. Imaginons un atome à la périphérie d'une étoile. Il est attiré vers l'intérieur, et il n'y a pas de sol dur pour le retenir. Mais en tombant, il entre en collision avec d'autres atomes qui ralentissent sa chute, de plus en plus à mesure de sa descente. Finalement, il subit un effet du genre « pépin de melon » : les collisions étant beaucoup plus efficaces en profondeur que vers l'extérieur (parce que la pression, la densité et la température sont plus élevées), il est rééjecté vers la surface. C'est ce que l'on nomme « équilibre hydrostatique ». Toute l'étoile est ainsi stabilisée sous l'effet, d'une part du poids de ses atomes qui tend à la concentrer, d'autre part des forces de pression internes qui la maintient dans ses dimensions d'équilibre.

Encore faut-il que l'étoile ait suffisamment d'énergie pour préserver longtemps cet équilibre. En effet, étant constituée de gaz chaud, elle rayonne et perd une énergie qui doit être compensée de l'intérieur. Nous savons à présent que cette énergie provient essentiellement des réactions nucléaires qui se produisent dans ses régions centrales. Actuellement, à l'intérieur du Soleil, 564 millions de tonnes d'hydrogène sont transformées chaque seconde en hélium. Un noyau d'hélium ayant une masse légèrement plus faible que celle des quatre noyaux d'hydrogène qui l'ont constitué, la différence est transformée en énergie selon la formule classique d'Einstein : $E = mc^2$. C'est ainsi que 560 millions de tonnes d'hélium « seulement » sont produites, et 4 millions de tonnes par seconde sont transformées en quatre cents millions de milliards de kilowatts (4.10^{26} watts). Cette énergie est ensuite transportée vers l'extérieur, soit par radiation, soit par convection, et est finalement rayonnée : c'est la luminosité solaire. On peut calculer ainsi la durée de vie du Soleil, soit 10 milliards d'années, et son âge actuel : 4,5 milliards d'années.

D'OÙ VIENNENT LES ÉTOILES ?

Lorsqu'on admire la voûte céleste par une belle nuit d'été, on distingue aisément cette bande blanchâtre qui traverse tout l'espace : la Voie lactée. C'est notre Galaxie : deux cent milliards d'étoiles dont le Soleil fait partie, gigantesque disque de 100 000 années-lumière de diamètre au sein duquel nous nous situons. Un examen attentif montre que la Voie lactée n'est pas uniforme : elle apparaît comme un ensemble de grandes taches lumineuses entrecoupées de régions sombres. Il existe en effet d'immenses quantités de gaz diffus disséminé entre les étoiles : la « matière interstellaire », souvent concentrée en « nébuleuses ». Ce gaz contient des atomes, des molécules (parfois très complexes), des grains de poussière. Il est soumis à des phénomènes violents : ondes de choc en provenance d'explosions d'étoiles, mouvements de toutes sortes liés à la rotation de la Galaxie, aux ondes qui la traversent et aux collisions diverses. Lorsqu'une masse de gaz se trouve, par hasard, suffisamment concentrée, elle peut s'effondrer sous l'effet de son propre poids et devenir une « proto-étoile ». Le télescope spatial Hubble a permis d'observer, en particulier dans la nébuleuse d'Orion, plusieurs de ces embryons d'étoiles.

Les circonstances qui conduisent à la formation de nouvelles étoiles peuvent être très variées : il faut que, pour une raison ou une autre, le gaz interstellaire soit comprimé au-delà d'un « point de non retour ». On assiste ainsi à des formations d'étoiles « en série » dans d'autres galaxies, appelées précisément « galaxies à sursauts d'étoiles » *(star bursts)*. Parfois, la compression du gaz peut même provenir d'une collision directe entre deux galaxies. C'est le cas de la spectaculaire galaxie « roue de charrette » où l'on distingue un immense cercle brillant autour d'une galaxie centrale qui paraît normale. En réalité, il y a eu collision avec une autre galaxie visible un peu plus loin, ce qui a éjecté un anneau de gaz comprimé qui s'est partiellement transformé en étoiles.

L'étude des étoiles très jeunes montre que certaines sont entourées d'un disque de poussière, qui deviendra probablement dans l'avenir un système planétaire, alors que d'autres semblent « nues ». Par ailleurs, plus de la moitié des étoiles se forment par paires (les « étoiles doubles ») ou même parfois par trois ou plus !

Dans tous les cas, la proto-étoile continue à se condenser en émettant un rayonnement intense (typiquement 10 à 100 fois la luminosité solaire). En se condensant, elle s'échauffe et sa température centrale augmente jusqu'à atteindre la valeur suffisante pour que commencent les réactions nucléaires de fusion d'hydrogène en hélium. Elle se stabilise alors. L'ensemble prend environ 10 millions d'années, ce qui est peu comparé à la durée de vie globale de l'étoile.

Toutes les condensations de gaz interstellaire ne parviennent pas à devenir de véritables étoiles. En effet, seules les sphères gazeuses de masse supérieure à 0,01 masse solaire atteignent une température suffisante pour « allumer » les réactions nucléaires qui vont leur permettre de se stabiliser. Si leur masse est inférieure à 0,001 masse solaire, elles deviennent des planètes. Entre les deux se situent des objets qui ne sont ni de vraies étoiles, ni de vraies planètes : les « naines brunes ».

Il existe aussi une limite supérieure à la masse des étoiles : les sphères gazeuses trop massives sont instables et n'arrivent pas à se former. On situe cette limite à environ 100 masses solaires.

ÉVOLUTION STELLAIRE

Suivant leur masse initiale, les étoiles se stabilisent avec des luminosités et des températures différentes. Les étoiles plus massives sont plus chaudes et émettent un rayonnement plus intense. Ce résultat explique le diagramme « couleur-luminosité » des étoiles observées *(Fig. 2)*. Par exemple une étoile de 10 masses solaires se stabilise avec une luminosité de 1 000 luminosités solaires et une température superficielle de 20 000 K : elle est de couleur bleue.

Bien que nous n'y ayons pas accès directement (sauf dans des cas exceptionnels, voir plus loin) l'intérieur des étoiles nous est bien connu par les études théoriques. Il est possible de montrer (c'est le « théorème de Vogt-Russel ») que la connaissance de la masse et de la composition chimique d'une étoile suffit à la caractériser tout entière, en suivant les étapes de son évolution.

La *figure 3* montre l'intérieur du Soleil. Dans les régions centrales (environ 20 % du rayon) se produisent les réactions nucléaires. Au centre, la température est de 16 millions de degrés, la densité de 150 grammes par centimètres cubes (soit 100 fois la densité de l'atmosphère terrestre au sol) et la pression d'environ 200 milliards de fois la pression atmosphérique ! L'énergie produite par les réactions nucléaires se propage vers la surface sous forme de photons, qui sont sans arrêt absorbés et réémis par les atomes qu'ils rencontrent sur leur chemin. Il faut quelques millions d'années à l'énergie produite au centre du Soleil pour arriver jusqu'à la surface ! C'est à la moitié du rayon que la densité atteint la valeur de la densité atmosphérique sur Terre, mais la pression y est encore de 600 millions d'atmosphères environ. À une fraction du rayon de 72 % se produit un phénomène particulier : des bulles de gaz se mettent à monter vers la surface et d'autres à descendre, comme l'eau qui bout dans une casserole. Il s'agit d'un phénomène de convection, comme celui qui se produit dans l'air ambiant au-dessus de ces systèmes de chauffage qu'on appelle justement « convecteurs ». Dans le Soleil, la zone de convection monte jusqu'à la surface, où elle apparaît dans les images du disque solaire sous forme de « granules » grandes comme la France.

L'intérieur des autres étoiles ressemble à celui du Soleil, avec quelques variantes. Lorsque la masse augmente, la température centrale, la densité et la pression deviennent aussi plus élevées. La zone de convection superficielle est moins profonde ; mais en revanche le cœur de l'étoile devient lui-même convectif pour des masses supérieures à 1,5 masse solaire.

Tout ce que nous venons de décrire se rapporte aux étoiles stabilisées grâce à la fusion d'hydrogène en hélium dans leur cœur nucléaire. Que se passe-t-il lorsque le combustible hydrogène a disparu ? Le centre de l'étoile se

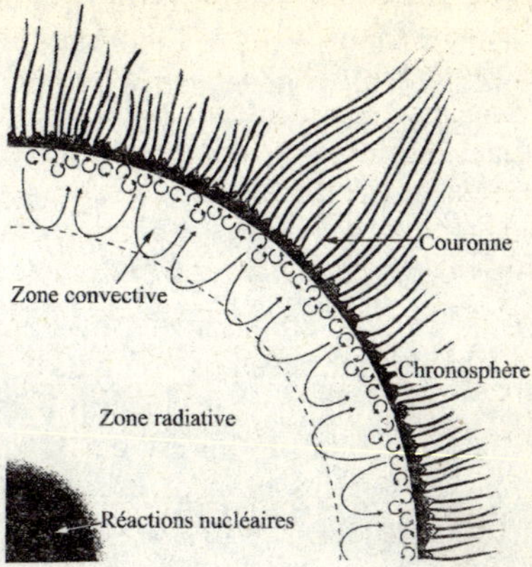

Figure 3 – L'intérieur du Soleil.
Les réactions nucléaires se produisent dans le cœur, à l'intérieur d'une zone de 0,2 rayon solaire de rayon, soit environ 140 000 km. Les photons ainsi créés se propagent lentement vers l'extérieur. À un rayon de 0,72 rayon solaire, soit environ 500 000 km, commence la zone convective qui mélange la matière jusque dans les régions externes. Au-dessus se trouvent la chromosphère et la couronne solaire, signature de gaz très chaud qui s'échappe du Soleil vers l'espace.

contracte et sa température recommence à augmenter. Dans le même temps, les régions externes de l'étoile se dilatent et son rayon croît considérablement. Finalement, tout se stabilise à nouveau lorsque la température centrale est suffisante pour amorcer la fusion nucléaire d'hélium en carbone. L'étoile est alors une « géante rouge ». Plus tard, l'étoile peut évoluer à nouveau pour devenir une « supergéante ». Au cours de cette évolution, les éléments chimiques qui composaient la nébuleuse primitive dont l'étoile est issue, se sont transformés : hydrogène en hélium, hélium en carbone, puis azote, oxygène, etc. D'autres réactions nucléaires annexes se produisent aussi, en particulier la formation et l'absorption de neutrons qui conduisent à la formation d'éléments lourds jusqu'à l'uranium...

La richesse des détails que les astrophysiciens connaissent sur les étoiles est fabuleuse et un livre entier ne suffirait pas à les décrire !

LA FIN DES ÉTOILES

La durée de vie des étoiles varie aussi suivant leur masse : une étoile plus massive possède plus de « combustible nucléaire », mais elle perd beaucoup plus d'énergie par seconde : le bilan final ne lui est pas favorable. Une étoile de 10 masses solaires ne peut exister que pendant 100 millions d'années, soit cent fois moins longtemps que le Soleil !

Comment disparaissent les étoiles ? Ici encore, le scénario dépend de la masse. Lorsque le Soleil aura épuisé tout son combustible, dans 5 milliards d'années, ses régions externes grandiront, grandiront... jusqu'à atteindre les planètes qui l'entourent et les avaler, à moins qu'elles n'aient été éjectées auparavant dans l'espace interstellaire. Tout ce gaz se dispersera alors sous la forme d'une belle nébuleuse. Ce qui restera du cœur solaire deviendra une petite étoile appelée « naine blanche », d'une dimension semblable à la Terre, qui se refroidira doucement (cela prendra quelques milliards d'années) avant de disparaître aux yeux du monde en se cristallisant.

Une étoile plus massive que le Soleil (environ 6 à 8 fois, la limite n'est pas certaine), termine son existence d'une manière autrement plus violente : elle explose ! cela prend seulement quelques heures, ce qui est très rare en astronomie où les échelles de temps sont en générale immenses devant l'échelle d'une vie humaine. Une telle explosion d'étoile est appelée « supernova ». La plus spectaculaire que nous ayons observée récemment est la supernova « 1987A », dans le « Grand Nuage de Magellan » (une galaxie proche de la nôtre, visible à l'œil nu dans l'hémisphère sud). Elle avait en réalité explosé 170 000 ans plus tôt, puisque la distance de cette galaxie est de 170 000 années-lumière !

Lors de l'explosion d'une supernova, l'intérieur de l'étoile est traversé par une onde de choc qui fait monter brutalement la température à un milliard de degrés : c'est une véritable bombe qui transforme complètement la composition chimique de la matière et conduit à la fabrication d'un grand nombre des éléments lourds que nous connaissons sur la Terre. En fait, des mesures d'éléments radioactifs montrent que le Soleil et son cortège de planètes se sont formés, il y a 4,5 milliards d'années, dans une région de la Galaxie où venait d'exploser au moins une supernova !

Au centre de ce qui reste de la supernova (qui apparaît après l'explosion comme une nébuleuse tourmentée) se trouve souvent une toute petite étoile, encore plus petite et plus dense qu'une naine blanche, appelée « étoile à neutrons ». Cette petite étoile peut posséder un champ magnétique intense, qui canalise la lumière dans une certaine direction. Comme, de plus, elle tourne vite, le faisceau de lumière est parfois visible avec une grande régularité (s'il est bien orienté) ; elle apparaît alors comme un phare céleste : c'est un pulsar.

Une nouvelle science : l'astérosismologie

Les études théoriques de l'intérieur des étoiles ont récemment reçu une confirmation spectaculaire, grâce à l'héliosismologie, ou étude des oscillations solaires.

Le Soleil vibre, comme un gigantesque instrument de musique. Cette immense sphère gazeuse se comporte comme une caisse de résonance qui entre en vibration sous l'effet des chocs aléatoires qui se produisent dans ses régions externes. Des ondes sonores se propagent à l'intérieur du Soleil (à des vitesses environ mille fois supérieures aux vitesses des ondes sonores dans l'atmosphère terrestre au sol) et se réfléchissent vers l'extérieur. Leurs effets sont détectés par les petits mouvements de surface qu'ils entraînent *(Fig. 4* et *5)*. C'est grâce à l'effet Doppler, dont nous avons déjà parlé, que ces petits mouvements sont repérés et analysés. Leurs périodes d'oscillation sont typiquement de l'ordre de 5 minutes.

Pour étudier les vibrations solaires, il faut pouvoir observer le Soleil en continu plusieurs jours d'affilée. Trois possibilités s'offrent pour cela :

— Observer depuis les régions polaires où le Soleil ne se couche pas pendant plusieurs mois.

— Envoyer des instruments dans l'espace.

— Créer des réseaux d'observation sur Terre de telle sorte que, lorsque le Soleil se couche sur un observatoire, un autre plus à l'Ouest puisse prendre le relais d'une manière coordonnée.

Les trois possibilités ont été utilisées : les premières observations des oscillations solaires ont été obtenues au pôle sud, vers 1980. Par ailleurs, des réseaux d'observation

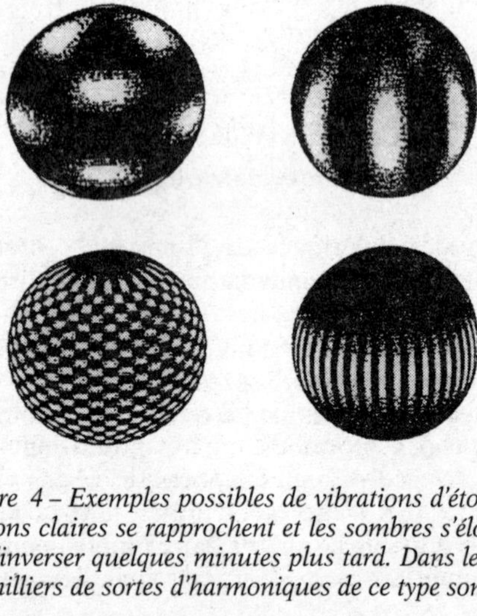

Figure 4 – Exemples possibles de vibrations d'étoiles : les régions claires se rapprochent et les sombres s'éloignent, pour s'inverser quelques minutes plus tard. Dans le Soleil, plusieurs milliers de sortes d'harmoniques de ce type sont détectées.

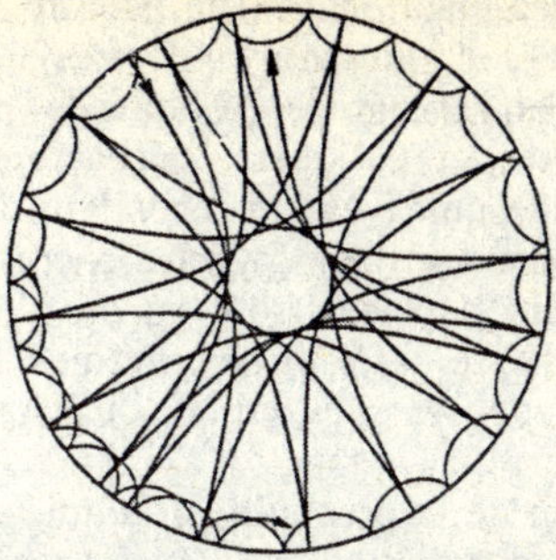

Figure 5 – Propagation des ondes sonores à l'intérieur d'une étoile. Les ondes pénètrent vers l'intérieur en se courbant, et se réfléchissent sur la surface en des points correspondant aux vibrations observées.

ont été créés tout autour du globe, dont le plus important est le réseau GONG (pour « Global Oscillations Network Group ») qui comprend six instruments identiques implantés à Hawaï, au Chili, aux États-Unis, aux îles Canaries, en Inde et en Australie. Enfin, le satellite SOHO a permis, grâce à plusieurs instruments installés à bord, d'étudier d'une manière très précise l'ensemble de ces vibrations.

Ces observations ont conduit à l'avènement d'une nouvelle science : l'héliosismologie, ou sismologie du Soleil. L'étude de ces ondes sonores permet en effet de connaître précisément l'intérieur de notre étoile, comme l'étude de la réflexion des ondes sismiques dues aux tremblements de Terre ont permis aux géophysiciens de découvrir la composition des régions internes de notre planète.

Comme toute caisse de résonance, le Soleil vibre avec des fréquences comprenant un très grand nombre d'harmoniques. La « caisse » étant sphérique, l'étude de ces harmoniques est très complexe, d'autant plus qu'on arrive à présent à en distinguer... de l'ordre de quelques milliers ! Mais de nombreux astrophysiciens travaillent sur ce sujet, et sont capables maintenant d'en déduire la structure de l'intérieur du Soleil à un pour mille près !

Lorsque l'on compare les résultats de l'héliosismologie avec les études théoriques précédemment connues, l'accord est excellent. Il existe cependant de petites différences qui intéressent beaucoup les chercheurs, car elles ont déjà permis et permettront encore de perfectionner l'étude physique de ces milieux extrêmes, beaucoup plus chauds et plus denses que tout ce que nous pouvons produire sur la Terre.

L'ambition de la prochaine décennie est de mesurer les oscillations d'étoiles comme on sait maintenant mesurer les oscillations solaires. Il faut pour cela envoyer dans l'espace des satellites avec les instruments appropriés. Un projet mené par la France : le satellite COROT, devrait pouvoir être mis sur orbite dans le courant de la prochaine décennie, avec le double but de mesurer les oscillations stellaires et de détecter de nouvelles exoplanètes. Un projet grandiose, au premier rang de l'astrophysique mondiale, qui promet de passionnantes nouvelles découvertes !

Il est fascinant de constater, avec le recul d'un siècle, tout ce que les chercheurs ont réussi à comprendre sur ces objets célestes que sont les étoiles, et tout ce qui nous reste encore à découvrir. Les étoiles sont le moteur de l'évolution de l'Univers : ce sont elles qui, dans leur creuset nucléaire, transforment la matière au cours du temps. S'il n'y avait pas eu des étoiles avant la nôtre dans la Galaxie, particulièrement des supernovae, les éléments chimiques qui composent notre monde actuel n'auraient pas été formés à temps pour faire partie de la nébuleuse dont nous sommes issus. Nous n'aurions simplement pas pu exister aujourd'hui sur la Terre !

Généalogie céleste de la matière

par MICHEL CASSÉ

Matière lumineuse, précieuse et céleste

La matière se divise en deux camps : baryonique (nucléaire) et non baryonique (non nucléaire). Les deux formes émanent du big bang. La première est sensible à la lumière — et donc à l'interaction électromagnétique structurante — et la seconde est neutre et indifférente. La matière nucléaire se structure en objets (étoiles, nuages, hommes), l'autre, reste à l'état de particules éparses, n'engageant que des relations via la gravitation.

À l'échelle universelle, la matière (noire) non baryonique constitue 30 % environ de l'univers, alors que la matière nucléaire n'atteint que 2 ou 3 %, le reste est dans la « quintessence », substance à vertu répulsive qui accélère l'expansion de l'univers, au dire de la cosmologie *new look*.

À l'échelle de la Voie Lactée, la matière nucléaire ne constitue qu'une portion congrue (10 % environ). Le halo galactique est largement dominé par la matière noire, essentiellement non baryonique, et constituée de particules lourdes et indifférentes aux interactions forte et électromagnétique, encore hypothétiques, appelées *neutralinos*.

La matière ordinaire et banale, celle des pierres et des arbres, des fleurs et des torrents, du vin et des papillons,

---

Texte de la 192e conférence de l'Université de tous les savoirs donnée le 10 juillet 2000.

du sang et des larmes, mérite d'être qualifiée de précieuse, lumineuse et céleste car elle est rare, photosensible et vient du ciel. Nous ne retiendrons que les préceptes simples de la matière nucléaire :

Ce qui est chaud brille. Ce qui ne brille pas absorbe de la lumière. Ce qui émet ou confisque des notes de lumière se laisse analyser chimiquement.

La matière atomique chaude brille, froide elle absorbe la lumière. Il n'en faut pas plus pour que fleurisse toute une astronomie de l'ombre et de la lumière, des nuages et des étoiles. Aussi est-on en mesure de quantifier la composition de toute une variété de milieux astrophysiques, stellaires ou nuageux. Les avancées spectaculaires des spectrographes au cours des dernières années, associés à des télescopes de grande envergure (HST, VLT, Keck), ont permis un saut qualitatif dans les mesures de composition d'une grande variété d'étoiles et de nuages interstellaires et même extragalactiques. L'échantillon de mesure a été considérablement élargi. Notamment, des mesures précises d'abondance ont été effectuées dans l'atmosphère d'étoiles beaucoup plus vieilles que le Soleil, appartenant au halo galactique ou dans les nuages extragalactiques lointains (donc reculés dans le temps) qui absorbent la lumière des quasars. On peut comparer ces compositions avec celle du Système Solaire et en déduire quelques tendances évolutives *(Fig. 1)*.

Le Soleil constitue, par sa masse, la plus grande partie du Système Solaire, et, en tant que tel, il est plus représentatif que les planètes qui ont été le siège de fractionnements chimiques intensifs. La composition de la photosphère solaire peut donc être comparée à celle des météorites, pierres qui tombent du ciel, seconde source d'information sur la composition du nuage protosolaire, ceci à condition d'exclure les éléments volatils (hydrogène, hélium, carbone, azote, oxygène et néon) qui se sont en partie échappés des météorites depuis leur formation.

Les chondrites carbonées, qui — représentant une fraction infime de la matière du Système Solaire — préservent cependant en leur sein sa composition originelle, car, si on exclut les éléments volatils, elles n'ont été que très peu affectées par le métamorphisme.

L'accord entre les deux sources de données est excellent, et de plus l'analyse des météorites en laboratoire permet de déterminer la composition isotopique de la matière constitutive du Système Solaire, donnée inestimable pour celui qui veut comprendre l'origine et l'évolution des noyaux d'atomes.

Le bilan de composition du nuage ancestral duquel s'est extrait le Système Solaire s'établit ainsi : dans un gramme de matière on compte 0,72 g d'hydrogène, 0,26 g d'hélium, 0,02 g d'éléments lourds. En dépit de sa superbe, le Soleil et son nuage père sont singulièrement pauvres en métaux, puisqu'ils ne constituent que 2 % de sa matière, mais c'est une fortune comparée aux étoiles antiques du halo galactique que l'on pourrait en l'occurrence taxer de déminéralisation.

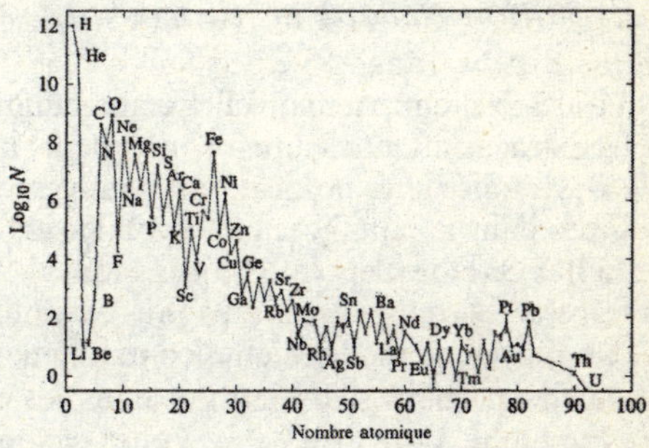

Figure 1 – Table d'abondance des éléments dans le Système Solaire. Parmi les traits saillants de la distribution des abondances, notons :

— La cime de l'hydrogène (Z = 1) et le sommet de l'hélium (2).

— La gorge profonde qui sépare l'hélium et le carbone (6).

— La croissance continue depuis la région carbone/oxygène (6-8) jusqu'au calcium (20).

— La vallée du scandium (21) suivie du pic du fer (26).

— Le paysage en dent de scie qui descend en pente douce vers les petites collines du platine (78) et du plomb (82).

— Le plat pays du thorium (90) et de l'uranium (92).

L'Astrophysique Nucléaire se donne pour but la détermination des mécanismes détaillés qui président à l'édification de chaque espèce nucléaire qui compose la nature, depuis le deutérium (2 nucléons) jusqu'à l'uranium (238 nucléons), de leur site astrophysique de production, et de l'enchaînement des phénomènes nucléaires qui façonnent la complexification de la matière atomique dans les galaxies. Plus précisément, elle vise à expliquer la composition du Système Solaire, les grandes tendances de l'évolution chimique de la Galaxie (enrichissement progressif en métaux, proportions relatives des éléments).

De l'hydrogène à l'uranium, les sources des noyaux d'atomes sont soigneusement établies. Ces sources sont le Big Bang (hydrogène, hélium et une pincée de lithium 7), le rayonnement cosmique (lithium béryllium, bore) et par dessous tout les étoiles.

Évolution stellaire et nucléosynthèse

Les étoiles brillent parce qu'elles transmutent les éléments. Les réactions nucléaires constituent la source d'énergie des étoiles. Les proportions relatives des différents isotopes dans la nature, entre le carbone et l'uranium, sont le résultat de la nucléosynthèse des étoiles. Nous sondons les reins et les cœurs de ces ouvrières en simulant leur existence au moyen de modèles physico-mathématiques.

Le jeu des particules qui entrent dans les réactions nucléaires se limite à p, n, γ, e^+, e^-, ν. Celles-ci sont organisées par les quatre forces conventionnelles de la physique (forte, faible, électromagnétique et gravitationnelle). L'étoile simulée n'est pas l'étoile vraie mais elle partage avec elle les principaux attributs. Les modèles de structure et d'évolution stellaires sont fondés sur des principes généraux d'équilibre mécanique et énergétique. Une étoile théorique se réduit à quelques équations d'équilibre, mais celles-ci ne sont pas indépendantes. Les réactions nucléaires sont suivies pas par pas, ainsi que la composition qui en résulte. La composition chimique de départ est prise comme celle du milieu interstellaire où a pris naissance l'étoile considérée.

La résolution des équations différentielles couplées se fait au moyen de codes numériques perfectionnés. À la sortie, on lit sur un listing les différentes caractéristiques à toutes les profondeurs de l'étoile (température, densité, composition et autres paramètres afférents) et cela tout au long du temps *(Fig. 2)*.

Les phases finales de l'évolution stellaire (qui sont également les plus complexes) sont suivies avec un soin particulier dans la mesure où elles se soldent par une éjection d'une partie de la matière travaillée par l'étoile.

Par exemple, dans l'explosion d'une supernova massive, la température atteint des sommets (5 milliards de degrés dans la couche riche en silicium) et les réactions nucléaires opèrent avec une rapidité si extrême que l'interaction faible (et lente) n'a pas le temps de se manifester. La conversion de protons en neutrons ne s'effectue pratiquement pas, si bien que l'espèce nucléaire la plus abondamment synthétisée est le nickel-56 (pauvre en neutrons). Celui-ci éjecté dans l'espace, transformera en son sein un proton en neutron puis un autre, pour parfaire sa structure nucléaire. La première transmutation prend 7 jours en moyenne, et la seconde 77. Le noyau résultant n'est autre que le fer-56.

Au cours de la dernière désintégration, des rayons gamma d'énergie très spécifique seront émis (847 keV). Cette prédiction théorique attendait confirmation, quand soudain, en hiver 1987, une supernova honora de sa présence le Grand Nuage de Magellan.

Supernovae

On distingue deux variétés de supernovae : les premières provenant de l'effondrement du cœur des étoiles massives, forment des étoiles à neutrons, (et des trous noirs, peut-

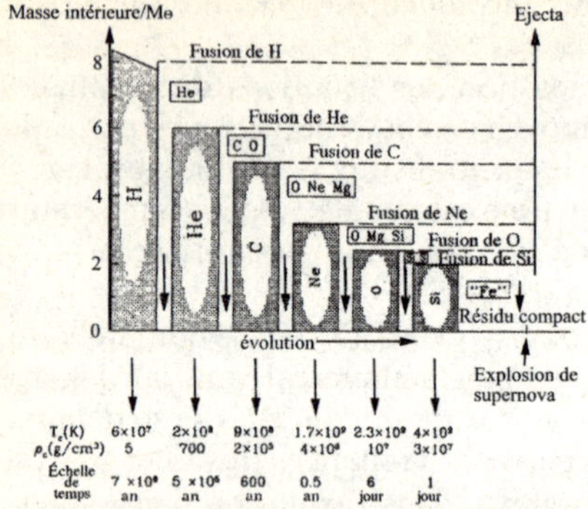

Figure 2 – Évolution schématisée de la structure interne d'une étoile de 25 masses solaires.
(D'après Marcel Arnould de l'Université Libre de Bruxelles).
On peut discerner, en grisé, les différentes phases de combustion ainsi que leurs principaux produits.
Entre deux phases de combustion, le cœur stellaire se contracte et la température centrale s'élève.
Les phases de combustion sont de plus en plus courtes.
Avant l'explosion, l'étoile épouse une structure étagée.
Le centre est occupé par le fer et la périphérie par l'hydrogène, l'entre-deux par les éléments intermédiaires.
L'effondrement puis la détente (rebond) du cœur engendre une onde de choc qui rallume les réactions nucléaires dans les profondeurs et propulse dans l'espace les couches qu'elle traverse.
Le cœur effondré se refroidit par émission de neutrinos pour devenir étoile à neutrons (voire trou noir).
La plus grande partie de l'énergie gravitationnelle dégagée par l'implosion du cœur (10^{53} erg) est libérée en 10 secondes environ sous forme de neutrinos.

être) qui, pour se refroidir, émettent des flux intenses de neutrinos. La seconde variété ne laisse subsister aucun astre compact et n'émet nul neutrino, mais en revanche requiert une naine blanche dont le compagnon va lui donner la mort.

Celles-ci forment la classe des supernovae gravitationnelles, celles-là, la classe des supernovae thermonucléaires.

Cette classification est vouée à remplacer la classification spectroscopique en type II et type I, selon que le spectre arbore ou non les raies de l'hydrogène, devenue ambiguë. On conserve cependant la dénomination SNIa pour qualifier les éblouissantes supernovae dont la courbe de lumière a des inflexions particulières et où l'hydrogène brille par son absence.

Les supernovae classées Ib et Ic sont en réalité des supernovae dont le mode d'explosion est semblable à celui des type II.

SN 1987a, la supernova du siècle, et même des temps modernes, fut résolument une supernova type II : son géniteur (20 M⊙) n'était pas très différent de Rigel, la belle étoile bleue de la constellation d'Orion, cela nous le savons pour l'avoir photographié avant sa mort.

Une opportunité unique s'offrait à nous de mettre à l'épreuve la théorie de l'explosion des étoiles et de la nucléosynthèse qui s'ensuit. Celle-ci prédisait que les isotopes de masse 44, 56 et 57 proviennent de la greffe soudaine, explosive, de particules alpha (ou noyau d'hélium) et de protons sur les noyaux de silicium, forgés au cœur de l'étoile-mère peu de temps avant son explosion. Étant synthétisés sous la forme de leur géniteur radioactif (nickel-56, nickel-57 et titane-44), les noyaux épars dans les débris de la supernova, au terme de désintégrations en chaîne, devaient retrouver leur forme stable (fer-56, fer-57 et calcium-44). Cette radioactivité ne pouvait rester inaperçue *(Fig. 3)*.

Ainsi le message de la supernova magellanique, retardé de 170 000 années par la distance de l'objet, arrivait au bon moment : celui où les hommes s'étaient donné des modèles physiques et des ordinateurs capables de restituer par le calcul l'évolution des étoiles. Message différé certes, mais message exact : les neutrinos arrivèrent avec quelques heures d'avance sur la lumière, comme prévu, et en nombre attendu.

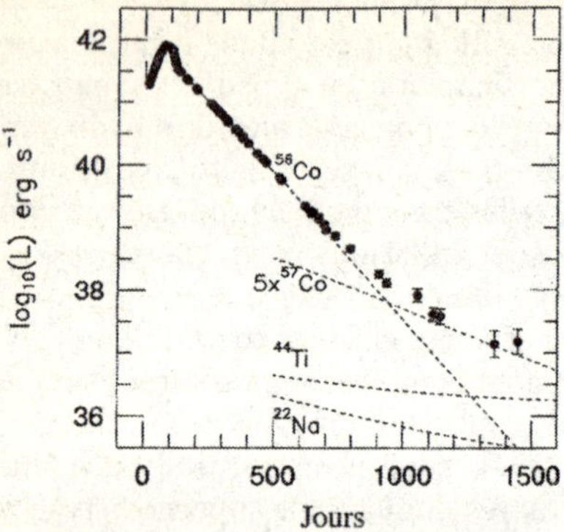

Figure 3 – Déclin de l'éclat de SN 1987A.
Le 23 février 1987, Shelton et Jones annoncèrent la découverte d'une supernova dans le Grand Nuage de Magellan. Ce fut la plus brillante qu'on ait pu observer depuis le temps de Kepler (1604), la première que l'on ait pu examiner dans toutes les bandes du spectre électromagnétique, et la première, encore, à être détectée par son flux de neutrinos. Sa distance relativement proche (170 000 années-lumière) offrit une opportunité unique d'observer une supernova en grand détail, cela avec une variété de techniques de détection différentes.
Le déclin de la courbe de lumière de la supernova, passé 200 jours, suit la décroissance radioactive du ^{56}Co (de demi-vie égale à 77 jours), père du ^{56}Fe et fils du ^{56}Ni. La lumière de la supernova est ensuite entretenue par la décroissance du ^{57}Co et ^{44}Ti de plus longues périodes, ce qui en fait un objet purement radioactif. L'énergie déposée par les radionucléides (pointillé) correspond à des quantités initiales de ^{56}Ni, ^{57}Ni et ^{44}Ti de 0,075, 0,009 et 0,0001 $M_{\odot}$ respectivement.

Les supernovae thermonucléaires, quant à elles, se rapprochent, par leur fonctionnement, des bombes du même nom. Leur physique, brutale et complexe, implique des échanges de matière entre deux étoiles, échanges régis par la gravitation.

Ce dont on est assuré, par contre, c'est de l'identité de l'astre explosif : une naine blanche. Les naines blanches gavées de matière dépassent la masse critique de 1,4 M⊙, et elles explosent comme des bombes, sans laisser aucune trace sinon un violent signal lumineux et un nuage en expansion (vestige de supernova). L'explosion est le résultat de la combustion nucléaire catastrophique du carbone dans le corps des naines blanches.

Une caractéristique frappante des SNIa est qu'elles exhibent un remarquable degré de similitude, bien plus que toute autre classe de supernovae, et que leur évolution spectrale est reproductible. Si l'on écarte quelques brebis galeuses, les courbes de lumière montrent une impressionnante homogénéité. La dispersion des magnitudes absolues est de 0,2 magnitude, environ, sur tout l'échantillon analysé et très inférieure à celle des SN des autres types.

Aussi les SNIa sont considérées comme des étalons de luminosité, ou si l'on préfère, pour reprendre le terme usité en cosmologie, des chandelles standards.

Les supernovae, sans distinction de classe, figurent parmi les plus beaux fleurons de l'astronomie. Ce sont les moteurs de l'évolution galactique. Elles ne sont chiches ni en énergie (10^{51} erg), ni en matière ouvragée (2 M⊙ d'oxygène et 0,6 M⊙ de fer, respectivement pour les deux types).

Les deux variétés de supernovae ne produisent pas les éléments dans les mêmes proportions, ni n'explosent au même rythme (1 thermonucléaire pour cinq gravitationnelles).

Les supernovae gravitationnelles produisent efficacement quantité d'éléments entre le carbone et le calcium, l'oxygène étant le plus abondant, alors que leurs consœurs thermonucléaires ne lésinent pas sur le fer et les éléments voisins. Selon les estimations, environ 50 % du fer viendrait des SNIa *(Fig. 4)*.

La richesse en neutrons de la matière qui échappe tout juste à l'emprise gravitationnelle de l'étoile à neutrons est

Élément	13 M⊙	15 M⊙	20 M⊙	25 M⊙
C	0,060	0,083	0,115	0,148
O	0,218	0,433	1,480	3,000
Ne	0,028	0,039	0,257	0,631
Mg	0,012	0,046	0,182	0,219
Si	0,047	0,071	0,095	0,116
S	0,026	0,023	0,025	0,040
Ar	0,0055	0,0040	0,0045	0,0072
Ca	0,0053	0,0033	0,0037	0,0062
Fe	0,150 ?	0,120 ?	0,075	0,050 ?

Figure 4 – Obole d'étoiles exprimées en masse solaire. Les quantités de fer éjectées sont incertaines faute de pouvoir définir avec précision la frontière entre la matière qui s'envole et celle qui reste prisonnière de l'étoile à neutrons.

un site prometteur pour le processus *r* qui élabore les noyaux les plus lourds de la nature (jusqu'à l'uranium) par capture rapide de neutrons. Un cocktail bien dosé des deux semble expliquer, du moins qualitativement, les abondances du Système Solaire. Les SNII fournissent tous les éléments entre oxygène et calcium, les SNIa apportent une dernière touche au pic du fer.

Évolution chimique de la Galaxie

Jeu subtil, mais encore incertain, l'évolution galactique est promise à un grand avenir, car elle seule permet d'expliquer la marche de l'histoire de la matière dans les différentes régions du cosmos.

La Galaxie est un système structuré et évolutif, constitué d'un disque et d'un halo, de composition et d'histoire différentes. Les populations stellaires du halo se caractérisent, premièrement par des mouvements (vitesses et orbites) particuliers, et deuxièmement, par une grande pauvreté en métaux.

Le halo est le royaume de la matière noire et des étoiles antiques (rassemblées dans les amas globulaires ou étoiles éparses). Toute formation d'étoiles y a cessé, et les astres désargentés (pauvres en métaux), en orbite autour de la Galaxie, poursuivent leur course inlassable. La matière y a gardé une forme très primitive.

Dans le disque, les nuages accouchent de lignées d'étoiles. Les étoiles synthétisent la variété complète des noyaux d'atomes à l'exception des plus légers.

Elles laissent derrière elles des résidus compacts, naines blanches, étoiles à neutrons et trous noirs. De générations en générations d'étoiles, le milieu interstellaire s'enrichit en éléments complexes, propices à la vie. Les noyaux d'atomes, expulsés par les étoiles, s'entourent d'électrons et s'enchaînent en molécules dans le froid des nuages où naît toute une chimie.

Dans l'exercice que constitue la modélisation de l'évolution chimique de la galaxie (et de toutes les galaxies), on se donne quelques règles ainsi que des conditions initiales.

La composition initiale est celle qui sort du big bang : 76 % d'hydrogène et 24 % d'hélium. Cette matière originelle sert d'aliment aux cycles de transformation suivants :

Gaz → Étoile.

Étoile → Gaz chargé de produits nouveaux + résidu compact.

Chaque étoile travaille à la constitution et à la perfection des métaux et amasse en ses tréfonds les bons oxygène, silicium, fer. La contribution de chaque étoile est versée à la caisse galactique. L'obole est constituée d'un certain nombre d'atomes de chaque type, dont on fait le décompte. Chacune verse selon sa masse. Les plus grosses sont les plus généreuses et versent le plus rapidement. Le décompte, étoile par étoile, s'établit comme l'indique le barème donné plus bas.

Les étoiles massives, par supernovae interposées, et les étoiles de masse intermédiaires, mères des nébuleuses planétaires sont les plus généreuses. Ce sont les véritables moteurs de l'évolution chimique de la Galaxie. Les étoiles de faible masse (< 1 M⊙) brillent à l'économie et leur évolution est si lente qu'on attend encore leur pleine floraison. Si les étoiles de masse supérieure à celle du Soleil jouent dans l'économie générale de l'univers le rôle d'artisans consciencieux, les astres noirs et petites étoiles jouent celui de boulets.

Progressivement, le gaz galactique se transforme en étoiles, lesquelles restituent une partie de leur substance à leur milieu nourricier et originel, mais une partie seulement. À ce jeu, le gaz est perdant, il finit par s'épuiser. À terme cessera la formation d'étoiles. Les supernovae se feront toujours plus rares, la composition de la Galaxie ne changera plus.

Cette description de l'évolution chimique de la Voie Lactée est conforme aux observations. Ainsi la teneur en fer des étoiles plafonne depuis plusieurs milliards d'années, ce qui montre un ralentissement évident de l'évolution nucléaire.

Pourtant le fer, roi de la création nucléaire, possède le noyau le plus solide. À supposer que la forme la plus résistante est vouée à dominer, on conclurait que les étoiles préparent son avènement. Pourtant il ne règnera pas, et l'épouvantable vision d'un univers métallique s'efface.

Il y a à cela plusieurs raisons. La première tient à une faiblesse (fondatrice) de la chaîne nucléaire qui relie l'hydrogène (élément premier) au fer, au niveau des noyaux de masse 5 et 8 (instables) La nucléosynthèse du big bang avorte au nombre 7. L'expansion a été trop rapide pour que le carbone se constitue. L'instabilité maladive des fils de l'hélium en est la cause.

La seconde est que la production de fer est amoindrie par le fait que la partie centrale des étoiles massives, où le fer prolifère, implose et est transformée en étoile à neutrons ou pire encore, en trou noir. La troisième est que les supernovae de type Ia (fruit de la vie en couple de certaines étoiles) sont rares. Et la quatrième est celui que nous venons de voir : la Galaxie brille de ses derniers feux et son évolution chimique touche à sa fin.

Conclusion :
Astrophysique explosive

Supernova ! Explosion d'étoiles suivie de désintégrations de noyaux radioactifs : la physique cataclysmique est celle que porte au cœur toute une génération d'astrophysiciens on ne peut plus doux et pacifiques, par ailleurs. Ces somptueux événements font dorénavant l'objet d'une telle attention qu'on pourrait dire que l'humanité est entrée dans l'ère des supernovae.

RÉFÉRENCES

- ARNOULD (M.) et TAKAHASHI (K.), « Nuclear Astrophysics », *Reports on Progress in Physics*, 1999, 62, 393.
- ARNETT (D.), *Supernovae and Nucleosynthesis*, Princeton University Press, 1996.
- AUDOUZE (J.), MUSSET (P.) et PATY (M.) (coordonateurs), « Les particules et l'univers », *Nouvelle Encyclopédie Diderot*, PUF, 1990.
- CASSÉ (M.), *Généalogie de la matière*, Odile Jacob, 2000.
- CLAYTON (D. D.), *Principles of Stellar Evolution and Nucleosynthesis*, The University of Chicago Press, 1983.
- LEHOUCQ (R.) et CASSÉ (M.), *in* « Supernovae », *Les Houches*, North Holland, 1990, p. 589.
- PRANTZOS (N.) et MONTMERLE (T.), *Naissance, vie et mort des étoiles*, Que sais-je ?, PUF, 1998.
- ROLFS (C.) et RODNEY (W. S.), *Cauldrons in the Cosmos*, The University of Chicago Press, 1988.
- VALENTIN (L.), *Physique subatomique : noyaux et particules*, vol I et II, Collection enseignement des sciences, 1982.
- SLEZAL (E.) et THÉVENIN (F.), *Nucléosynthèse et abondance dans l'univers*, 1998, Cépaduès Éditions.

Évolution des galaxies et des quasars

par Françoise Combes

Les différents types de galaxies

Les galaxies sont observées sous de nombreuses formes, de nombreuses variétés. La principale classification distingue les galaxies à disques aplatis, ou galaxies spirales, et les galaxies elliptiques, composées essentiellement d'un sphéroïde de vieilles étoiles. La séquence de Hubble *(Fig. 1)* place les divers types morphologiques selon leur concentration de masse centrale. Les galaxies spirales possèdent elles aussi un sphéroïde concentré de vieilles étoiles en plus de leur disque, et l'importance de ce « bulbe » central augmente progressivement le long de la séquence (de droite à gauche). Le gaz interstellaire se concentre dans le disque, avec les jeunes étoiles nouvellement formées à partir du gaz ; c'est pourquoi la fraction de masse de gaz varie aussi le long de la séquence, cette fois diminue de droite à gauche. La masse totale de la galaxie augmente de droite à gauche. De plus, l'aspect de la spirale évolue aussi le long de la séquence : l'enroulement des bras augmentant quand on se déplace vers la gauche.

La fraction des divers types morphologiques dépend beaucoup de l'environnement. Dans les amas denses de galaxies, les elliptiques dominent. Dans les régions plus

---

Texte de la 195e conférence de l'Université de tous les savoirs donnée le 13 juillet 2000.

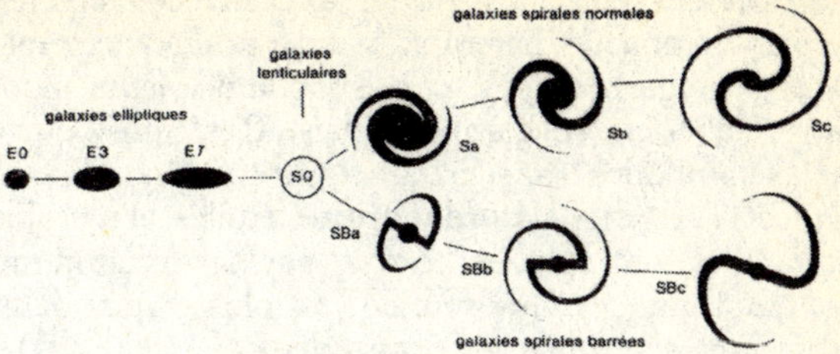

Figure 1 – Séquence de Hubble des galaxies.
À gauche, sont les galaxies elliptiques, qui nous apparaissent comme des ellipses en projection sur le ciel, et qui sont en fait des sphéroïdes, plus ou moins aplatis ou allongés À droite, des galaxies spirales à disques, qui contiennent toutefois un sphéroïde en leur centre, ou « bulbe ». Le rapport bulbe sur disque croît de la droite vers la gauche. Il y a deux branches de galaxies spirales : les barrées et les non-barrées. Les premières constituent pratiquement les trois quarts des galaxies spirales.

isolées, ce sont les spirales qui dominent (elles constituent les deux tiers des galaxies). Les interactions entre galaxies accélèrent le taux d'évolution, c'est-à-dire la formation d'étoiles à partir du gaz, qui fait se concentrer et augmenter la masse de la galaxie.

Galaxies en perpétuelle évolution

Les galaxies sont soumises à des forces contradictoires : d'une part la gravitation, le principal moteur pour rassembler la masse, et en opposition avec cette attraction, la rotation à l'origine de forces centrifuges, et les mouvements d'agitation désordonnée. Or toute galaxie voudrait concentrer sa masse pour minimiser son énergie.

Pour ce faire, il est nécessaire d'avoir du gaz pour réduire les mouvements d'agitation. Les nuages de gaz entrent en collision et dissipent l'énergie par rayonnement.

Les étoiles, elles, ne rentrent jamais en collision (elles sont trop compactes par rapport à leurs distances relatives), et l'énergie cinétique correspondant à leurs mouvements relatifs ne se dissipe jamais. C'est ainsi que les galaxies elliptiques, sans gaz, atteignent un équilibre relatif, grâce à l'agitation désordonnée des étoiles, et n'évoluent plus. Si elles sont aplaties, ce n'est pas par rotation, mais parce que l'agitation désordonnée est plus grande dans la direction du grand axe de l'ellipsoïde.

Les galaxies à disque, elles, possèdent du gaz et peuvent dissiper l'énergie cinétique. De plus, la formation de spirales est très efficace pour évacuer la rotation. Les spirales ne sont pas des bras de matière, comme les nuages de lait dans le café remué, mais ce sont des ondes. Seules les ondes peuvent subsister malgré la rotation différentielle. Car les galaxies ne tournent pas comme un corps solide (comme un disque microsillon), mais le centre tourne beaucoup plus vite que le bord. La matière au centre met des millions d'années pour faire un tour, la matière du bord met des milliards d'années. Dans ces conditions, un bras matériel s'enroulerait très rapidement, de plusieurs centaines de tours depuis le début de l'Univers, et toute spirale serait effacée. Ce problème d'enroulement n'existe pas si les spirales sont des ondes. Ces ondes tournent autour du centre comme un corps solide, bien plus lentement que les étoiles. Les étoiles entrent dans l'onde spirale, et en ressortent, au bout de quelques millions d'années. Les ondes peuvent ainsi durer plus longtemps, mais ne sont pas éternelles non plus. Elles échangent de l'énergie avec la matière, et apparaissent et disparaissent en des échelles de temps de l'ordre de 100 millions d'années. S'il existe du gaz, elles peuvent être sans arrêt renouvelées.

Ces ondes, si elles s'enroulent dans le sens « traînant »* par rapport à la rotation de la galaxie, permettent d'évacuer la rotation vers l'extérieur, et la galaxie est plus concentrée

* Du mot anglais *Trailing*.

après le passage des ondes. En effet, les spirales observées dans les galaxies s'enroulent toujours dans le sens « traînant ».

D'autre part, les ondes favorisent la formation d'étoiles à partir du gaz. Dans les ondes, la densité augmente, le gaz est comprimé, et les instabilités gravitationnelles se déclenchent : de nouvelles étoiles sont formées dans les bras spiraux. En somme, la formation des bras spiraux accélère l'évolution des galaxies : elle permet à la masse de se concentrer en évacuant la rotation, et aux étoiles de se former à partir du gaz.

Encore plus efficaces que les ondes spirales, sont les ondes barrées ; les ondes spirales peuvent se comparer à des ondes progressives sur une corde, alors que les barres sont des ondes stationnaires. Leur action est d'autant plus durable. La formation de la barre est précédée de la formation d'une spirale, comme le montre la *figure 2*.

Les trois quarts des galaxies spirales sont barrées, d'après de nouveaux résultats en lumière proche infra rouge, qui s'affranchit de l'absorption par la poussière. Les barres sont de puissants facteurs d'évolution, qui transfèrent la masse vers le centre, comme les spirales mentionnées plus haut. Leur action s'autorégule d'elle-même ; lorsqu'il y a trop de masse vers le centre, la barre s'affaiblit et peut même disparaître. Cela se passe en plusieurs étapes.

Grâce à des résonances entre la barre et la matière du disque, des étoiles sont propulsées en hauteur, perpendiculairement au disque. Il se forme ainsi un bulbe en forme de boîte ou de cacahouète *(Fig. 3)*. La concentration de masse centrale contribue donc à former le bulbe.

Le gaz, lui, s'accumule aussi au centre, dans des régions de résonance, qui forment des anneaux. Des flambées de formation d'étoiles peuvent se produire, lorsque la densité de gaz accumulée est suffisante. Une partie du gaz peut aussi alimenter un trou noir massif déjà formé dans une étape antérieure. Ce phénomène est favorisé par la création d'une seconde barre, à l'intérieur de la première, qui tourne encore plus vite. Les barres/spirales peuvent être imbriquées les unes dans les autres comme les poupées

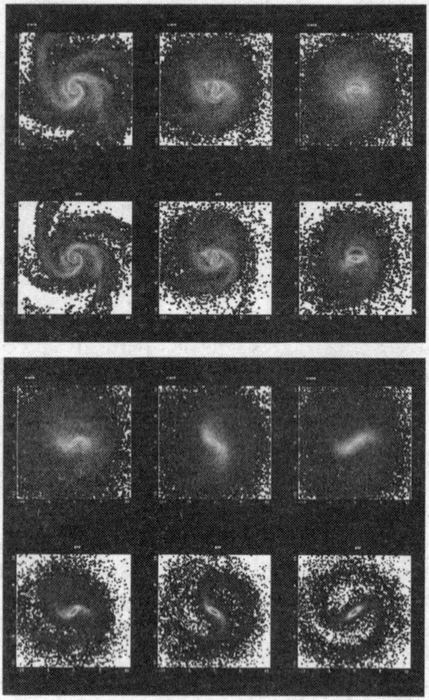

Figure 2 – Les diverses étapes de formation d'une barre, dans une simulation numérique. En haut les étoiles, en bas le gaz. Une spirale se forme d'abord, qui évacue une grande partie du moment angulaire, et permet à la barre de s'amplifier. Un anneau se forme dans le gaz au lieu de résonance avec la barre.

russes (*Fig. 4,* voir hors-texte). Elles se relaient pour concentrer la masse vers le centre.

Lorsque la concentration de masse vers le centre est trop forte, la barre s'affaiblit et disparaît. Le gaz qui tombe sur la galaxie dans les parties externes va alors alimenter le disque, et n'arrivera plus au centre. L'équilibre disque/

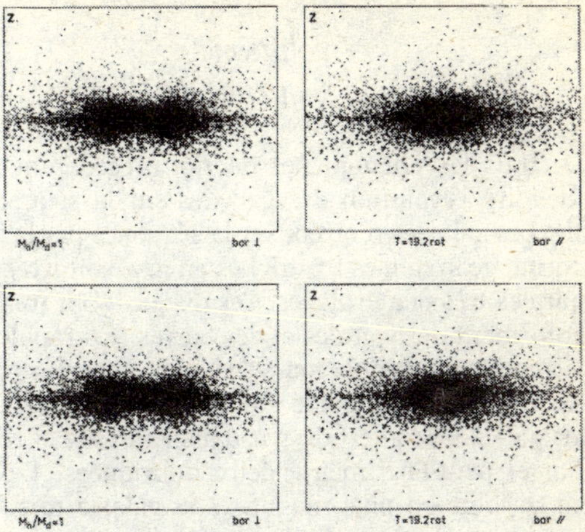

Figure 3 – Projection de la barre à la fin de la simulation, vue par la tranche, lorsque la barre est perpendiculaire (gauche) et parallèle (droite) à la ligne de visée. Les étoiles sont soulevées perpendiculairement au plan par des résonances, et forment une structure en cacahouète (d'après Combes et Sanders, A&A 96, 164, 1981).

bulbe se rétablit au profit du disque, et une autre instabilité en forme de barre/spirale peut s'établir, et tout recommence. Plusieurs épisodes de barres/spirales peuvent se développer dans une galaxie au cours de sa vie.

D'où vient cette matière nouvelle qui alimente à nouveau le disque ? Une galaxie est un système ouvert, continuellement en train d'acquérir de la masse. Le gaz provient des parties externes, et tombe vers le centre. Il existe beaucoup de gaz autour des galaxies, observé en radio-astronomie grâce à la raie de l'hydrogène atomique (HI) à 21 cm de longueur d'onde. Le gaz visible en HI s'étend jusqu'à un rayon égal à 4 fois celui du disque visible en optique (*Fig. 5*, voir hors-texte).

Évolution le long de la séquence de Hubble

De tous les phénomènes décrits précédemment, on peut déduire l'évolution des galaxies sur la séquence de Hubble. Les galaxies rentrent sur la séquence par la droite, sous forme de systèmes très riches en gaz, soit irréguliers, soit spirales très peu évoluées. Ces disques sont très instables et forment des spirales et des barres très rapidement. Ces barres concentrent la masse vers le centre, formant un petit bulbe *(Fig. 6)*. La barre s'affaiblit et devient plus axisymétrique, elle acquiert du gaz dans le disque et reforme une barre, peut-être même deux imbriquées. Le bulbe devient de plus en plus massif, et la galaxie remonte la séquence de Hubble. Les disques que l'on observe aujourd'hui sont relativement jeunes, ce ne sont pas les disques d'autrefois. Cette évolution est encore accélérée en présence d'interactions de galaxies.

Interactions et fusions de galaxies

Ce n'est que dans les années 1970 que la nature de l'interaction entre galaxies a été élucidée, grâce à des simulations sur ordinateur. C'est une interaction de marée gravitationnelle. Elle donne lieu à des morphologies très différentes de celles des marées dans le Système solaire, car les galaxies sont des systèmes assez peu liés, très déformables. Les premières simulations simples, à 3 corps, ont remarquablement réussi à montrer le mécanisme de la formation des spirales à deux bras.

L'interaction de marée est bisymétrique, de même que les marées terrestres engendrées par le Soleil et la Lune (il y a deux marées par 24 h). Les deux perturbations de départ sont étirées en filaments et ponts entre galaxies.

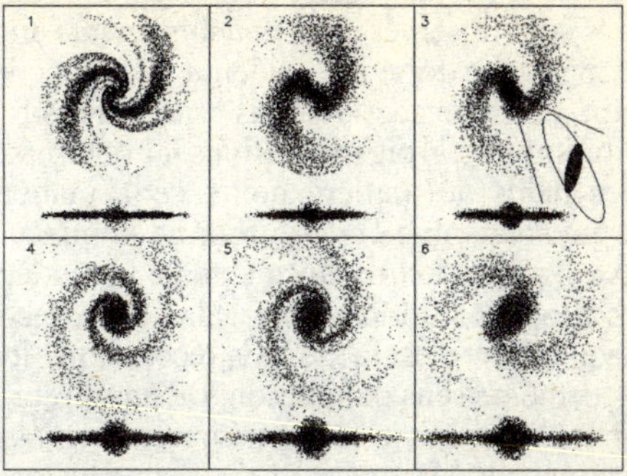

Figure 6 – Schéma de l'évolution des galaxies le long de la séquence de Hubble.
Une galaxie à disque peu massif, sans bulbe est instable sous forme de spirale/barre, et celle-ci rassemble la masse vers le centre (voir l'évolution du bulbe, dans la projection de profil).
Lorsqu'il y a trop de masse au centre, la barre disparaît, et le gaz provenant de l'extérieur enrichit le disque.
Plus tard, une autre barre pourra se former, lorsque le rapport disque/bulbe sera à nouveau favorable.
Une barre secondaire (cf. étape 3) peut relayer la barre primaire dans la concentration de la masse vers le centre.

Elles s'enroulent grâce à la rotation différentielle de la galaxie, qui tourne plus vite au centre qu'aux bords.

Le gaz d'hydrogène atomique est beaucoup plus déformable, car moins lié gravitationnellement à la galaxie, aussi forme-t-il des morphologies plus spectaculaires (*Fig. 5*, voir hors-texte).

Lorsque la collision est de plein fouet, il se forme des ondes en forme d'anneau qui se propagent du centre vers le bord, comme les ondes émises à la surface de l'eau par le jet d'une pierre. Au passage de l'onde, se déclenche une flambée de formation d'étoiles, qui rend l'anneau particulièrement brillant (*Fig. 7*, voir hors-texte). Dans la direction perpendiculaire au plan, la galaxie est aussi très déformée. Après excitation, le plan gauchi et tordu en forme de crêpe, oscille pendant longtemps. Tous les plans de galaxies sont observés ainsi gauchis, même en l'absence de perturbation extérieure évidente. Ce phénomène est intéressant, car il permet de nous renseigner sur le potentiel gravitationnel à trois dimensions, et notamment sur la forme des halos de matière noire, cette matière qui ne rayonne pas, mais que l'on soupçonne dominer la masse des galaxies, grâce aux mouvements de la matière.

Lors des interactions entre galaxies, celles-ci échangent de la matière ; il est facile de le reconnaître, lorsqu'elles n'ont pas le même sens de rotation. De nombreux systèmes ont ainsi été observés avec deux courants en contre-rotation, certaines étoiles tournant dans un sens et certaines dans l'autre. Parfois le gaz ne tourne pas dans le même sens que les étoiles. Ces systèmes donnent lieu à des instabilités particulières à un bras spiral. Parfois l'accrétion de matière n'est pas dans le même plan, et une partie de la matière tourne dans un plan perpendiculaire au plan principal (cas des anneaux polaires). L'interaction entre notre propre galaxie, la Voie Lactée, avec les Nuages de Magellan, a donné lieu à la formation du courant « magellanique », un anneau polaire de gaz, qui tourne au-dessus de nos têtes, dans un plan perpendiculaire à celui de la Voie Lactée.

Autour d'une galaxie elliptique, les étoiles d'une galaxie compagnon, une fois celle-ci détruite par les forces de marée, oscillent selon leur énergie dans le potentiel de la galaxie principale, et dans leur ballet dessinent des coquilles d'étoiles éphémères. Ce phénomène est observé dans pratiquement la moitié des galaxies elliptiques (*Fig. 8*, voir hors-texte).

La collision entre galaxies est très inélastique. Il faut beaucoup d'énergie pour déformer les galaxies. Cette énergie est prise aux dépens de l'énergie orbitale, donc du mouvement relatif des galaxies l'une par rapport à l'autre. Cela freine les galaxies, qui se rapprochent l'une de l'autre en spiralant. Après une ou deux révolutions, elles coalescent, elles s'effondrent l'une sur l'autre. Le moment angulaire et la rotation sont absorbés par la matière noire autour. Le gaz HI part essentiellement dans les queues de marée. Le gaz plus dense, moléculaire, s'accumule au centre. Cette accumulation déclenche un feu d'artifice, une flambée de formation d'étoiles. Certaines galaxies forment des étoiles à raison de 1 000 par an, alors que le taux normal est plutôt de l'ordre d'une par an. À ce rythme, elles vont épuiser leur gaz rapidement ; comme cela ne peut durer qu'une courte période, on l'appelle un sursaut de formation d'étoiles, ou *starburst*.

Formation de trous noirs massifs

Un trou noir est, par définition, un objet assez compact pour qu'il existe autour de lui un horizon au-delà duquel la vitesse de liberation est supérieure à la vitesse de la lumière. Autrement dit, même la lumière ne peut en sortir, si elle s'aventure en deçà d'une distance du centre égale à l'horizon. À la fin de l'évolution d'une étoile massive, une supernova peut exploser et laisser un résidu compact. C'est un trou noir, si sa masse est supérieure à 3 masses solaires. Mais sa masse ne vaudra pas plus que 10 masses solaires, comme ordre de grandeur.

Pourtant, au centre des galaxies, existent des trous noirs supermassifs, de l'ordre de 100 millions à quelques milliards de masses solaires. Leur existence donne lieu à des phénomènes très lumineux, lorsque la matière tombe sur le trou noir, avant d'arriver à l'horizon. C'est ce que l'on appelle le phénomène de noyaux actifs de galaxies (NAG) et quasars.

Les quasars

L'origine du mot « quasar » vient de la contraction de « quasi-stars ». Ce sont des objets ponctuels, comme des étoiles, au spectre inhabituel. Les raies d'émission observées ne correspondent à aucune de celles observées dans les étoiles. C'est Marteen Schmidt qui en 1964 a le premier élucidé le mystère. Le spectre peut très bien se comprendre par des raies connues, si on admet qu'il a été décalé vers le rouge d'une grande quantité. Ce décalage vers le rouge est dû à l'effet Doppler résultant de l'expansion de l'Univers. Toutes les galaxies s'éloignent de nous à une vitesse proportionnelle à leur distance. Comme les quasars s'éloignent de nous à très grande vitesse, ce sont des objets très lointains. Ils sont restés pendant très longtemps les objets les plus lointains connus, ce n'est que très récemment que l'on a pu détecter, grâce au télescope spatial Hubble, des galaxies encore plus lointaines.

C'est parce que les quasars rayonnent beaucoup (mille fois autant que la Voie Lactée) qu'il est possible de les voir aussi loin. De plus, ils sont bien plus rares que les galaxies, aussi n'y en a-t-il pas de très proches. Il existe des noyaux actifs de galaxies de moindre importance : galaxies de Seyfert, Liners par exemple. Ceux-là peuvent se trouver plus près de nous. Dans ces systèmes actifs, on peut voir nettement la galaxie-hôte, sous-jacente, et les objets n'apparaissent pas si ponctuels. La nature de l'activité est la même : le rendement est très efficace, pour qu'une petite région, le noyau, puisse rayonner beaucoup plus qu'une galaxie toute entière. Ce rendement exceptionnel ne peut pas venir seulement des réactions nucléaires qui font rayonner les étoiles. Il s'agit de la transformation de l'énergie gravitationnelle directement en énergie de rayonnement autour d'un trou noir, dans un disque d'accrétion. Le rendement peut être de l'ordre de 10-20 % de l'énergie de masse mc^2 (alors que le rendement de l'énergie nucléaire est un peu moins de 1 %).

Lorsque le gaz spirale vers le trou noir, avant d'atteindre l'horizon, au-delà duquel même la lumière qu'il émet sera avalée par le trou noir, il émet du rayonnement très énergétique, sous forme de rayons X, UV, visible, etc. La température est très élevée, des milliers à des millions de degrés. Les étoiles elles-mêmes peuvent être détruites par effet de marée en passant près du trou noir, et le gaz qu'elles libèrent va alimenter le trou noir.

Comment peut croître le trou noir massif ?

Toute la matière (gaz ou étoile) qui tombe sur le trou noir va l'alimenter, mais le trou noir ne peut pas être boulimique. Le gaz en tombant rayonne beaucoup, et le gaz à proximité du rayonnement peut être repoussé par la pression de radiation. Si le trou noir avale trop de matière, celle-ci va rayonner tellement que la pression de radiation sera trop forte, et repoussera la matière qui tombait sur le trou noir. Il y a donc une luminosité maximale que peut avoir un trou noir en fonction de sa masse : c'est la limite d'Eddington, proportionnelle à sa masse.

Au mieux, si un trou noir avale de la matière à la limite d'Eddington en permanence, il mettra un milliard d'années à atteindre une masse de 300 millions de masses solaires. Mais en fait, c'est une limite idéale, la matière autour du trou noir n'est pas toujours disponible à la limite d'Eddington. Le trou noir doit forcément jeûner, même s'il est au centre d'un amas d'étoiles. Les étoiles qui passent très près du trou noir, peuvent être détruites par ses forces de marée, réduites à l'état de gaz, et avalées ensuite par le monstre. Mais les étoiles avec la trajectoire voulue, passant très près du trou noir, vont disparaître très vite, et il va falloir attendre que d'autres étoiles soient déviées de façon gravitationnelle pour occuper à nouveau ces trajectoires. Cela prend un temps de l'ordre du temps de diffusion des étoiles : quelques centaines de millions d'années. Le taux de croissance du trou noir est donc limité par la diffusion : plusieurs milliards d'années, presque un temps de Hubble, pour obtenir la masse aujourd'hui observée dans les quasars.

Statistique des quasars

On connaît aujourd'hui des dizaines de milliers de quasars. Pour expliquer leur nombre, il y a deux scénarios possibles :

— Soit de rares galaxies ont un trou noir supermassif en leur centre, et rayonnent continuellement sous forme de quasars.

— Soit le phénomène est très répandu, les trous noirs sont moins massifs, mais ne rayonnent que pendant une durée très limitée.

Les observations permettent d'éliminer le premier scénario, car si c'était toujours les mêmes objets, qui rayonnent et donc grossissent en masse, on devrait observer des trous noirs encore plus massifs que ceux que l'on voit aujourd'hui. D'autre part, les trous noirs manquent forcément d'aliments, lorsqu'ils ont tout avalé dans leur voisinage. C'est plutôt le deuxième scénario qui est privilégié : aujourd'hui il existe un trou noir massif dans pratiquement toutes les galaxies, mais la durée d'activité est de quelques dizaines de millions d'années.

Dans notre Galaxie, un trou noir de 2 millions de masses solaires a été mis en évidence par le mouvement propre des étoiles dans le voisinage du noyau. L'étude de plusieurs galaxies proches, avec une grande résolution spatiale, a permis de révéler une relation de proportionnalité entre la masse du trou noir, et la masse du bulbe des galaxies (ou du sphéroïde, s'il s'agit d'une elliptique). La masse du trou noir est égale à 0,2 % de la masse du bulbe.

Manifestations de l'activité

Comment se manifeste l'activité des noyaux ? Les raies d'émission ne ressemblent pas à celles émises par une galaxie normale : les largeurs des raies, exprimées en vitesses, sont énormes, plusieurs milliers de km/s. Plus on s'approche du trou noir, plus les vitesses seront relativistes. D'autre part, l'énergie des photons émis est très grande, par exemple des rayons X très durs, bien plus durs que ne peuvent le faire les étoiles, les supernovae, et les ondes de choc associées. De plus, certains noyaux émettent des jets de gaz ionisé à des vitesses quasi relativistes. Ces jets sont bien visibles en continuum radio, ils sont très étendus, jusqu'à des distances de 300 000 années-lumière, soit 10 rayons galactiques *(Fig. 9)*. La variabilité très courte des émissions, de quelques jours, ou quelques mois, est un reflet de la taille de la région émettrice (quelques jours ou quelques mois-lumière), et révèle aussi un noyau actif, ou un disque d'accrétion autour d'un trou noir massif.

Notons qu'à plusieurs reprises, la vitesse des jets nous est apparue supérieure à celle de la lumière : on parle de jets superluminiques. Mais ce n'est, bien sûr, qu'un effet d'optique : le jet venant vers nous, les effets relativistes l'amplifient énormément. Et surtout la différence des temps d'arrivée des photons est du même ordre que le temps de traversée du jet. Le matériel au bout du jet émet de la lumière qui arrive plus vite vers nous, et la progression du jet semble aller plus vite que la lumière.

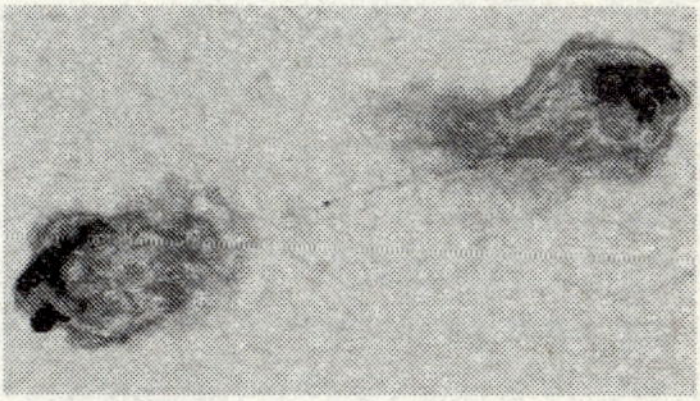

Figure 9 – Certains noyaux actifs sont caractérisés par l'éjection de jets de plasma très rapides, qui peuvent aller très loin dans l'espace, à plus de 10 fois le rayon de la galaxie qui les héberge. Ici les jets de la galaxie Cygnus A, observés en continuum radio avec le VLA (Very Large Array, USA), d'après Perley et al. (1984, ApJ 285, 35).

Formation des galaxies et des trous noirs massifs

Aujourd'hui, la grande sensibilité apportée par les grands instruments permet d'observer de plus en plus profondément, des galaxies de plus en plus lointaines.

Remonter dans l'espace revient à remonter dans le temps, car la lumière qui nous parvient de ces galaxies lointaines a été émise il y a très longtemps, lorsque l'Univers était bien plus jeune (*Fig. 10*, voir hors-texte). On peut remonter jusqu'à des *redshifts* (ou décalages vers le rouge) de z = 5-6 avec le télescope spatial Hubble et les grands télescopes optiques de la classe des 10 m (Keck, VLT, Gemini...). Cela équivaut à remonter à une époque où l'Univers n'avait que 5 % de son âge ! On s'aperçoit alors que le nombre de galaxies était plus grand autrefois. Les galaxies se forment par interaction et fusion, d'une façon hiérarchique. Leur nombre a diminué au moins d'un facteur 10, par rapport aux galaxies naines, très riches en gaz très nombreuses à grand décalage spectral. Ces dernières sont les briques de base des galaxies géantes observées aujourd'hui.

Le scénario de formation le plus plausible actuellement fait intervenir des halos de matière noire qui se forment de façon hiérarchique, eux aussi entrant en collision, et formant progressivement des entités plus massives. La matière baryonique (ordinaire) est attirée vers le fond des puits de potentiel par la gravité des halos. Par dissipation de matière noire, le gaz forme un disque galactique, et les étoiles commencent à se former à partir du gaz.

Dans les amas de galaxies, l'évolution des galaxies est plus rapide, il y a plus d'interactions et le réservoir de gaz dans les parties externes est balayé. Celui-ci forme le milieu intra-amas, inter-galactique. Ce gaz très chaud (plusieurs millions de degrés) est observé par les rayons-X qu'il émet.

La fusion des galaxies entraîne la formation de sphéroïdes, qui possèdent beaucoup moins de rotation que les disques galactiques. Selon le rapport de masse entre les galaxies qui fusionnent, on peut avoir :

— soit une galaxie elliptique, si les masses sont comparables ;

— soit une galaxie spirale avec un bulbe, si la masse du compagnon est inférieure au tiers de la galaxie principale.

Dans tous les cas, la fusion entraîne encore plus de gaz vers le centre ; une partie engendre une flambée de formations d'étoiles (*starburst*), et quelques pourcents viennent alimenter le trou noir massif central, qui existe dans pratiquement toutes les galaxies.

Trous noirs binaires

Dans ce scénario de formation de galaxies par fusion, une galaxie géante aujourd'hui est le résultat de plusieurs (environ 10) fusions durant le temps de Hubble. On s'attend donc à trouver un grand nombre de fusions de trous noirs massifs *(Fig. 11)*. Lorsque les galaxies fusionnent, les deux trous noirs au centre tombent vers le centre commun de potentiel, par friction dynamique. Puis ils forment un système binaire, stable pendant un certain temps. Leur temps de fusion totale dépend beaucoup de la densité d'étoiles au centre. Les trous noirs binaires ne peuvent perdre de l'énergie qu'en capturant une étoile, formant un système à trois corps, qui va ensuite éjecter l'étoile. Celle-ci emporte du moment angulaire et de l'énergie, et permet aux deux trous noirs de se rapprocher. Mais peu à peu, les étoiles dans les bonnes trajectoires ont toutes été éjectées, et il faut à nouveau compter sur le temps de diffusion des étoiles (quelques centaines de millions d'années) pour rapprocher les trous noirs. Toutefois, si une autre fusion entre galaxies survenait pendant ce temps, on aurait un système à 3 corps formé de trois trous noirs, et l'un d'entre eux serait éjecté dans l'espace inter-galactique par effet de fronde. Peu à peu les trous noirs massifs se retrouvent-ils à errer isolés dans l'espace inter-galactique ?

En fait, le système binaire de trous noirs n'est pas exactement centré, mais plutôt effectue des petites oscillations autour du centre, ce qui lui permet de capturer plus d'étoiles, et de fusionner plus vite. Cela permet d'éviter la fuite des trous noirs entre les galaxies, et explique bien la présence de trous noirs dans pratiquement toutes les galaxies.

Histoire de la formation des étoiles

Dans le passé, les galaxies étaient plus nombreuses, elles possédaient plus de gaz, et le temps dynamique était plus court. En effet la densité comobile était plus grande, du fait de l'expansion. L'échelle de temps était beaucoup

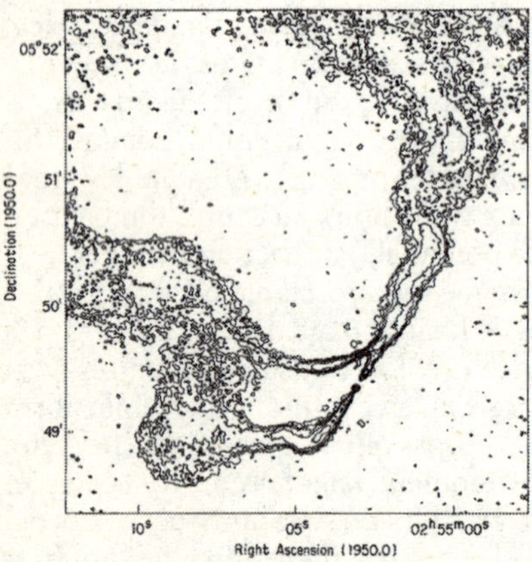

Figure 11 – Lorsque deux galaxies à noyau actif fusionnent, les trous noirs massifs au centre vont finir par fusionner additionnant leur masse. Ici l'interaction entre deux noyaux actifs, possédant chacun un jet radio (contours VLA), d'après Owen et al. 1985 (ApJ 294, L85).

plus rapide. On prévoit alors un maximum de fusions de galaxies à z = 2 (t = 4 milliards d'années environ). De même, l'essentiel de la formation d'étoiles, et de l'activité des quasars, a dû arriver à cette époque. Cela correspond parfaitement aux observations *(Fig. 12)*.

En conclusion, la moisson d'observations récentes a permis de se rendre compte que les galaxies sont des systèmes en pleine évolution, toujours instables. Les disques se forment en premier, mais se détruisent aussi très vite, lors de l'évolution séculaire, ou des interactions et fusions entre galaxies. Les bulbes ou sphéroïdes se forment progressivement. Ils représentent l'état final de la concentration de masse, ils sont formés de vieilles étoiles, et ne possèdent pas de gaz. Une galaxie ayant épuisé tout son gaz est en quelque sorte figée dans son évolution. Il faudra une accrétion de gaz extérieur pour aller plus loin (fusion entre galaxies par exemple).

Les trous noirs massifs se forment par le même mécanisme que les bulbes grossissent : par chute du gaz et de

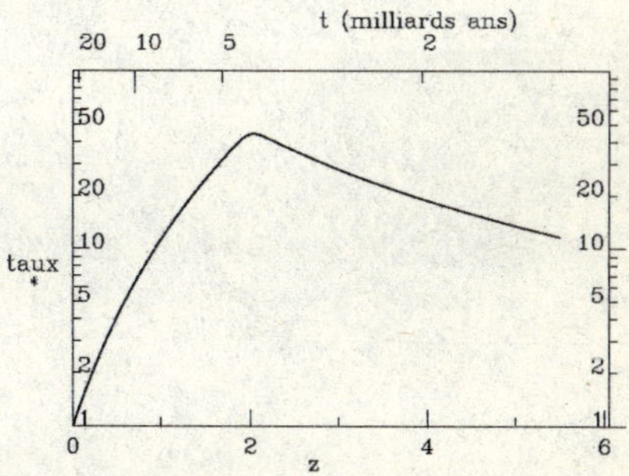

Figure 12 – Histoire de la formation d'étoiles dans l'Univers. Le taux de formation d'étoiles a traversé un maximum vers l'époque z = 2, c'est-à-dire lorsque l'Univers avait 20 % de son âge actuel (d'après Madau et al. 1996, MNRAS 283, 1388).

la matière au centre, par évolution continue des disques (barres, spirales) et par les perturbations extérieures (fusions). Il est alors naturel de trouver une relation de proportionnalité entre la masse des trous noirs et la masse du bulbe dans chaque galaxie. Les galaxies évoluent à différentes vitesses, beaucoup plus grandes dans les amas de galaxies, stimulées par les interactions entre les voisins.

Les lanceurs spatiaux

par Hubert Curien

Le lancement de Spoutnik 1, le 4 octobre 1957 fut un remarquable succès technique et un événement politique de premier plan. Américains et Soviétiques entretenaient un climat de Guerre froide. Le fait que les Soviétiques aient été les premiers à mettre en orbite un satellite artificiel de la Terre fut ressenti par les Américains comme une secousse politique de grande ampleur. Certes, ils n'étaient eux-mêmes pas loin du but, puisque le 31 janvier 1958 ils lançaient avec succès leur premier satellite Explorer 1. Mais, aux yeux du monde, les Soviétiques avaient marqué un point essentiel dans une technologie dont les applications militaires potentielles étaient claires.

Après la question de savoir qui lancerait le premier satellite, se posait celle de la mise en orbite du premier homme. Ici encore, ce sont les Soviétiques qui gagnent. Gagarine est satellisé le 12 avril 1961. Il faudra attendre le 20 février 1962 pour que John Glenn fasse son petit tour dans l'Espace. Pour la deuxième fois, les Soviétiques donnaient la preuve de leur capacité technique : dans un domaine très difficile, ils étaient capables d'être les meilleurs.

L'Amérique voulait sa revanche. Elle y mit les moyens. C'est une équipe américaine qui a marché sur la Lune le

---

Texte de la 266e conférence de l'Université de tous les savoirs donnée le 22 septembre 2000.

21 juillet 1969. Sur la Lune, il fallait y aller et il fallait aussi en revenir. C'est la difficulté des opérations de retour qui a empêché les Soviétiques de se lancer dans l'aventure avant les Américains. Un aller sans retour eût été, à tous points de vue, catastrophique.

J'aimerais insérer dans cette liste des « jours de gloire » une date importante pour l'Europe et pour la France, celle du lancement par la fusée française Diamant du satellite Astérix, à partir de la base d'Hammaguir au Sahara. Certes, le satellite était modeste, mais huit ans après Spoutnik et sept ans après Explorer, Astérix lancé par Diamant faisait de la France la troisième puissance spatiale. Nous étions dans le peloton et tous les espoirs nous étaient permis.

De l'homme solitaire dans l'Espace à la station spatiale habitée, un pas important restait à franchir. Les Soviétiques mirent en place Saliout 1 en avril 1971 et les Américains suivirent en satellisant le laboratoire Skylab mais en 1973.

La compétition était rude, mais, entre champions, on peut aussi, à l'occasion, échanger des bonnes pensées et faire de beaux gestes. C'est ainsi que le 17 juillet 1975 un cosmonaute de Soyouz serra, dans l'Espace, la main d'un astronaute américain.

Pour terminer cette liste des jours de gloire du passé, pourquoi ne retiendrions-nous pas le 24 décembre 1979, date du premier lancement de la fusée Ariane ?

Rendons aussi hommage à quelques pionniers.

Robert Esnault-Pelterie, né en 1881, est l'inventeur du manche à balai des avions. Il fut aussi le promoteur de la propulsion par réaction. Il démontra la possibilité de réaliser des fusées en vue de missions interplanétaires. Robert Goddard (1882-1945) lance, aux États-Unis en 1926, la première fusée à ergols liquides. Elle n'atteignit que l'altitude de 12,5 mètres, mais c'était la première !

Les ingénieurs allemands ont joué un rôle considérable dans le développement de la technologique des fusées. Hermann Oberth (1894-1989), qui avait publié en 1929 un remarquable traité d'astronautique, a terminé sa carrière aux États-Unis où il a rejoint von Braun.

C'est un Ukrainien, Serguei Korolev (1906-1966), qui va fabriquer en 1933 la première fusée soviétique à ergols liquides. Il est aussi le père de la fusée Zemiorka qui lancera Spoutnik en 1957.

Dans cette liste de quelques pionniers, Wernher von Braun mérite une mention toute spéciale. Directeur, pendant la dernière guerre, de la base de Peenemünde en Allemagne, il fut, hélas, l'homme des V2. Il poursuivit, immédiatement après la guerre, sa carrière aux États-Unis. Wernher von Braun n'avait qu'une patrie : les fusées...

Les militaires français ont développé eux aussi, bien sûr, des fusées, auxquelles ils donnèrent, élégamment, des noms de pierres précieuses : Topaze, Émeraude, Saphir... Une série qui nous mène à Diamant. C'est le lanceur Diamant qui, en mettant en orbite, en 1965, le petit satellite Astérix, nous a fait entrer dans le club des nations spatiales. Diamant nous a permis de mettre en orbites d'altitudes voisines de 500 km une douzaine de satellites d'une masse de l'ordre de 100 kg. C'est aussi à cette époque que nous avons aménagé le site de lancement de Kourou, en Guyane. Hammaguir était devenu algérien.

Diamant fut un bon lanceur, mais il fallait lui donner un successeur plus puissant. Les Français entraînèrent alors leurs voisins européens dans une entreprise commune. Un organisme fut créé, l'ELDO *(European Launcher Development Organization)*, dont l'objectif était de concevoir et construire un lanceur nommé, tout naturellement, « Europa ». En schématisant, on peut dire qu'Europa était formé par la superposition de trois étages : l'un britannique, le deuxième français, le troisième allemand. Cette fusée devait initialement lancer, depuis un champ de tir en Australie, une charge utile d'une tonne sur une orbite circulaire à 500 km. L'objectif fut ensuite modifié : lancer un satellite de 200 kg, mais à 36 000 km (orbite géostationnaire, voir ci-dessous).

Dix essais d'Europa : dix échecs. Puis, explosion de la fusée lorsqu'elle fut tirée pour la première fois de Kourou en 1971. Il fallait se ressaisir. La conception et la gestion du programme Europa avait quelques analogies avec celles qui avaient conduit nos lointains ancêtres à l'échec de la construction de la tour de Babel. Les Français proposent donc un nouveau programme, avec un maître d'œuvre unique et un architecte industriel responsable. Ainsi naquit le programme Ariane, qui fut mené par la nouvelle agence spatiale européenne l'ESA *(European Space Agency)*, qui elle-même délégua la maîtrise d'œuvre à l'agence spatiale française, le CNES (Centre national d'études spatiales), créé dès 1961. Le CNES désigna la compagnie Aérospatiale comme architecte industriel.

Le nom d'Ariane fut le choix du ministre français de l'Industrie, Jean Charbonnel, agrégé d'histoire. Il pensait au fil qui allait redonner forme et vigueur à l'Espace européen. Les programmes menés par l'Agence spatiale européenne, l'ESA, sont de deux types. Les uns sont dits « obligatoires ». C'est le cas des programmes scientifiques. Ils sont financés au prorata du PIB (produit intérieur brut) des quatorze États membres. Les autres sont optionnels : chaque État membre y participe au niveau qui lui convient. Tel est le cas des programmes de développement de lanceurs. La France participe pour 20 % aux programmes obligatoires, l'Allemagne pour 25 %. Dans le programme Ariane, la France a pris au départ une part voisine des deux tiers du total. Nous voulions réussir, nous prenions nos responsabilités.

Les tâches des lanceurs spatiaux

Un lanceur doit accomplir trois tâches : la première est de vaincre le champ de gravité pour amener la « charge utile » (le ou les satellites) sur une orbite stable. Il faut, deuxièmement, traverser au départ, à grande vitesse, une atmosphère dense dont le frottement échauffe le lanceur. Il faut, enfin, donner à la charge utile une vitesse horizontale élevée, plusieurs kilomètres par seconde, pour la placer sur une orbite circumterrestre.

Les orbites les plus usuelles peuvent être classées sous quatre rubriques.

— L'orbite géostationnaire : le but est de placer le satellite sur une trajectoire telle que, pour un observateur terrestre, il apparaisse fixe. Il faut donc qu'il tourne avec une vitesse angulaire égale à celle de la rotation naturelle de la Terre. Cette orbite circulaire équatoriale est à une altitude de 36 000 km. Par définition sa période est de 24 heures, égale à la période de rotation terrestre. Cette orbite dite GEO *(Geostationary Earth Orbit)* est d'un usage courant pour les télécommunications : il est commode d'envoyer et de recevoir des messages en visant un point, le satellite, qui est géométriquement fixe dans le repère des bases terrestres. De nombreux satellites étant placés sur cette orbite, on peut se poser la question d'un encombrement possible à terme. Aussi a-t-on mis en place des autorités internationales pour la régulation de l'occupation de ce cercle privilégié.

— Les orbites héliosynchrones : ce sont des orbites quasi polaires, d'une altitude de 900 à 1 000 km. Elles sont calculées pour que le couplage avec le champ de gravité terrestre fasse que le satellite passe et repasse au-dessus du même point de la Terre à la même heure. D'où la dénomination d'héliosynchrone (SSO : *Sun Synchronons Orbit*). Cette orbite est très prisée pour l'observation de la Terre (revoir le même paysage dans les mêmes conditions d'éclairement).

— Les orbites basses : il s'agit d'orbites situées à des altitudes de 1 000 à 2 000 km, plus ou moins fortement inclinées par rapport à l'équateur. Leur période de révolution est de l'ordre de 1 h 30. Elles sont intéressantes pour les télécommunications car elles permettent une large couverture du globe terrestre. Des systèmes d'essaims de satellites peuvent être imaginés, tels que, quelle que soit votre position sur Terre, vous ayez toujours un satellite en vue, pour capter votre message.

— N'oublions pas enfin les missions interplanétaires. Nous savons envoyer des sondes sur Mars, sur Vénus, au voisinage des comètes... Pour l'instant, ces sondes ne sont pas habitées : de tels voyages sont longs !

Comment fonctionne un lanceur spatial ?

Le principe à appliquer pour construire une bonne fusée est d'éjecter à la plus grande vitesse possible le plus grand débit de gaz. Les meilleures fusées sont celles qui débitent à la fois beaucoup et vite.

Que débitent-elles ? Les gaz provenant de la combustion de ce qu'on appelle les ergols, c'est-à-dire un combustible et un comburant, en termes chimiques un réducteur et un oxydant. Ces couples sont variés. Le plus classique est hydrogène/oxygène, deux gaz qu'on liquéfie pour les stocker dans les réservoirs de la fusée au départ. Citons aussi le couple diméthylhydrazine/tétra-oxyde d'azote que la fusée emporte sous forme liquide. Le couple d'ergols peut aussi être solide : les deux gros pousseurs latéraux d'Ariane V sont remplis d'un mélange de poudre d'aluminium et de perchlorate d'ammonium qui est un puissant oxydant. Ariane V, outre ces deux pousseurs, comporte un moteur central (Vulcain) à hydrogène et oxygène liquides.

La conception d'un lanceur est orientée par la nécessité de réduire le plus possible la « masse sèche », c'est-à-dire la masse de ce qui n'est pas les ergols. On sait maintenant réduire cette masse à 15 % du total.

On pose souvent la question : pourquoi les lanceurs comportent-ils plusieurs étages ? La réponse est simple : c'est pour se délester le plus vite possible des masses de structures devenues inutiles.

Ariane

La masse totale d'Ariane V au lancement est de 740 tonnes, sa hauteur est de 51 mètres. Elle met actuellement en orbite des charges utiles de 6 tonnes, mais des modifications prévues lui permettront d'emporter dans l'avenir plus de dix tonnes. La France qui, au début du programme Ariane, dans les années 1970, avait pris une participation supérieure à 60 %, est toujours en tête avec 46 %. Nous avons créé, en 1980, la société Arianespace qui est en charge de la gestion et de la commercialisation du lanceur. Plus de 130 fusées de la famille Ariane ont déjà été lancées. Huit échecs seulement ont été déplorés. Personne, à ma connaissance, n'a fait aussi bien. La qualité du champ de tir de Kourou est aussi à souligner.

Ariane ne manque pas de concurrents sur le marché mondial. Il y a une trentaine d'années, les responsables de la NASA aux États-Unis ont promu un nouveau mode d'accès à l'Espace : la Navette spatiale *(Shuttle)*, lanceur réutilisable. Le Shuttle est un engin habité qui part comme une fusée et revient comme un avion. Le Shuttle serait, disaient ses promoteurs, l'engin à tout faire : taxi et camion pour l'Espace, laboratoire spatial... Il devait être plus économique que les lanceurs consommables puisqu'il est réutilisable. Le miracle ne s'est pas produit. L'entretien des navettes s'est révélé coûteux : un engin qui emporte un équipage ne doit pas risquer de pannes ! Les lanceurs dits classiques sont donc restés le fondement des activités de type commercial. Le « briquet » indéfiniment réutilisable n'a pas détrôné l'« allumette » consommable. Les producteurs américains continuent à proposer sur le marché des lanceurs de type classique : Delta, Atlas-Centaur, Titan. Les Russes, dont l'activité spatiale a faibli depuis l'effondrement du régime soviétique, sont toujours très présents. Ils ont aussi passé des accords internationaux, notamment avec les Français (société Starsem). La Chine et le Japon proposent également leurs services sur le marché des lancements.

Marchés et révolutions techniques

L'administrateur de la NASA, Daniel Goldin, a adopté une ligne de conduite pour la définition et la gestion des programmes spatiaux américains : « meilleur, plus vite, moins cher ». Qui pourrait le lui reprocher, si toutefois il ajoutait *safer*, plus sûr. Lancer un gros satellite coûte actuellement plus cher qu'acheter un gros avion. Les usages sont, évidemment, totalement différents, mais les compagnies industrielles productrices sont, pour l'essentiel, les mêmes ; d'où l'intérêt de la comparaison. Chacun s'accorde sur la nécessité de réduire le prix de revient des lanceurs. Une économie, notamment grâce à des restructurations de gestion, de 15 à 25 % paraît possible. Elle serait bienvenue, à condition qu'elle ne se traduise pas par une baisse de qualité et de sûreté.

Le marché des satellites évolue, lui aussi. Il y a dix ans, la masse des satellites plafonnait à 2,4 tonnes. Aujourd'hui, la moyenne se situe plutôt entre 2,5 et 4 tonnes. Le lanceur Ariane V pourra bientôt emporter 7 à 8 tonnes, puis 10 tonnes et même plus. Avec une telle fusée on pourra donc satelliser, en un seul vol, deux gros satellites. Le marché des petits satellites n'est pas non plus à négliger. L'Agence spatiale européenne soutient un programme de développement d'un lanceur adapté à l'emport de ces charges.

On peut s'étonner du fait que la propulsion des lanceurs spatiaux soit restée jusqu'ici invariablement fondée sur l'éjection de gaz de combustion. Si une évolution spectaculaire peut être constatée dans la mise en œuvre des principes, le choix de ceux-ci n'a pas varié. Mais n'en est-il pas de même des automobiles qui, depuis cent ans, utilisent des moteurs à explosion ?

Les idées ne manquent pas : l'utilisation, par exemple, de la propulsion électrique qui consiste à éjecter un gaz ionisé qu'on accélère dans un champ électrique.

En fait, les technologies spatiales font appel aux progrès de la science dans tous les domaines : la physico-chimie des matériaux, la mécanique, l'électronique, l'informatique. L'Espace est une « locomotive » de l'innovation. Les applications civiles pour une meilleure gestion de notre planète, pour l'exploration du système solaire et l'observation de l'Univers lointain, viennent très heureusement compléter les programmes militaires qui furent à l'origine du développement des fusées.

L'homme dans l'Espace et les vols habités

par Arlène Ammar-Israël

Les vols habités, avant même leur réalisation, ont occupé une large place dans l'imaginaire collectif. Alors que la technologie spatiale prend chaque jour plus d'importance dans la vie quotidienne, la participation aux vols habités est controversée, surtout au moment qui précède la décision, compte tenu du coût de ces missions.

L'espace est particulièrement hostile à l'homme. Comme nous le montrerons, les difficultés ont été surmontées, grâce à l'analyse des mécanismes en jeu, aux progrès de la technologie, à l'emploi de mesures prophylactiques, à une sélection et un entraînement des astronautes adaptés.

Nous essaierons aussi de faire comprendre les enjeux scientifiques et économiques de ces missions à partir d'exemples tels que le télescope Hubble et la mission *Perseus* sur MIR.

L'environnement spatial

L'accès à l'orbite basse est désormais bien maîtrisé. Ce sont des orbites situées entre 300 et 500 km de la Terre, dont la période est de l'ordre de 1 h 30. En orbite,

---

Texte de la 267e conférence de l'Université de tous les savoirs donnée le 23 septembre 2000.

la quasi-disparition des effets liés à la force de pesanteur caractérise l'état de micropesanteur. La micropesanteur est à la fois un outil pour la recherche fondamentale et pour la recherche appliquée, en physique, chimie, biologie, physiologie, dans des conditions expérimentales non reproductibles au sol. C'est également un paramètre important de l'environnement spatial dont il faut maîtriser les conséquences pour la vie et le travail à bord et dont il faut s'accommoder dans la conception ou l'amélioration des systèmes spatiaux. Les autres caractéristiques du milieu spatial sont les radiations, le confinement et l'isolement générateurs de stress, les accélérations et vibrations pendant les phases d'atterrissage et de décollage. Enfin, les sorties extravéhiculaires exigent un scaphandre spécifique qui protège non seulement du vide spatial mais également des radiations et des écarts importants de température. Micropesanteur, radiations et confinement ne sont pas sans effet sur l'organisme humain. Une grande partie des connaissances actuelles a été acquise dans la station MIR (le médecin Valeri Poliakoff a passé en 1994-1995 environ quatorze mois à bord). Des mesures de précaution et d'hygiène draconiennes doivent être prises pour éviter toute maladie non spécifique à l'Espace. Pour les missions de très longue durée, un chirurgien devra probablement faire partie de l'équipage.

De tous les troubles de l'organisme possibles en micropesanteur, les problèmes cardiovasculaires sont certainement les plus redoutés. Dès les premiers instants, un litre et demi de sang va passer de la moitié inférieure à la moitié supérieure du corps et cette nouvelle répartition est interprétée par le cerveau comme une quantité de liquide supplémentaire. Le cerveau réagit en modifiant la sécrétion des hormones responsables du maintien de la quantité d'eau et de sel constant dans notre corps. Après une semaine de vol, le volume sanguin est diminué d'environ 10 %, ce qui correspond à un état de déshydratation. Au retour sur Terre, l'astronaute présente une diminution de la tension artérielle qui se traduit par une incapacité à se tenir debout. Il s'agit du type de malaise que l'on retrouve dans de nombreuses maladies du système nerveux ainsi que chez 30 % des personnes âgées. Un programme de mesures prophylactiques, ou contre-mesures, permet de lutter contre un déconditionnement de l'organisme avec par exemple des exercices sur tapis roulant et vélo ergomètre ainsi que le port de vêtements de contrainte.

Le système neuro-sensoriel doit également s'adapter instantanément aux conditions de micropesanteur. Pour les chercheurs s'ouvre tout un champ d'applications sur les processus de perception et d'action dans l'Espace et de la plasticité du système nerveux.

Après quelques semaines vont apparaître les altérations du système musculo-squelettique qui se traduiront par une perte de densité osseuse (modèle expérimental d'ostéoporose) et une atrophie du tissu musculaire. Là encore, des contre-mesures permettront de lutter contre ces effets.

En orbite terrestre, à l'intérieur du vaisseau spatial, les radiations de haute énergie, les ceintures de Van Allen autour de la Terre et les éruptions solaires ne constituent pas un risque majeur, pourvu que l'on prenne un certain nombre de précautions. Les mesures en vol confirment les évaluations. Pour des missions lointaines (Mars) les risques sont plus élevés, et l'exposition continue au rayonnement cosmique ainsi que la probabilité de subir des éruptions solaires imposeront des contraintes sur l'aménagement du véhicule, le calendrier de la mission et le choix de l'équipage.

Pour les astronautes, la préparation à la mission au sol est longue (deux à trois ans), car elle concerne l'apprentissage du fonctionnement de la station et du programme expérimental à réaliser, ainsi que la préparation au vol. L'astronaute doit pouvoir résister aux contraintes du vol pendant les phases dynamiques et lors du séjour en micropesanteur ainsi qu'au stress engendré par le confinement et l'isolement. La préparation comprend un entraînement sur table basculante, tabouret tournant et vols paraboliques. Cet entraînement, s'il ne diminue pas la fréquence d'apparitions des symptômes, en diminue l'intensité et en favorise le règlement rapide. Il comprend également des séances en piscine avec port du scaphandre et en centrifugeuse pour simuler les phases dynamiques du vol.

Le séjour à bord est découpé en journées de 24 heures, rythme artificiellement rétabli puisque les orbites sont accomplies en 90 minutes (soit seize levers/couchers de soleil). Il permet une synchronisation avec les équipes au sol et le respect des rythmes biologiques. L'activité professionnelle de l'astronaute diffère selon la catégorie à laquelle il appartient (spécialiste de mission ou expérimentateur) mais les différences ont tendance à s'atténuer et l'astronaute doit être polyvalent.

De la conquête à l'exploration spatiale

LA COURSE À L'ESPACE

On ne peut parler de l'exploration spatiale sans commencer par Sergueï Korolev dont la contribution au développement de l'astronautique est immense. Grâce à la mise au point de la fusée R7 constamment perfectionnée, son nom est associé à la plupart des grandes premières spatiales, premier satellite artificiel de la Terre *Spoutnik 1* (1957), premier vaisseau spatial habité avec Youri Gagarine (1961), première sortie d'un homme dans l'espace (1965). Après la mise en orbite de *Spoutnik 1*, l'Humanité est entrée dans l'ère de l'espace et les deux grandes puissances vont se lancer dans une lutte acharnée. Aux États Unis, Werner von Braun met au point la fusée *Jupiter* qui lancera le premier satellite scientifique *Explorer* quelques mois après *Spoutnik 1*. Dès 1958 la NASA est créée et prend en charge le programme spatial. Un mois après le lancement de Youri Gagarine, J. F. Kennedy engage le 25 mai 1961 la Nation américaine dans le programme *Apollo,* construit autour de la fusée *Saturne V*. Le premier homme sur la Lune (N. Armstrong) atterrit le 20 juillet 1969. Le programme est cependant interrompu pour raisons financières après

Apollo 17, alors que les trois dernières missions étaient les plus intéressantes sur le plan géologique.

La course à la Lune fait place à l'occupation de l'orbite basse avec les premières stations spatiales habitées en 1970 : stations *Saliout* pour les Soviétiques et *Skylab*, premier laboratoire orbital pour les Américains. En 1975 c'est la mission *Apollo-Soyouz*. Depuis, près de 400 astronautes ont séjourné dans l'espace mettant à profit les exceptionnelles conditions de micropesanteur dans les stations.

Les Russes et les Américains font alors des choix fondamentalement différents. Les Russes vont se lancer dans la réalisation de vols de longue durée, à bord d'une station en orbite basse habitée de façon permanente, les Américains dans le développement d'un avion spatial réutilisable, la navette prévue pour des missions autonomes de courte durée. Le programme *Shuttle-MIR* a réuni ces deux composantes. La Guerre froide est remplacée par la coopération internationale et on se prépare à la Station spatiale internationale.

LA STATION SPATIALE INTERNATIONALE

Après de nombreux retards liés en particulier à l'état économique de la Russie, nous assistons aujourd'hui au développement et à l'assemblage en orbite de la Station spatiale internationale (ISS). Les partenaires majeurs du programme sont les États-Unis, la Russie, l'Europe, le Japon et le Canada. Actuellement en orbite, la Station en est à sa phase initiale de construction, le module russe *Zaria* « aube » et le nœud de jonction américain *Unity* lancés en 1998 ont été complétés par le module russe *Zvezda* « étoile » le 26 juillet 2000 qui va permettre l'exploitation réelle du complexe en fournissant en particulier les systèmes de support-vie aux équipages. À son achèvement en 2005, l'*ISS* représentera un gigantesque complexe orbital de 415 tonnes avec un espace habitable de 1 300 m^3 et une puissance électrique de 110 kW. Le premier équipage permanent est attendu pour octobre 2000, le laboratoire américain (*Destiny*) sera amarré en janvier 2001. Il faudra

28 vols navette et près de 40 vols russes pour terminer l'assemblage et commencer l'utilisation opérationnelle de cette infrastructure. Successivement les éléments techniques et les modules scientifiques nécessaires vont être amarrés jusqu'en 2005. La Station est un des programmes scientifiques et techniques majeurs de ce siècle, même s'il a été décidé pour des raisons politiques de coopération internationale et stratégiques de soutien à l'industrie spatiale. La Station sera un laboratoire multidisciplinaire de longue durée, habité de façon permanente sur une durée de plus de dix ans par un équipage de sept astronautes qui travailleront à bord pendant des périodes de trois mois. Ce programme qui offre aux principales agences spatiales mondiales la possibilité d'apprendre à travailler ensemble permet d'envisager la réalisation des missions futures d'exploration du système solaire qui ne sont pas réalisables par une seule puissance.

La participation de l'Europe à l'*ISS* a été décidée lors de la réunion au niveau ministériel du conseil de l'Agence spatiale européenne (ESA) qui s'est tenue à Toulouse en octobre 1995, puis précisée lors du conseil de Bruxelles en mai 1999. Ce programme comprend : le développement du laboratoire pressurisé *Columbus* dont le lancement est maintenant prévu en octobre 2004, le véhicule de transfert automatique *ATV (Automated Transfert Vehicle)* qui doit être lancé par *Ariane 5* en avril 2004 pour s'amarrer au segment russe, des études de définition détaillée concernant un véhicule de secours d'équipage *CRV (Crew Rescue Vehicle)*, des activités de préparation à l'utilisation de ces éléments et le financement nécessaire au fonctionnement du corps européen de seize astronautes dont quatre Français. Le conseil ministériel de Toulouse a aussi décidé d'engager le programme *MFC (Microgravity Facilities for Columbus)* destiné à équiper la partie du laboratoire Columbus réservée à l'utilisation européenne. Ce programme comporte essentiellement le développement d'un laboratoire de sciences des matériaux *MSL (Material Science Lab)*, le développement d'un laboratoire modulaire de sciences des fluides *FSL (Fluid Science Lab)*, l'adaptation et l'intégration d'équipements de physiologie *EPM (European Physiological Modules)* et le développement d'un laboratoire de biologie *Biolab*. Ces instruments seront mis à la disposition de la communauté scientifique. Des appels à propositions établis sur une base annuelle depuis 1997 par les agences spatiales, permettent un choix de ces projets qui seront sélectionnés par des experts internationaux indépendants sur la base de la « meilleure science ».

La participation française à l'utilisation de la station spatiale de l'ESA est organisée pour la première phase du programme autour de deux pôles majeurs :

— Dans le domaine des sciences de la micropesanteur sur la partie pressurisée de la station, les industriels français participent au développement des quatre instruments des *MFC* de l'ESA. Le CNES réalise le module *Cardiolab* d'étude de la physiologie cardiovasculaire qui équipera l'EPM, à des fins de recherche fondamentale et de contrôle médical des astronautes, ainsi que l'instrument *DECLIC* (Dispositif pour l'étude de la croissance et des liquides critiques), mini-laboratoire intégré pour l'étude des fluides au voisinage du point critique et de la solidification des matériaux transparents.

— Dans le domaine des sciences de l'univers, des expériences seront installées à l'extérieur de la station, sur la grande structure en treillis en 2004-2005. L'horloge atomique par refroidissement d'atomes *PHARAO*, développée par l'École normale supérieure ainsi que le CNES, est une étape essentielle à la préparation des projets spatiaux en physique fondamentale. La mission européenne *ACES (Atomic Clock Ensemble in Space)* prévue en 2005 sur la station comprend *PHARAO*, combinée à une technique de transfert de temps par lien laser et à un Maser à Hydrogène dans un but de comparaison. Des retombées majeures sont attendues pour la métrologie du temps, les fréquences et pour les futurs systèmes de navigation. L'expérience de physique solaire *Solspec*, du service d'aéronomie du CNRS, mesurera quant à elle la distribution énergétique spectrale solaire dans l'ultraviolet et dans le visible infrarouge. Cette mesure est d'une grande importance pour l'étude des processus photochimiques qui régissent le comportement des espèces chimiques dans l'atmosphère et pour les études de climatologie en corrélation avec l'activité solaire.

L'EXPLORATION FUTURE DE MARS

Après la conquête de la Lune, celle de Mars est également un des vieux rêves qui hantent l'humanité. L'exploration de la planète Mars représente un objectif majeur de la connaissance. Planète de type terrestre, Mars a pu accueillir ou voir se développer des formes primitives de vie. La présence humaine résulterait d'une combinaison entre la « pulsion d'exploration » et la complémentarité apportée aux missions automatiques par l'homme *in situ*. Bien que très ambitieuse, l'entreprise paraît réalisable avec les moyens actuels ou disponibles prochainement (horizon 2020/2030). La NASA prévoit un premier vol piloté vers Mars à l'horizon 2020 (projet de Robert Zubrin) : un véhicule de retour serait dans un premier temps déposé sur Mars avec sa propre usine à propergols (méthane et oxygène liquide obtenu à partir du gaz carbonique martien). L'équipage de 6 personnes rejoindrait le sol martien 2 ans plus tard avec son habitat et un second véhicule de retour associé à son usine à propergols. La mission serait composée de plusieurs phases : 6 mois de voyage aller, 18 mois à la surface et 6 mois de voyage pour le retour. Des tests de faisabilité sont prévus dans le programme d'exploration de Mars de la NASA par moyens automatiques.

Les enjeux scientifiques et les applications sur Terre

On évoquera ici deux exemples de missions, le premier pour montrer l'apport de l'intervention humaine nécessaire à la réalisation du télescope spatial Hubble, le second pour insister avec la mission Perseus sur les transferts entre les sciences de la micropesanteur et les applications quotidiennes, qu'elles soient médicales ou industrielles.

LE TÉLESCOPE SPATIAL HUBBLE

C'est une des plus exceptionnelles missions spatiales et l'un des exploits les plus spectaculaires accomplis par des astronautes pour la réparation des satellites en orbite démontrant ainsi la grande complémentarité entre les missions habitées et les satellites automatiques. La mission du télescope spatial lancé en 1990 a été prévue pour une durée de 20 ans pour explorer l'Univers lointain. Cet observatoire NASA/ESA en orbite terrestre rassemble des observations pour la communauté des astronomes répartie dans le monde entier qui étudie toutes les composantes de l'Univers.... Après 10 ans de fonctionnement en orbite, 2 400 articles scientifiques ont été publiés à partir des données de Hubble. Trois missions de réparation et de maintenance en orbite à partir de la navette spatiale ont déjà été accomplies et une autre mission est programmée pour améliorer encore cet extraordinaire outil qui avait au départ souffert d'un défaut pénalisant pour ses performances.

LES OBJECTIFS DE LA MISSION *PERSEUS*

Les vols habités franco-russes ont permis aux scientifiques français de réaliser des expériences, dans le domaine des sciences de la vie, des sciences de la matière et de la technologie. Les expérimentations incluent des équipes du CNRS, du CEA, de l'INSERM, des universités, du service de santé des armées... La mission Perseus effectuée par Jean-Pierre Haigneré en 1999 à bord de la station MIR était la septième mission franco-russe organisée par le CNES. Cette mission présentait les caractéristiques suivantes : vol de longue durée (188 jours), avec un programme expérimental ouvert à la coopération européenne, fonctions d'expérimentateur et d'ingénieur de bord pour l'astronaute français et une sortie extravéhiculaire.

En sciences de la vie, il s'agit de comprendre les questions fondamentales de physiologie gravitationnelle, de faire avancer la médecine spatiale, pour la santé et l'efficacité des astronautes dans l'Espace, et de transférer vers la médecine les progrès techniques ou thérapeutiques qui en sont issus. Le laboratoire *Physiolab* a été développé pour analyser les divers composants veineux, artériels, neurovégétatifs et assurer à bord en temps réel un suivi et un diagnostic de l'état de « déconditionnement » de l'astronaute. Le laboratoire *Cognilab*, dédié aux neurosciences et à la robotique, est un outil performant d'analyse des processus cognitifs et sensori-moteurs. La situation de micropesanteur permet aussi d'aborder des questions fondamentales relatives au rôle de la gravité dans la croissance et la structuration de la matière vivante. C'était le propos de l'expérience *Genesis* de biologie du développement utilisant les pleurodèles pour analyser les possibilités de fécondation et de développement embryonnaire (général, neuromusculaire et vestibulaire).

Dans le domaine des sciences de la matière, la microgravité agit sur la matière par l'intermédiaire des phases fluides dans lesquelles elle supprime la pression hydrostatique, la convection et la sédimentation. Le laboratoire de physique des fluides *Alice II* avait pour objectif d'établir les fondements d'une mécanique des fluides denses hypercompressibles en exploitant pleinement le voisinage du point critique gaz-liquide des fluides purs. Les résultats obtenus ont été accompagnés par un transfert de connaissances vers l'industrie qui a permis à la société Air Liquide d'améliorer les opérations de gestion des réservoirs de pressurisation supercritique d'*Ariane V* ainsi que celles des réservoirs de xénon supercritique des propulseurs ioniques. Ce bilan constitue une contribution des recherches en micropesanteur à l'évolution d'un domaine dont l'intérêt socio-économique, souligné par le succès des applications aux technologies spatiales, est confirmé par l'attribution, aux responsables scientifiques de l'expérience, du grand prix Gaz de France de l'Académie des sciences en

2000 pour les applications de ces découvertes à l'extraction et au stockage du gaz naturel.

En sciences de l'Univers, l'expérience *Comet* consistait à récupérer des poussières cométaires en orbite terrestre en vue de l'analyse chimique des constituants d'origine du système solaire avant qu'ils n'interagissent avec l'atmosphère. La mise en place de cette expérience à l'extérieur de *MIR* en novembre 1998 a permis de récupérer des grains constituant l'essaim des Léonides et provenant de la queue de la comète Temple-Tuttle. L'analyse au sol avec les moyens des laboratoires les plus performants permettra l'étude de ces grains. L'expérience *Exobiologie* consistait à exposer des échantillons de nature biologique, acides aminés et bactéries, pour étudier leur stabilité et leur réactivité aux conditions de l'Espace, principalement au rayonnement ultraviolet solaire et visait à conforter l'hypothèse d'une importation sur terre d'acides aminés d'origine extraterrestre.

Les résultats des missions scientifiques internationales sur MIR, en particulier ceux de la dernière mission *Perseus*, seront présentés lors d'un symposium scientifique international en mars 2001 à Lyon de manière à en faire le bilan et à mieux se préparer à l'utilisation de la Station spatiale internationale.

LES RETOMBÉES EN MÉDECINE

Le terrain d'expérimentation spatiale a permis aux sciences de la vie de faire progresser les connaissances sur l'homme et son adaptation au milieu, permettant un transfert des connaissances vers la médecine : déminéralisation osseuse, régulation cardiovasculaire, atrophie musculaire. Ce terrain favorise aussi des avancées technologiques en matière de santé avec des retombées industrielles. Certains appareils qui ont bénéficié pour l'Espace d'un développement instrumental miniaturisé sont utilisés dans les hôpitaux. La téléassistance et le télétraitement mis au point lors des vols spatiaux pourront être utilisés pour la surveillance des personnes âgées ou le soin de personnes en sites éloignés.

Les retombées industrielles des transferts technologiques vers la médecine représentent 7 milliards de francs par an aux États-Unis. On peut citer comme exemple le holter, système développé par la NASA à l'occasion des missions Skylab permettant d'enregistrer en continu pendant 24 heures l'électrocardiogramme. Quasiment tous les cabinets de cardiologie et tous les services hospitaliers en sont équipés. Les pompes à insuline implantables sont dérivées de travaux réalisés par la NASA dans le domaine de la surveillance en physiologie animale.

En France ces retombées industrielles représentent 60 millions de francs par an. Le CNES, par le biais des programmes de Recherche et Technologie et par les développements instrumentaux réalisés au cours des missions de vols habités, a été à l'origine de la création des PME suivantes spécialisées dans la fabrication et la commercialisation d'appareils médicaux : la société Vermon à Tours pour la réalisation de sondes ultrasonores en cardiologie, gynécologie, la société Diatecnic à Toulouse pour la réalisation de vélocimètres-Doppler en cardiologie-neurologie, la société Gip Ultrasons à Tours pour la recherche et la technologie ultrasonore dans le domaine de l'imagerie médicale ou la société Steel à Mazères pour des dosimètres utilisés en médecine nucléaire.

L'exploitation de la Station spatiale internationale va commencer et de nouveaux axes directions sont explorés : domaines scientifiques tels que la physique fondamentale, recherche d'applications et d'utilisation non conventionnelle de l'Espace comme le multimédia ou l'éducation. Ce programme arrive enfin à maturité et nul doute que les agences spatiales et la communauté scientifique tireront le meilleur parti de ce laboratoire de recherche unique*.

---

* Je remercie très chaleureusement Claudie André-Deshays pour son aide dans la préparation de cette conférence.

Périodicité et chaos dans le Système solaire

par JACQUES LASKAR

Des épicycles aux ellipses

Le mouvement des planètes du Système solaire a longtemps été considéré comme le symbole même de la régularité. Pendant plus de 2 000 ans, depuis les premiers modèles épicycliques d'Hipparque et Ptolémée jusqu'aux théories planétaires de Le Verrier comportant des milliers de termes périodiques, plusieurs générations d'astronomes ont cherché à prédire le plus exactement possible le mouvement des planètes. L'enjeu était de taille, et débordait largement la simple prédiction de la position de ces astres à peine remarquables qui servaient à régler les calendriers ou à établir les horoscopes. Il s'agissait en effet de comprendre le système du monde, et la place de la Terre dans l'Univers. Ainsi, pendant plusieurs siècles, la recherche de modèles permettant de parfaire les éphémérides des planètes est apparue comme la brèche permettant d'accéder à cette connaissance supérieure.

Le mérite de l'astronomie grecque, dont l'essentiel nous a été transmis par l'*Almageste* de Ptolémée, fut d'ordonner le mouvement des « astres errants » au moyen d'une représentation sous forme de combinaisons de mouvements

Texte de la 354e conférence de l'Université de tous les savoirs donnée le 19 décembre 2000.

circulaires uniformes, les épicycles. Ces modèles phénoménologiques, qui permettaient de rendre compte des mouvements des planètes avec une précision compatible avec les observations effectuées à l'œil nu, furent utilisés avec succès pendant plus de 15 siècles ! On conçoit alors l'audace de Kepler qui, entre 1596 et 1619, accepte l'héliocentrisme de Copernic et renonce à la perfection des mouvements circulaires uniformes des anciens pour adopter des orbites elliptiques fixes.

Le système de Kepler gagne en stabilité : les orbites de toutes les planètes deviennent périodiques, et reviennent exactement sur leur trace après avoir effectué une révolution autour du Soleil. Ce n'était pas le cas des modèles géocentriques avec épicycles dont les solutions, représentant le mouvement apparent des planètes vu de la Terre, ne se refermaient pas sur elles-mêmes car les périodes orbitales des planètes ne sont pas dans des rapports rationnels avec celle de la Terre. Pour Kepler, le problème de la stabilité ne se pose pas, et l'évolution du mouvement des planètes reste immuable, sur un temps infini. Cet abandon du dogme des mouvements circulaires uniformes des Grecs constitue une étape décisive dans l'histoire de l'astronomie, mais on peut remarquer que si on repère la position de la planète sur l'ellipse par l'aire *M* balayée par le rayon *SJ* depuis le périhélie (*P*) *(Fig. 1)*, grâce à la deuxième loi de Kepler (des aires égales sont balayées en des temps égaux), on retrouve pour *M* un mouvement uniforme. En ce sens, on peut donc considérer que Kepler remplace tous les épicycles de Ptolémée (ou de Copernic) par un seul mouvement circulaire uniforme par planète, au prix d'un changement de variables.

Le modèle empirique de Kepler, séduisant par sa simplicité, ne résistera pas longtemps : en 1687, Newton publie la loi de gravitation universelle. En restreignant cette loi à l'interaction entre une planète isolée et le Soleil, on retrouve bien les ellipses de Kepler, mais la loi de Newton est une loi physique qui est supposée s'appliquer à tous les corps. En particulier, les planètes s'attirent aussi entre elles et les perturbations qu'elles induisent vont donc sûrement

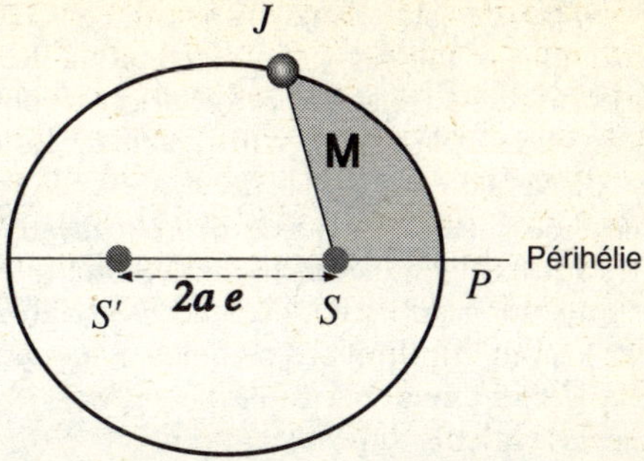

Figure 1 – Mouvement d'une planète (J) autour du Soleil (S) selon Kepler. L'angle v = PSJ *n'évolue pas de manière uniforme en fonction du temps, mais si on choisit un autre angle, proportionnel à l'aire* M *balayée par SJ, on retrouve un mouvement uniforme (deuxième loi de Kepler) M = 2πt/T, où t est le temps, et T la période orbitale de la planète.*

détruire le bel ordonnancement apporté par Kepler. C'était en tout cas la conclusion de Newton, pour qui les perturbations entre les planètes étaient suffisantes pour détruire la stabilité du Système solaire. Les planètes évoluent selon la loi de gravitation universelle, mais elles se dérèglent, et une intervention divine est nécessaire de temps à autre pour en rétablir l'ordonnancement.

La stabilité du Système solaire

Le problème de la stabilité du Système solaire ainsi énoncé resta un des problèmes scientifiques les plus importants durant tout le XVIIIe siècle, en résistant aux efforts de mathématiciens aussi prestigieux que Clairaut, Euler ou d'Alembert.

Une étape décisive sera franchie par Laplace et Lagrange dans les années qui précèdent la Révolution. Lagrange eut l'idée d'utiliser comme variables, pour caractériser la position et la vitesse d'une planète, les éléments de l'ellipse de Kepler celle qu'elle décrirait si elle se trouvait seule autour du Soleil. En raison des perturbations exercées par les autres planètes, ces éléments elliptiques ne sont plus constants, mais subissent des petites variations déterminées par la configuration des planètes. Sous cette forme, le problème devient plus accessible à condition « bien sûr » d'effectuer les calculs qui restent encore d'une grande complexité. Laplace montre alors que les valeurs moyennes des grands axes des orbites des planètes ne changent pas contrairement à ce que laissaient supposer les observations anciennes des mouvements de Jupiter et Saturne. Il montre aussi que ce changement apparent des vitesses angulaires de Jupiter et Saturne est en fait une oscillation périodique, de période environ 900 ans, résultant des interactions gravitationnelles entre les 2 planètes, amplifiées par une quasi-résonance entre les mouvements de Jupiter et Saturne (Jupiter effectue 5 révolutions autour du Soleil quand Saturne en accomplit 2). En calculant plusieurs autres termes, Laplace parvint alors à montrer que la seule loi de Newton peut expliquer le mouvement des planètes sur plus de 2 000 ans, depuis les observations les plus anciennes transmises par Ptolémée jusqu'aux plus récentes. Ce résultat prodigieux tient sans doute une grande part dans l'origine du déterminisme chez Laplace : n'a-t-il pas réussi à expliquer tout le passé, et à prédire le futur, par la seule donnée du présent, grâce à l'équation de Newton ?

Retour aux épicycles

Après avoir montré cette toute-puissance des équations de la mécanique céleste, Lagrange et Laplace examinent le problème de la stabilité à long terme du Système solaire. Pour cela, ils vont considérer l'approximation au premier ordre des équations du mouvement à long terme du Système solaire, comme le fait aujourd'hui tout physicien qui veut comprendre les effets les plus importants du phénomène qu'il étudie. Ils montrent alors que les orbites des planètes se déforment lentement au cours du temps *(Fig. 2)*. Elles vont lentement tourner dans leur plan (précession du périhélie), et le plan de l'orbite va aussi tourner lentement dans l'espace (précession du nœud). Un foyer (*S*) de l'ellipse reste toujours au Soleil, et on peut considérer alors que c'est le deuxième foyer (*S'*) qui évolue. Cette évolution n'est pas un simple mouvement circulaire, mais une

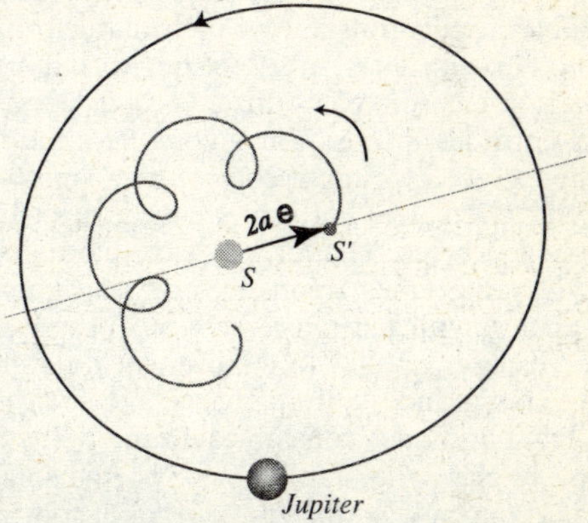

Figure 2 – Évolution de l'orbite de Jupiter sur 200 000 ans.
Dans la solution de Laplace et Lagrange, les orbites des planètes ne sont pas des ellipses fixes.
En raison des perturbations gravitationnelles des autres planètes, le deuxième foyer de leur ellipse (S')
décrit un mouvement complexe, mais régulier, résultant de la composition de plusieurs mouvements circulaires uniformes.
Le grand axe de l'ellipse (a) reste constant,
mais la distance entre les deux foyers 2ae varie en même temps que l'excentricité e. L'ellipse précesse donc lentement,
et devient tantôt plus allongée (forte excentricité),
tantôt plus circulaire (faible excentricité).

composition de plusieurs mouvements circulaires uniformes, avec des périodes lentes, allant de 45 000 ans à près de 2 millions d'années. En raison de cette composition de mouvements circulaires uniformes, en plus de la précession des ellipses on assiste à une déformation des orbites qui seront tantôt plus allongées, tantôt plus circulaires. De même, on aura une variation similaire de leur inclinaison par rapport à un plan fixe. On retrouve ici, pour le deuxième foyer de l'ellipse, des épicycles dont Kepler avait cru pouvoir se débarrasser !

Ces résultats constituent une première « preuve » de la stabilité du Système solaire. Laplace et Lagrange ont montré que les grands axes des ellipses ne subissent que de très faibles oscillations autour de leur valeur moyenne, et que leurs excentricités subissent des variations importantes, mais qui ne sont pas suffisantes pour permettre des collisions entre les orbites. Par ailleurs, ces mouvements sont réguliers, et s'expriment comme une composition de mouvements circulaires uniformes pour le deuxième foyer des ellipses de Kepler. À condition de connaître les valeurs précises des différentes fréquences de ces mouvements, que l'on peut obtenir par ajustement aux observations, on peut donc espérer prédire le mouvement du système sur une durée très grande, qui augmentera avec la précision de la détermination des constantes du mouvement.

Le problème de la stabilité du Système solaire semblait réglé. Pourtant, le XIXe siècle verra encore plusieurs « preuves » de la stabilité du Système solaire, mais comme le fit remarquer le mathématicien Henri Poincaré, ces « preuves » successives ne portent que sur des approximations. Poincaré montrera que ces différentes approximations, qui consistent à rajouter toujours plus de termes dans les séries entrant en jeu dans les équations de Lagrange, ne convergent pas, ce qui veut dire qu'elles ne permettront jamais de fournir une solution précise du mouvement des planètes sur un temps infini et donc de statuer sur leur stabilité. Il montrera aussi que les mouvements des corps célestes peuvent engendrer des trajectoires extrêmement complexes que l'on appelle aujourd'hui

« solutions chaotiques ». Mais pour Poincaré, ces considérations mathématiques ne devaient s'appliquer que dans la recherche très théorique de solutions sur un temps infini. Elles ne devaient pas empêcher les astronomes d'effectuer leurs calculs, car ceux-ci pouvaient fort bien fournir une solution de grande précision sur un temps fini, à condition de ne pas utiliser un trop grand nombre de termes dans ces séries divergentes, ce qu'on était de toute manière bien incapable de faire en raison du grand nombre de variables en jeu.

Variations climatiques

Le Verrier, rendu fameux en 1846 pour la découverte de Neptune, publie en 1856 dans les annales de l'Observatoire de Paris une solution pour l'évolution à long terme de l'ensemble des planètes, et donc en particulier pour le mouvement de la Terre. Cette solution fournit les variations de l'excentricité de la Terre sur des grandes durées de l'ordre du million d'années *(Fig. 3)*.

En fait, tout comme la forme de l'ellipse n'est pas constante, le plan de l'orbite de la Terre n'est pas non plus un plan fixe, mais tourne lentement dans l'espace, et son orientation varie aussi de quelques degrés par rapport à un plan fixe. Une conséquence importante de ces variations lentes, dues aux perturbations planétaires, est que l'angle entre l'équateur de la Terre et le plan de son orbite (cet angle est appelé l'obliquité de la Terre) ne reste pas constamment égal à 23°27'.

Tout d'abord, en raison de l'attraction exercée sur le bourrelet équatorial de la Terre par la Lune et le Soleil, l'axe de la Terre décrit un cône dans l'espace comme le fait une toupie. La direction de l'axe de rotation trace un large cercle sur la voûte céleste en 26 000 ans environ. Ce mouvement, appelé précession des équinoxes, était connu depuis les observations d'Hipparque, mais les perturbations planétaires vont rajouter à ce mouvement (encore

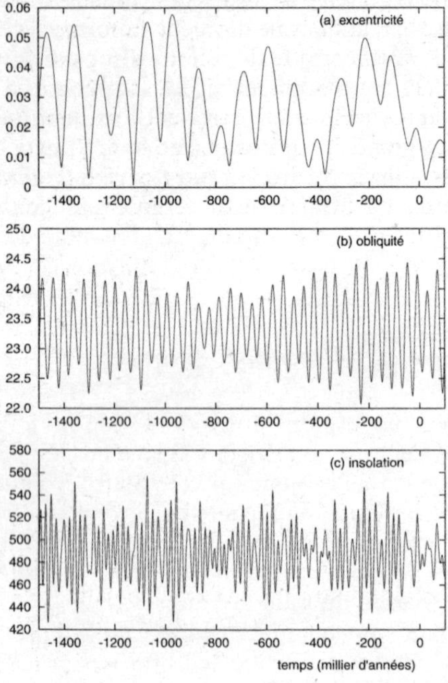

Figure 3 – Variations de l'excentricité (a), de l'orientation de l'axe de la Terre (b) et de l'insolation en été à 65 degrés de latitude nord (c) en fonction du temps (de – 1,5 à 0,1 million d'années).

circulaire uniforme) une oscillation supplémentaire de l'axe d'environ 1,5 degré autour de sa valeur moyenne *(Fig. 3b)*.

Nous voyons donc que sous l'effet de l'attraction des planètes entre elles, les paramètres qui définissent l'orbite de la Terre dans l'espace et son orientation ne sont pas fixes, mais varient tous lentement, avec des périodes de plusieurs dizaines de milliers d'années. Dès la parution de ces solutions, et sans doute même déjà à la suite des travaux de Lagrange et Laplace, s'est posée la question des conséquences de ces variations de la forme de l'orbite de la Terre sur le climat à sa surface. En particulier, James Croll (1875) qui analyse en détail l'influence de la variation de l'excentricité de la Terre et de son obliquité sur les climats du passé. Il s'agissait en effet de trouver une explication à l'existence des grandes périodes glaciaires du passé mises en évidence par le géologue Louis Agassiz (1840).

Il faudra attendre Milutin Milanković (1941) pour avoir un scénario plus complet proposant les variations de l'orbite et de l'orientation de la Terre comme la source du déclenchement des périodes glaciaires du passé. Milanković considère que la bonne quantité à prendre en compte est l'insolation (puissance solaire par m^2) reçue dans les hautes latitudes en été *(Fig.3c)*. En effet, si cette insolation n'est pas assez grande, dans la région située à la limite des calottes polaires, les glaces formées pendant l'hiver ne fondent pas suffisamment durant l'été, et s'accumulent alors d'une année sur l'autre. Comme la neige réfléchit la chaleur solaire, l'augmentation de la calotte polaire induit alors un refroidissement global de la température sur Terre et le passage dans une période glaciaire avec un refroidissement moyen d'environ 5 degrés.

On doit dire ici que le scénario précis de ce passage en période glaciaire n'est pas encore parfaitement connu, en raison de la grande complexité de la machine climatique Terre, mais la comparaison entre des courbes résultant de modèles simples, issus de l'insolation, et les courbes des températures, déduites de l'étude des données issues des forages sédimentaires, est très convaincante.

Les traces des climats du passé

La théorie des climats de Milanković a beaucoup gagné en crédibilité quand des mesures quantitatives précises des températures globales à la surface de la Terre ont été effectuées dans les années 1970 par les mesures isotopiques du rapport O^{18}/O^{16} dans les sédiments marins. L'oxygène 18 étant plus lourd que l'oxygène 16, les molécules d'eau formée d'O^{16} s'évaporent plus, et vont ensuite, après transport par les nuages, être précipités sur les pôles sous forme de neige, et augmenter l'épaisseur de la calotte polaire. En période froide, les calottes polaires sont épaisses, ce qui diminue la quantité d'O^{16} dans les océans, et donc augmente le rapport isotopique O^{18}/O^{16}. Il ne reste plus qu'à obtenir un moyen de retrouver cette concentration O^{18}/O^{16} dans les océans à des époques très reculées.

Heureusement, dans ces océans vivent un grand nombre d'organismes microscopiques, les foraminifères, qui sécrètent un squelette calcaire utilisant des atomes d'oxygène provenant de l'eau qui les entoure. Quand ils meurent, leurs squelettes se déposent par couches successives sur le fond des océans, en fournissant ainsi un témoignage du rapport isotopique O^{18}/O^{16} de l'époque. À l'aide d'un forage marin, on retrouve toutes ces couches successives, sur des profondeurs de plusieurs kilomètres, ce qui fournit des indications sur climats du passé, et ce sur des durées de plusieurs dizaines de millions d'années.

Ces techniques se perfectionnent de plus en plus, et les géologues utilisent aussi maintenant plusieurs autres indicateurs qui peuvent témoigner de ces variations climatiques du passé. Très naturellement, les paléoclimatologues, spécialistes de la recherche des traces et de la modélisation de ces climats anciens, ont donc eu besoin de solutions pour l'évolution de l'insolation à la surface de la Terre de plus en plus précises, sur des durées de plus en plus longues. L'espoir étant d'utiliser cette solution astronomique comme une échelle absolue pour la datation géologique. Cette étude des climats du passé a donc motivé la recherche d'une solution pour l'évolution de l'orbite et l'orientation de la Terre dans le passé, la solution de Le Verrier, même en tenant compte d'améliorations ultérieures dues à Hill (1897), ne pouvant pas suffire pour des durées de plus de 1 million d'années.

Chaos dans le Système solaire, la fin des épicycles

C'est en cherchant à construire une telle solution pour le mouvement des planètes du Système solaire, sur des durées de l'ordre de 100 millions d'années, que j'ai découvert en 1989 que le mouvement du Système solaire complet, et en particulier du mouvement de la Terre, est chaotique. Chaotique ne veut pas dire que la Terre fait n'importe quoi, ni qu'elle va subir de violents changements dans sa trajectoire et entrer en collision avec une autre planète ou le Soleil en quelques milliers d'années. Son mouvement est toujours déterminé par les équations de gravitation, essentiellement les équations de Newton, complétées par des corrections pour tenir compte des termes dus à la relativité générale. Ces équations sont parfaitement déterministes, et si on en supposait tous les paramètres connus exactement, il existerait une seule solution à ce mouvement, qui serait aussi parfaitement déterminée.

Le problème, déjà connu de Poincaré à la fin du XIXe siècle, est le comportement des solutions dans un voisinage de cette solution connue. En effet, on ne connaît jamais exactement les conditions initiales, et certainement pas davantage les masses et autres paramètres du système. Il n'est pas possible non plus de tenir compte de tous les effets qui entrent en compte dans ce problème, car ce serait faire une théorie de l'Univers tout entier. Quand des mouvements sont réguliers, ils peuvent se ramener à des combinaisons de mouvements circulaires uniformes, similaires aux mouvements épicycliques des Grecs. Une imprécision du modèle ou des paramètres se traduit par des erreurs sur les périodes ou les rayons de ces mouvements circulaires, et l'erreur éventuelle augmentera avec le temps, mais de manière limitée, comme l'écart entre deux trains n'allant pas exactement à la même vitesse.

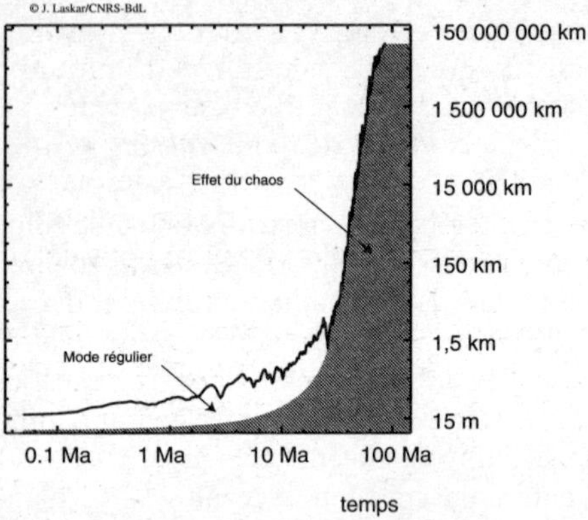

Figure 4 – Évolution typique de l'erreur sur la trajectoire de la Terre avec une erreur initiale de 15 m sur sa position.

Dans le cas d'un mouvement chaotique il en est tout autrement, et les trajectoires sont très sensibles aux variations des conditions initiales. Dans le cas du mouvement de la Terre l'erreur sur la trajectoire est multipliée par 10 tous les 10 millions d'années. Si cette erreur initiale est de 15 m (bien inférieure à l'incertitude actuelle) après 10 Ma, cette erreur devient 150 m après 20 Ma, 1500 m après 30 Ma, 15 km, [...] et après 100 millions d'années, cette erreur atteint 150 millions de km, soit la distance Terre-Soleil. Ceci ne veut pas dire que la Terre entre alors en collision avec le Soleil. L'incertitude provient surtout d'une imprécision dans l'orientation de l'orbite de la Terre *(Fig 4)*, mais ce calcul montre qu'il n'est pas possible d'obtenir une solution précise pour le mouvement de la Terre (et à plus forte raison pour son orientation) sur une durée de plus de quelques dizaines de millions d'années. En revanche, il sera possible de fournir une solution très précise sur 10 à 30 millions d'années.

Le programme qui voulait utiliser les calculs de la mécanique céleste pour établir une échelle de temps absolue pour les périodes géologiques est donc à revoir. Même en imaginant atteindre une précision de 15 µm sur la position de la Terre et en supposant pouvoir aussi tenir compte de tous les corps célestes qui induisent des perturbations de cet ordre, soit plusieurs milliers d'astéroïdes, le progrès réalisé serait dérisoire : l'incertitude atteindrait tout de même 150 millions de kilomètres au bout de 160 millions d'années [...].

Ces résultats ont d'abord suscité une incrédulité bien compréhensible. Ne savait-on pas que le Système solaire était stable ? Et comment cette instabilité annoncée s'accordait-elle avec l'âge reconnu de 4,5 milliards d'années de notre Système solaire, ou avec l'idée que, depuis plusieurs millions d'années, la Terre jouit d'une relative stabilité climatique ?

Tout d'abord, il faut souligner que sur une durée de 10 millions d'années, les irrégularités du mouvement des planètes sont à peine perceptibles, et il est parfaitement possible de pouvoir calculer avec une grande précision l'évolution de leurs orbites sur cette durée.

Ensuite, comme l'avait déjà souligné Poincaré, les anciennes « preuves » de stabilité du Système solaire ne reposent que sur des approximations. Il n'y a donc pas de réelles contradictions avec les résultats, souvent mal connus, des anciens. Poincaré n'avait-il pas lui-même déclaré en 1898 « qu'un jour peut-être un mathématicien ferait voir, par un raisonnement rigoureux, que le système planétaire est instable » ? Les calculs effectués sur ordinateurs n'ont pas la rigueur évoquée par Poincaré, mais possèdent le gros avantage de pouvoir s'appliquer à des problèmes encore hors de portée des mathématiques.

Calibration astronomique des séries géologiques

Cette limitation sur l'obtention d'une série précise du calcul de l'insolation à la surface de la Terre au-delà de 30 millions d'années environ peut cependant être contournée sous certaines conditions.

En effet, le mouvement chaotique du Système solaire résulte surtout des interactions entre les lents mouvements de précession des planètes les plus internes (Mercure, Vénus, la Terre et Mars). En revanche, le mouvement des grosses planètes (Jupiter, Saturne, Uranus et Neptune) est très régulier. Par couplage gravitationnel avec les planètes intérieures, leur mouvement sera aussi chaotique, mais l'effet de ce chaos ne se manifeste que sur une durée beaucoup plus grande. Toujours en raison de ce couplage entre les différents mouvements planétaires, on peut retrouver dans le mouvement de la Terre les composantes régulières provenant des grosses planètes. Si ces termes apparaissent dans l'expression de l'insolation, on pourra alors utiliser cette composante régulière pour établir l'échelle de temps recherchée.

Il existe effectivement une composante de la variation d'excentricité de la Terre, d'une période de 400 000 ans environ, qui provient du mouvement des grosses planètes. Cette composante semble se retrouver dans les données sédimentaires et peut être alors utilisée comme échelle de temps. C'est en particulier ce qui a été réalisé récemment par Paul Olsen et ses collaborateurs pour établir une échelle de temps sur des séries sédimentaires lacustres obtenues dans la région de New York, sur une période de 30 millions d'années située il y a environ 200 millions d'années, à la limite entre les périodes géologiques du triassique et du jurassique.

Il n'existe pas de série géologique sédimentaire continue couvrant toute la période, depuis le temps présent jusqu'à ces données, à – 200 Ma, mais les géologues disposent actuellement de plusieurs forages, chacun recouvrant quelques dizaines de millions d'années sur cette période. L'espoir actuel serait d'obtenir suffisamment de données qui puissent se recouvrir, afin d'obtenir un enregistrement continu de l'histoire climatique de la Terre dans les derniers 200 Ma, et de tenter d'établir alors une échelle géologique sur cette période en accord avec les calculs astronomiques. Ce projet demandera certainement encore de nombreuses années avant d'être mené à terme, mais s'il aboutit, il fournira à l'inverse une contrainte extrêmement forte sur les modèles gravitationnels décrivant l'évolution du Système solaire.

RÉFÉRENCES

– IMBRIE (J.), et IMBRIE (K.), *Ices Ages, Solving the Mystery*, Harvard University Press.

– JOUSSAUME (S.), « Climats et paysages de l'ère préhistorique », in *Université de tous les savoirs*, vol. 1, Paris, Odile Jacob, 2000, p. 163-176.

– JOUSSAUME (S.), *Climats d'hier et d'aujourd'hui*, Paris, CNRS-Éditions, 1979-1993.

– LASKAR (J.), « A Numerical Experiment on the Chaotic Behaviour of the Solar System », *Nature*, n° 338, 1989, p. 237-238.

– LASKAR (J.), « La stabilité du Système solaire », in *Chaos et Déterminisme*, A. Dahan et al. eds, Paris, Points Seuil, 1992, p. 170-211.

– LASKAR (J.), « La Lune et l'origine de l'homme », *Pour la Science*, n° 186, avril 1993, p. 34-41.

– LASKAR (J.), JOUTEL (F.) et BOUDIN (F.), « Orbital, Precessional and Insolation Quantities for the Earth from – 20Myr to + 10Myr », *Astron. Astrophys.*, n° 270, 1993, p. 522-533.

– LASKAR (J.), *Chaos à grande échelle dans le Système solaire et implications planétologiques*, CRAS, 322, IIa, 1996, p. 163-180.

– PETERSON (I.), *Le Chaos dans le Système solaire*, Paris, Belin, 1995.

– SCHAKLETON (N.-J.), MCCAVE (I.-N.) et WEEDON (G.-P.), eds, *Astronomical (Milankovitch) calibration of the geological time-scale*, Phil. Trans. R. Soc. Londres A. 357, 1999, p. 1731-2007.

Pourquoi la nuit est-elle noire ?

par Hubert Reeves

Pourquoi la nuit est-elle noire ? La réponse est en apparence très simple : La nuit est noire parce que le Soleil n'est pas là pour l'éclairer. Certes sans Soleil nos nuits sont faiblement illuminées par les étoiles. D'où cette nouvelle question : Pourquoi les étoiles brillent-elles si peu ?

La question de l'obscurité de la nuit prend tout son sens avec la théorie héliocentrique de l'Univers. Elle sera énoncée pour la première fois par Kepler.

Supposons que l'Univers soit empli d'une multitude d'étoiles, régulièrement espacées les unes des autres, et considérons les étoiles situées par exemple entre 10 et 20 années-lumière de nous (entre 100 000 milliards et 200 000 milliards de kilomètres...). Dans ce volume, on ne trouve qu'un petit nombre d'étoiles : l'Univers est très peu dense. Par conséquent, la lumière qu'elles nous envoient est relativement faible, bien plus faible que celle du Soleil. Considérons ensuite les étoiles situées entre 20 et 40 années-lumière de nous. Ces étoiles sont en moyenne 2 fois plus éloignées que les précédentes. La lumière que chacune d'elles nous envoie est donc 4 fois plus faible. Mais elles occupent un volume 8 fois plus grand et sont donc 8 fois plus nombreuses. Par conséquent, ces étoiles nous envoient en tout 2 fois plus de lumière que les précédentes.

Résumé de la 355e conférence de l'Université de tous les savoirs donnée le 20 décembre 2000.

En procédant de même sur des couches d'étoiles de plus en plus grandes et de plus en plus lointaines, on devine que le ciel devrait être extrêmement brillant. En réalité, il y a tellement d'étoiles que, quelle que soit la direction dans laquelle nous observons, notre regard devrait finir par rencontrer la surface d'une étoile. Le fond du ciel nocturne devrait donc être aussi brillant que la surface du Soleil ! Ce mystère, plus tard connu sous le nom de paradoxe d'Olbers, était sans solution à l'époque de Kepler et Galilée. Il le restera pendant plus de 2 siècles.

Le premier élément de réponse à ce mystère est en fait venu d'un non-scientifique, en la personne d'Edgar Allan Poe. Celui-ci, écrivain et astronome amateur éclairé, prit en compte le fait, connu depuis la fin du XVIIe siècle, que la lumière voyage à une vitesse finie. Si maintenant nous supposons que l'Univers a un âge fini, alors la seule lumière que nous pouvons recevoir est celle des étoiles suffisamment proches de nous, celle émise par des astres plus lointains ne nous étant pas encore parvenue. Un âge fini de l'Univers implique que nous n'en voyons qu'une région finie et un nombre fini d'étoiles. Si ce nombre est suffisamment faible (ou si les étoiles sont suffisamment éloignées), alors la nuit peut être noire.

Il s'agit presque de la bonne réponse, mais la vérité est encore un peu plus subtile. En effet, dans l'hypothèse que nous venons d'énoncer, la luminosité du ciel devrait augmenter au cours du temps, à mesure que nous recevons de la lumière de régions de plus en plus éloignées. En réalité, non seulement l'Univers a un âge fini, mais en plus nous savons depuis le début du XXe siècle qu'il est en expansion : les galaxies s'éloignent les unes des autres, et ce d'autant plus vite qu'elles sont loin. Cette expansion de l'Univers provoque également un affaiblissement de l'ensemble de la lumière émise par les étoiles. Ce phénomène est un analogue de l'effet dont nous sommes familiers : le son que nous recevons d'une voiture s'éloignant de nous est plus grave que celui émis par une voiture immobile. Le même phénomène se produit pour la lumière : la lumière émise par les galaxies est plus rouge, moins énergétique, parce qu'elles s'éloignent de nous. En pratique cet effet est très difficile à observer dans la vie courante du fait que la lumière voyage beaucoup plus vite que le son, mais il est crucial pour l'histoire de l'Univers. Ainsi, la nuit est noire non seulement du fait de l'âge fini de l'Univers, mais aussi du fait qu'il est en expansion. Et à l'avenir elle sera de plus en plus sombre à mesure que le temps passe...

Pourquoi l'Univers est-il en expansion ?

Nous pensons à l'heure actuelle connaître dans ses grandes lignes l'histoire de l'Univers. L'idée principale est que celui-ci est né il y a environ 15 milliards d'années, dans un état beaucoup plus dense et beaucoup plus chaud qu'aujourd'hui, et qu'il s'est ensuite dilaté et refroidi jusqu'à maintenant.

Comme la lumière voyage à une vitesse finie, regarder loin, c'est aussi regarder tôt. Nous sommes donc capables de voir l'Univers tel qu'il était à sa naissance il y a 15 milliards d'années. Et l'Univers de cette époque-là apparaît bien différent de celui que nous connaissons. Il était extraordinairement dense, chaud et empli d'un rayonnement très énergétique. Depuis, l'Univers a bien changé, mais ce rayonnement existe toujours. Il a bien sûr perdu beaucoup d'énergie du fait de l'expansion, mais on peut encore le détecter à l'aide de radiotélescopes. Cette pâle lueur qui nous vient du fond des âges a été baptisée rayonnement fossile par les astronomes.

L'Univers primordial était simplement composé d'un mélange informe de particules élémentaires. L'Univers actuel a donc fait preuve d'une tendance très marquée à l'auto-organisation. Cette observation cruciale nous enseigne donc que l'Univers est progressivement passé d'un état chaotique à un état structuré : l'histoire de l'Univers est aussi celle de l'émergence de la complexité. Celle-ci s'avère paradoxale pour les physiciens : notre expérience de la vie courante nous enseigne que le désordre a toujours tendance à augmenter au cours du temps. On peut évidemment diminuer le désordre à un endroit donné mais seulement au prix de son augmentation en un autre endroit. Comment l'Univers arrive-t-il donc à se structurer partout ? C'est grâce au fait qu'il est en expansion.

Non seulement l'expansion dilue la matière, mais elle « dilue » également le désordre.

En y regardant de plus près, l'émergence de la complexité est un phénomène extraordinairement subtil. Elle est le fruit de très nombreux processus physiques qui font intervenir une multitude d'acteurs, allant de l'« infiniment grand », les galaxies, à l'« infiniment petit », les particules élémentaires.

Il y a moins de 15 milliards d'années, les particules élémentaires se sont associées pour former des atomes d'hydrogène et d'hélium. C'est parfaitement insuffisant pour permettre l'éclosion de la vie, qui, en plus, est fondée sur la présence de carbone, d'azote et d'oxygène et de nombreux autres éléments chimiques en quantités moindres. La vie passe donc par la fabrication de tous ces atomes. Le moyen le plus simple pour cela est de les produire à l'aide de réactions nucléaires. Il existe des réacteurs nucléaires naturels dans l'Univers : ce sont les étoiles. Plus une étoile est massive, plus elle peut fabriquer d'éléments chimiques. Pour fabriquer de l'oxygène, du magnésium et du fer, il faut des étoiles géantes. Mais, pour cela, encore faut-il fabriquer ces étoiles, ce qui n'est pas facile. Les étoiles se forment à un rythme en général assez faible : seulement quelques étoiles naissent chaque année dans notre galaxie, et ce sont en général des étoiles bien plus petites (du type de notre Soleil). C'est très peu, trop peu, mais ce nombre peut considérablement augmenter dans certaines circonstances. Par exemple, quand deux galaxies se rapprochent trop l'une de l'autre, leurs interactions mutuelles sont à l'origine d'une flambée de formation d'étoiles : C'est l'infiniment grand qui permet la formation de minuscules atomes.

Mais l'histoire est loin de s'arrêter là. Une fois ces atomes formés au cœur des étoiles, encore faut-il qu'ils soient rendus à l'espace environnant. Cela se produit pour les étoiles massives qui explosent littéralement une fois qu'elles sont à cours de combustible nucléaire. Ces atomes ainsi libérés vont alors enrichir le milieu interstellaire et éventuellement participer à la formation du cortège planétaire d'une future étoile à naître. L'apparition de la vie nécessite ainsi plusieurs générations d'étoiles qui ont progressivement ensemencé le milieu interstellaire d'éléments chimiques. Il n'y a donc rien de surprenant à ce que notre Soleil, âgé d'environ 5 milliards d'années, se soit formé alors que l'Univers était déjà vieux de 10 milliards d'années : c'est le temps qu'il fallait attendre pour que ces générations d'étoiles se soient succédé auparavant.

Les auteurs

Arlène Ammar-Israël Déléguée-adjointe étude et exploration de l'Univers au Centre national d'études spatiales (CNES) ; déléguée française aux conseils directeurs vols habités et microgravité de l'Agence spatiale européenne (ESA).

Jean Audouze Directeur de recherche au CNRS, directeur du Palais de la Découverte.

Jean-Pierre Bibring Professeur de physique à l'université Paris-Sud (centre scientifique d'Orsay), astrophysicien à l'Institut d'astrophysique spatiale (IAS) d'Orsay.

André Brahic Professeur d'astrophysique à l'université Paris-VII Denis-Diderot. Il dirige l'équipe universitaire gamma-gravitation du CEA à Saclay.

Michel Cassé Astrophysicien au CEA et à l'Institut d'astrophysique de Paris.

Françoise Combes Astronome à l'Observatoire de Paris.

Hubert Curien Professeur émérite à l'université Pierre-et-Marie-Curie-Paris-VI.

Thibault Damour Professeur à l'Institut des hautes études scientifiques (IHES).

Étienne Klein Assistant du Directeur des sciences de la matière au CEA, professeur à l'École centrale de Paris.

Marc LACHIÈZE-REY Directeur de recherche au CNRS.

Jacques LASKAR Astronome et directeur de recherche au CNRS.

Jean-Pierre LUMINET Directeur de recherche au CNRS, astrophysicien à l'observatoire de Meudon.

Philippe MASSON Professeur de géologie planétaire et de planétologie à l'université Paris-Sud (Orsay).

Hubert REEVES Directeur de recherche au CNRS, astrophysicien, et professeur associé au département de Physique de l'Université de Montréal.

François VANNUCCI Professeur de physique à l'université Paris-VII, Denis-Diderot.

Sylvie VAUCLAIR Professeur à l'université Paul-Sabatier (Toulouse-III).

Alfred VIDAL-MADJAR Directeur de recherche au CNRS (Institut d'astrophysique de Paris).

Laurent VIGROUX Chef du service d'astrophysique du CEA-Saclay.

Table*

* Le chiffre entre parenthèses qui suit le nom d'auteur correspond au numéro du tome grand format de l'Université de tous les savoirs, publié par les Éditions Odile Jacob, dans lequel se trouvait la conférence.

L'Université de tous les savoirs
En Poches Odile Jacob

Parution : janvier 2002

Tome 1 : La Géographie et la Démographie
Tome 2 : L'Histoire, la Sociologie et l'Anthropologie
Tome 3 : L'Économie, le Travail, l'Entreprise

Parution : février 2002

Tome 4 : La Vie
Tome 5 : Le Cerveau, le Langage, le Sens
Tome 6 : La Nature et les Risques

Parution : mars 2002

Tome 7 : Les Technologies
Tome 8 : L'Individu dans la société d'aujourd'hui
Tome 9 : Le Pouvoir, l'État, la Politique

Parution : avril 2002

Tome 10 : Les Maladies et la Médecine
Tome 11 : La Philosophie et l'Éthique
Tome 12 : La Société et les Relations sociales

Parution : mai 2002

Tome 13 : Les Mathématiques
Tome 14 : L'Univers
Tome 15 : Le Globe

Parution : septembre 2002

Tome 16 : La Physique et les Éléments
Tome 17 : Les États de la matière
Tome 18 : La Chimie

Parution : octobre 2002

Tome 19 : Le Monde global
Tome 20 : L'Art et la Culture

DANS LA COLLECTION « POCHES ODILE JACOB »

N° 1 : Aldo Naouri, *Les Filles et leurs mères*
N° 2 : Boris Cyrulnik, *Les Nourritures affectives*
N° 3 : Jean-Didier Vincent, *La Chair et le Diable*
N° 4 : Jean François Deniau, *Le Bureau des secrets perdus*
N° 5 : Stephen Hawking, *Trous noirs et bébés univers*
N° 6 : Claude Hagège, *Le Souffle de la langue*
N° 7 : Claude Olievenstein, *Naissance de la vieillesse*
N° 8 : Édouard Zarifian, *Les Jardiniers de la folie*
N° 9 : Caroline Eliacheff, *À corps et à cris*
N° 10 : François Lelord, Christophe André, *Comment gérer les personnalités difficiles*
N° 11 : Jean-Pierre Changeux, Alain Connes, *Matière à pensée*
N° 12 : Yves Coppens, *Le Genou de Lucy*
N° 13 : Jacques Ruffié, *Le Sexe et la Mort*
N° 14 : François Roustang, *Comment faire rire un paranoïaque ?*
N° 15 : Jean-Claude Duplessy, Pierre Morel, *Gros Temps sur la planète*
N° 16 : François Jacob, *La Souris, la Mouche et l'Homme*
N° 17 : Marie-Frédérique Bacqué, *Le Deuil à vivre*
N° 18 : Gerald M. Edelman, *Biologie de la conscience*
N° 19 : Samuel P. Huntington, *Le Choc des civilisations*
N° 20 : Dan Kiley, *Le Syndrome de Peter Pan*
N° 21 : Willy Pasini, *À quoi sert le couple ?*
N° 22 : Françoise Héritier, Boris Cyrulnik, Aldo Naouri, *De l'inceste*
N° 23 : Tobie Nathan, *Psychanalyse païenne*
N° 24 : Raymond Aubrac, *Où la mémoire s'attarde*
N° 25 : Georges Charpak, Richard L. Garwin, *Feux follets et champignons nucléaires*
N° 26 : Henry de Lumley, *L'Homme premier*
N° 27 : Alain Ehrenberg, *La Fatigue d'être soi*
N° 28 : Jean-Pierre Changeux, Paul Ricœur, *Ce qui nous fait penser*
N° 29 : André Brahic, *Enfants du Soleil*
N° 30 : David Ruelle, *Hasard et Chaos*
N° 31 : Claude Olievenstein, *Le Non-dit des émotions*
N° 32 : Édouard Zarifian, *Des paradis plein la tête*
N° 33 : Michel Jouvet, *Le Sommeil et le Rêve*
N° 34 : Jean-Baptiste de Foucauld, Denis Piveteau, *Une société en quête de sens*
N° 35 : Jean-Marie Bourre, *La Diététique du cerveau*
N° 36 : François Lelord, *Les Contes d'un psychiatre ordinaire*
N° 37 : Alain Braconnier, *Le Sexe des émotions*

N° 38 : Temple Grandin, *Ma vie d'autiste*
N° 39 : Philippe Taquet, *L'Empreinte des dinosaures*
N° 40 : Antonio Damasio, *L'Erreur de Descartes*
N° 41 : Édouard Zarifian, *La Force de guérir*
N° 42 : Yves Coppens, *Pré-ambules*
N° 43 : Claude Fischler, *L'Homnivore*
N° 44 : Brigitte Thévenot, Aldo Naouri, *Questions d'enfants*
N° 45 : Geneviève Delaisi de Parseval, Suzanne Lallemand, *L'Art d'accommoder les bébés*
N° 46 : François Mitterrand, Elie Wiesel, *Mémoire à deux voix*
N° 47 : François Mitterrand, *Mémoires interrompus*
N° 48 : François Mitterrand, *De l'Allemagne, de la France*
N° 49 : Caroline Eliacheff, *Vies privées*
N° 50 : Tobie Nathan, *L'Influence qui guérit*
N° 51 : Éric Albert, Alain Braconnier, *Tout est dans la tête*
N° 52 : Judith Rapoport, *Le Garçon qui n'arrêtait pas de se laver*
N° 53 : Michel Cassé, *Du vide et de la création*
N° 54 : Ilya Prigogine, *La Fin des certitudes*
N° 55 : Ginette Raimbault, Caroline Eliacheff, *Les Indomptables*
N° 56 : Marc Abélès, *Un ethnologue à l'Assemblée*
N° 57 : Alicia Lieberman, *La Vie émotionnelle du tout-petit*
N° 58 : Robert Dantzer, *L'Illusion psychosomatique*
N° 59 : Marie-Jo Bonnet, *Les Relations amoureuses entre les femmes*
N° 60 : Irène Théry, *Le Démariage*
N° 61 : Claude Lévi-Strauss, Didier Éribon, *De près et de loin*
N° 62 : François Roustang, *La Fin de la plainte*
N° 63 : Luc Ferry, Jean-Didier Vincent, *Qu'est-ce que l'homme ?*
N° 64 : Aldo Naouri, *Parier sur l'enfant*
N° 65 : Robert Rochefort, *La Société des consommateurs*
N° 66 : John Cleese, Robin Skynner, *Comment être un névrosé heureux*
N° 67 : Boris Cyrulnik, *L'Ensorcellement du monde*
N° 68 : Darian Leader, *À quoi penses-tu ?*
N° 69 : Georges Duby, *L'Histoire continue*
N° 70 : David Lepoutre, *Cœur de banlieue*
N° 71 : Université de tous les savoirs 1, *La Géographie et la Démographie*
N° 72 : Université de tous les savoirs 2, *L'Histoire, la Sociologie et l'Anthropologie*
N° 73 : Université de tous les savoirs 3, *L'Économie, le Travail, l'Entreprise*
N° 74 : Christophe André, François Lelord, *L'Estime de soi*

CET OUVRAGE A ÉTÉ COMPOSÉ
ET MIS EN PAGE CHEZ NORD COMPO
(VILLENEUVE-D'ASCQ)

Imprimé en France sur Presse Offset par

BRODARD & TAUPIN

GROUPE CPI

La Flèche (Sarthe), le 18-04-2002
N° d'impression : 12523
N° d'édition : 7381-1109-X
Dépôt légal : mai 2002

N° 75 : Université de tous les savoirs 4, *La Vie*
N° 76 : Université de tous les savoirs 5, *Le Cerveau, le Langage, le Sens*
N° 77 : Université de tous les savoirs 6, *La Nature et les Risques*
N° 78 : Boris Cyrulnik, *Un merveilleux malheur*
N° 79 : Université de tous les savoirs 7, *Les Technologies*
N° 80 : Université de tous les savoirs 8, *L'Individu dans la société d'aujourd'hui*
N° 81 : Université de tous les savoirs 9, *Le Pouvoir, L'État, la Politique*
N° 82 : Jean-Didier Vincent, *Biologie des passions*
N° 83 : Université de tous les savoirs 10, *Les Maladies et la Médecine*
N° 84 : Université de tous les savoirs 11, *La Philosophie et l'Éthique*
N° 85 : Université de tous les savoirs 12, *La Société et les Relations sociales*
N° 86 : Roger-Pol Droit, *La Compagnie des philosophes*
N° 87 : Université de tous les savoirs 13, *Les Mathématiques*
N° 88 : Université de tous les savoirs 14, *L'Univers*
N° 89 : Université de tous les savoirs 15, *Le Globe*